中国传统动物文化

马玉堃 著

科学出版社
北京

内 容 简 介

本书主要探讨动物在中国文化中的各种现象，研究动物在中国传统文化中所起到的独特作用。全书共分七章，分别从动物是人类生存与文明的物质基础、中国人的原始动物崇拜、动物与中国传统祭祀文化、动物与中国原始崇拜对象的形象、动物作为中国早期文明的符号标志、动物与中国传统象征文化、中国传统文化的神圣动物等方面对此展开详细论述。

本书可作为高等院校在校学生阅读材料，也可供广大社会科学学者及其他喜爱中国文化的各类人士参考。

图书在版编目（CIP）数据

中国传统动物文化 / 马玉堃著. —北京：科学出版社, 2015.4
ISBN 978-7-03-043621-4

Ⅰ.①中… Ⅱ.①马… Ⅲ. ①中华文化–动物–研究 Ⅳ.①G122

中国版本图书馆 CIP 数据核字(2015)第 045632 号

责任编辑：张会格　王　好　侯彩霞 / 责任校对：李　影
责任印制：吴兆东 / 封面设计：北京明轩堂广告设计有限公司

科学出版社出版
北京东黄城根北街 16 号
邮政编码：100717
http://www.sciencep.com
北京厚诚则铭印刷科技有限公司印刷
科学出版社发行　各地新华书店经销
*
2015 年 4 月第　一　版　开本：720 × 1000 1/16
2025 年 1 月第五次印刷　印张：15 1/2
字数：298 000
定价：85.00 元
(如有印装质量问题，我社负责调换)

序

作为拥有五千年历史的文明古国，中华文明具有自身独特的内涵。考古学成就表明，中国先民在史前阶段就已经形成了比较完善的社会系统，具有了明确的精神思想和文化习俗。

中华文明是在自然和人为两方面因素影响下逐步形成的，对此进行深入挖掘一直是中国学界所共同关心的大事情。动物作为人们赖以生存的客观物质对象，其对中国人的影响直接而深远。这种影响已经超越物质层面，且逐步上升到精神层面，其总体表现可以统称为“动物文化”。“动物文化”具体表现是多方位的，诸如中国的语言、文字、绘画、建筑、哲学、政治、宗教等，无不带有或明或暗的动物元素。马玉堃博士的专著《中国传统动物文化》系其《中国古代生物文化概论》后，关于动物文化研究的又一力作。该书全面论述了动物文化的诸多方面，全书内容涉及面广，论述观点科学详实，不失为中华传统文化方面的优秀专著。作者具有深厚的自然与社会科学交叉知识背景，对于开展这方面研究具有明显的优势。作为一名自然科学研究人员，作者特别关注社会文化科学研究，其耗费的精力是惊人的，这一点在该书中也有明显的体现。

该书分为七章，分别阐述了：动物是人类生存与文明的物质基础、中国人的原始动物崇拜、动物与中国传统祭祀文化、动物与中国原始崇拜对象的形象、动物作为中国早期文明的符号标志、动物与中国传统象征文化、中国传统文化的神圣动物等相关内容。该书在总结前人研究的基础上，提出了许多个人独到的观点，其思想性很强，纠正在某些有关中国传统文化认识上的误区。如在第五章中，通过论述动物的符号作用，提出了有关中国古代文明始祖神话形象的来源猜测。即认为伏羲的蛇身人面形象其实是远古服饰的形象遗留，这种解释为我们比较合理地解释了某些神话背后的客观现实，可以成为一家之言供学界探讨。

在现今社会中，动物是现实社会生活不可或缺的组成部分，动物的文化价值在某些方面已经远远超越其经济价值。随着生态文明价值观念的提出，同时关注和深入理解动物的文化与生态价值，是我们实现这种社会价值观念的关键。动物文化学研究领域异常广阔，希望作者能在本领域内进行更深入研究，挖掘出更有价值的文化思想，撰写出更多的研究成果。

2015 年 3 月 26 日

前　言

中国文明是世界上最古老的文明之一。如何理解中国独特的文化现象，可谓仁者见仁，智者见智。

动物作为人类赖以生存的自然生命物质，是人类社会存在和发展的基础条件之一。在漫长的人类社会形成和发展过程中，动物不仅为人类提供了衣食住行方面的资源，也为人类的精神意识文明提供了想象的对象。纵观中国文明进程，大量的历史事实证明，动物作为文明的重要影响因素，在中国文明过程中一直发挥着重要作用。因此，从动物角度来探究中国文化形成和发展，也不失为一个比较合适的方面。

有关动物在中国文化方面的研究工作已经多有开展，此类研究多集中在个别动物的民俗学方面。例如，比较早期的关于龙、凤文化的研究，其后又逐步扩展到虎、牛、羊、鹿、猪和狗文化等。迄今，有关单一动物文化方面的研究文献很多，从中国知网数据库检索来看，关于龙文化的文献多达500余篇，凤鸟文化文献有200余篇，虎文化文献有240余篇，其余动物等文化也都各有多篇文献发表。龙因其在民族文化历史上的重要作用而被广泛研究，从发表的文章及出版专著看，涉及的问题包括理论和实际发展等各个方面。如有关龙文化最主要的课题是关于龙的起源与原型问题，提出的观点也各有特点。具体来说，从闻一多先生专著《伏羲考》中认为我国古代神话传说中的龙，是图腾糅合的遗迹，是一种虚拟生物的观点以来，到目前为止有多种观点发表：①徐乃湘、崔岩峋等认为来源于蛇；②何新认为来源于鳄鱼；③刘城淮认为来源于河马；④王大有观点来源于恐龙；⑤闻一多先生认为来源于图腾糅合；⑥陈绶祥认为来源于物候代表形象的组合；⑦尹荣方认为来源于松树；⑧胡昌健、朱天顺等认为来源于如云、虹、雷电等自然现象等。这其中又以闻一多先生的图腾糅合说与鳄鱼原型说为两大主要观点，每派各有多位学者支持。此外，关于龙文化方面的专著有刘志雄、杨静荣的《龙与中国文化》，以考古、文物资料为基础，对中国龙进行了研究。王大有著的《上古中华文明》、《中华龙种文化》、《龙凤传人》、《龙凤文化源流》等专著系列，从中华龙文化的形态层、氏族徽铭的支系图腾制度层、相沿传承的民族心理文化基因层等，从传统文化上、角度上总结了中华龙文化史的发展脉络。此外还有陈绶祥著《中国的龙》、何星亮著《苍龙腾空》、庞进编著《八千年中国龙文化》。高校研究生课题方面，也有关于龙文化的专项研究论文出现，如姚远的《中国传统龙纹的图像与符号学意义研究》、王利利《龙的符号形成与现代演绎》等。这些研究从符号学角度对龙纹的起源、发展、分化、定型及现代的发展进行综合分析，并且认为远古的龙纹大都具有符号的意义，其标志作用大于说明作用，表号意义大于审美意义。虎作为仅次于龙的动物，也有许多学者进行研究，如张泽洪利用史籍文献及民族志资料，从三方面分析西南少数民族的虎崇拜，指出西南民族的南诏王异牟以身披虎皮的仪节来显示其西南王者的地位。并认为，西南彝语支及氐羌族群，包括彝族、白族、土家族等9个民族，都流传有关虎图腾的神话，并有虎图腾崇拜的原始习俗。孙明光研究发现，在青海省同仁县隆务河中段的年都乎村，每年都要举行一次古老的祭祀，当地人称为跳於菟（於菟一词就是老虎）。这种仪式的动机是让这些“老虎”进村去驱赶瘟疫和妖魔。此外，著名学者汪玢玲的专著《中国虎文化》则是有关中国虎的单动物文化研究的专门总结，该书对以虎为中心的动物文化展开了比较全面的叙述，挖掘出很多有价值的资料。鸟作为动物文化研究重要一员，也多有研究文献发表。何科根对古代文献中“越裳献雉”的现象进行了分析，认为这是通过献上特殊的鸟来确认其藩属国的合法地位。在漫长的古代社会，有的用来“贡”、“献”的品物，作为一种沟通藩属国与宗主国关系或地方与中央关系，传递政治信息的载体，使得这种品物，在其自身物质性之外，负载了更多人类社会所赋予它的特定的意义。郭淑云研究认为，满族先民在长期的渔猎生活中，鹰、雕等猛禽得到驯化，成为满族先民重要的狩猎工具；满族禽鸟崇拜观念十分悠远，内容极为丰富，并形成许多与禽鸟联系密切的特有的生活习俗、情趣与禁忌，构成独特的鸟文化。鸟是满族古神话的重要主题之一和萨满教祭祀的重要崇拜对象。

从上述文化研究情况看，有关单一动物文化方面的研究无疑已经开展得比较全面深入，研究结果对解释某些古代文化现象具有一定的作用。近年来，也有关于多动物种类的综合性研究出现，如王小盾先生出版的专著《中国早期思想与符号研究》，就是对中国古代有关四灵动物方面的专门性学术研究，该著述对我们全面理解古代文化中的四方神灵等文化现象有比较好的参考价值。尽管如此，对动物在中国文化全局发展中的作用进行总体系统方面的研究，目前还显得非常薄弱。

除了中国，世界上其他文明也都受到动物因素的影响。如印度、尼泊尔等国传统宗教中蕴涵着丰富的动物文化内容。自20世纪80年代开始，尼泊尔著名学者Majupuria T. C.就对印度教和佛教中的相关动物文化进行了大量研究，研究结果形成了专门的系列著作，如 *Erawan Shrine and Brahma Worship in Thailand with Reference to India and Nepal*、*The Divine Glory of the Gurardian Deity of Nepal*；尤其是他的专著 *Sacred Animals of Nepal and India* 集中系统地论述了印度教和佛教中的相关动物象征意义，是我们了解印度和尼泊尔宗教文化的重要著作。西方文化学者也对动物文化现象进行了许多有益的研究，如早期的 Brion M.探讨了艺术中的动物形象，出版了专著 *Animal in Art*；de Gubernatis A.则研究动物的神秘文化现象，出版专著 *Zoological Mythology*；而著名学者 Manly P. H.则在其大部头的 *The Secret Teachings of All Ages* 一书内，利用两个章节专门论述了全世界各种文化中有关动物的神秘文化现象；此外，Laura Hobgood-oster 则探讨了动物在基督教传统文化内意义，出版了 *Holy Dogs and Asses*：*Animal in the Christian Tradition* 一书。近年来，埃及发现了众多的动物木乃伊，证明动物在古埃及文明中具有非常重要的作用，其相关研究已成为埃及文化研究的重要方面。

开展动物对中国文化影响方面的研究，对于深刻理解我们的文明历史、了解我们文化的本质与特色具有重要的现实意义。现今，世界人类文明已经进入需要与环境协调发展的阶段，以往以牺牲环境为代价的发展阶段必须结束。要建设以生态文明为核心的新文明发展方式，除了提高人们环境科学知识水平外，强化有关动物文化传统知识的宣传教育，也是我们促进人们生态文明意识的重要手段。写作本书，就是通过系统阐述动物在中国古代文明中所起作用，探讨其对中国古代文化形成的影响，从而揭示中国古代文明本质特征，为全面理解中国古代文明提供新的视角，这也是动物文化研究的理论与实际价值所在。

你喜欢动物吗？你知道动物与中国文化之间的密切关系吗？如果你想知道，那么就阅读本书吧。

马玉堃

2015年1月

目　　录

第一章　动物是人类生存与文明的物质基础

第一节　动物作为人类生存的物质基础

人与自然、生物之间的关系包括两个方面，一是物质层面上的关系，表现为人类依赖自然和其他生物而存在；二是基于物质层面之上的精神层面的关系，表现为人类依据特定的自然和生物而产生的各种思想与观念。与上述两个层面相关联，人与生物的关系具体表现为认识、改造、利用、观赏和艺术表现等多个方面。

在古代，人类最早对各种动物的利用主要表现为一种直接的利用。那时的人类利用简单的工具进行原始的狩猎、打鱼活动，人类对动物的认识是很肤浅的。由于没有文字，其相关的动物知识是以口头语言相传的。随着人类社会的不断发展，生产工具的进一步改进，人们已经由简单的渔猎生产逐步发展到农牧生产活动。农牧业的发生和发展直接导源于人类对野生动物的驯养和家化活动，这一点已经为众多考古发现所证实。

一、旧石器时代原始中国人对动物的利用

原始社会是一个非常漫长的历史过程，根据人类使用工具情况，原始社会可以分成旧石器时代和新石器时代两个阶段。那时的人类，由于生产能力比较低，只能简单地直接利用动物作为其食物资源。这种直接利用的表现形式主要就是原始狩猎行为，此后，在原始社会的后期才逐步发展到驯养动物和狩猎并举的利用方式。

目前，考古学已经在中国大地上发现了众多旧石器时代人类遗址，出土了大量的原始中国人的旧石器时代遗物。通过观察这些发现，我们可以清楚地意识到，整个旧石器时代中国原始人类对动物的依存程度是非常高的。几乎每一处遗址除了发现原始石器外，最主要的遗存物质就是各种动物的骨骼化石。笔者对目前已经发布的旧石器文化遗址文献进行统计分析，结果说明，中国旧石器时代遗存中，除去石器外，动物化石是最主要的遗物类别。表明人类与动物之间自始至终的联

系。其中兽类化石又是主要动物类别，又进一步证明哺乳动物在人类食物中具有非常重要的作用。各种动物遗存情况归纳在表 1-1 中。从表 1-1 还可以看出，在近 200 万年的整个中国旧石器时代，有关装饰类遗存器物，最早出现的时间在距今 3 万年左右的山顶洞人的文化遗存。就是说人类利用物质形式来美化自己，时间大约是到旧石器晚期才开始的。所利用的装饰品质除石器外，也包括动物的骨骼、牙齿等材料。如果有证据说明人类精神生活是从这些装饰品来反映的话，那么人类最早的精神活动出现的时间就是在旧石器晚期。

表 1-1　中国旧石器时代遗址出土动物遗存

遗址名称	距今年代/万年	人类类型	动物种类与数量	装饰类器物
山西西侯度村	180		兽类 7 种	
陕西蓝田公王岭	115~110	蓝田人	兽类 42 种	
河北原阳小长梁	100		兽类 7 种	
河北阳原东谷坨	100		兽类 6 种	
北京周口店第一地点	50~20	北京猿人	110 种（兽类 90 种）	
陕西大荔解放村	20		兽类 11 种	
湖北大冶石龙头	20		兽类 10 种	
黑龙江交界遗址	17.5		兽类 12 种	
阳原与阳高交界许家窑	12.5~10	许家窑人	兽类 19，鸟类 1 种	
广东曲江	12	马贝人	兽类 18 种	
贵州黔西县观音洞	11.5~5.7		兽类 20 种	
西北萨拉乌苏	4	河套人	45 种（兽类 33 种）	
西北水洞沟	2	河套人	脊椎动物 15 种	鸵鸟蛋皮饰品 1 件
辽宁海城仙人洞	4~2		兽类 38 种（其他动物多种）	装饰品 5 件，包括牙齿 4 件、蚌壳 1 件
山顶洞	3.4~2.7	山顶洞人	54 种（兽类 48 种）	装饰物 100 多件
山西丁村		丁村人	兽类 28 种（其他动物 5 种）	
四川资阳县		资阳人	兽类 8 种	
广西柳江		柳江人	兽类 7 种	
湖北长阳		长阳人	兽类 8 种	
山西朔县峙峪	2.9		兽类 8 种（多为马）	石墨质装饰品 1 件
四川铜梁张二塘	2.5		兽类 4 种	
河北虎头梁			兽类 5 种	动物性饰品 13 件
贵州普定白岩脚洞	1.5~1.2		兽类 22 种	
辽宁喀左鸽子洞			兽类 20 种	
山西大同青瓷窑			兽类 6 种	
山西蒲县薛关村	1.35		兽类 5 种，鸟 1 种	

注：据《旧石器时代考古》[1]等资料整理

[1] 王幼平.《旧石器时代考古》. 北京：文物出版社，2000 年.

二、新石器时代中国人对动物的利用

中国新石器时代是指继旧石器时代之后到夏代之前的历史阶段，这一时期中国人对动物的利用形式除原始狩猎活动外，更主要以对野生动物的驯养和家化为主的形式。驯养和家化动物自此成为人类获取动物类食物的主要方式。中国人对动物的驯养利用，是一个漫长而艰苦的过程。在这种长期艰苦社会实践过程中，广大劳动人民不但付出了艰辛的体力和时间，同时也浇注了自己的感情，付出了生命的代价。动物的驯养和家化对人类文明起着非常重要的作用，人类是伴随着动物驯养家化的成功而进入农牧时代的。动物的驯养过程，是人类长期接触、驯化、围养、圈养野生动物的艰苦过程。中国幅员辽阔，野生动物众多，驯养家化动物的历史悠久。长期历史实践的结果，中国人培育出来非常多的家畜品种，对人类文明的发展作出了十分巨大的贡献。

驯养和家化野生动物的目的是多方面的。驯养和家化的动物除了作为食物资源外，还可作为人们的药材、衣料、生产和生活工具。此外，驯养动物还可以保护人们的安全，作为人们特定的精神生活需要等。以下结合具体动物种类，详细说明中国人对野生动物的驯养和家化利用情况[2]。

（一）中国古代驯养家化动物的种类

经过初步统计，目前中国有 80 余种动物被驯养家化成功。在这众多家化动物中，包含许多优良品种，如猪有 60 余个，牛、羊各有 40 余个，马和驴共 40 余个，家禽有 50 余个，而蚕则多达 100 余个。这些家化动物构成了我国人民赖以生存的重要物质基础。有关新石器时代家化动物的起始时间与地点见表 1-2，表中所列内容是依据相关研究报告归纳而来，其中主要参考了郭郛《中国古代动物学史》中的表 12-14（表 1-3~表 1-8 皆参考该著述相应表格内容，在此一并注明）。

（二）食用类野生动物的驯养与家化

1. 猪的驯养与家化

猪作为中国传统六畜之一，有着十分悠久的饲养历史。根据有关专家的考证，

[2] 王幼平.《旧石器时代考古》. 北京：文物出版社，2000 年.

表 1-2 中国家化动物年代表

动物名称	大约家化年代（公元前）	家化地区
狗	16 000~12 000	松花江地区
黄牛	10 000	松花江地区
马	10 000	松花江地区
绵羊	8 600	黄河上游、内蒙古草原
山羊	8 000	黄河上游、内蒙古草原
猪	7 000	桂林地区
鸡	5 500	黄河中下游
家蚕	5 000	山西
瘤牛	4 000	河南、山东
水牛	4 000	山东、浙江
猴	4 000	河南
象	2 500	河南
牛	2 500	青海地区
鹅	1 600	山东
鸭	1 600	山东、河南

表 1-3 中国古代文化遗址中发现猪化石的地区与大约年代

遗址名称	年代（公元前）	遗址名称	年代（公元前）
广西桂林甄皮岩	9310~5580	甘肃秦安大地湾	5200~4800
河北武安磁山	5400~5100	江苏南京北阴阳营	4000~3000
河南郑州裴李岗	5500~4900	山西芮城西王村	3600~3000
浙江余姚河姆渡	5000~4800	陕西西安半坡	5000~4500
山东藤县北辛	5400~4400	内蒙古赤峰红山后	4500~3500
辽宁沈阳新乐	5300~4800	上海马桥	3300~2200

猪是新石器时代遗址中最常见的动物。目前比较公认的是，中国家猪由华北野猪和华南野猪在六七千年前驯化而成。在中国众多历史文化遗存中，均有猪的化石被发现。如出现于广西桂林、河北武安、河南郑州、浙江余姚、山东藤县、江苏南京、陕西西安、甘肃秦安、辽宁沈阳等史前遗址，其具体化石的原始遗存地点与遗存的大约年代见表 1-3。

研究表明，长期的饲养驯化使得家猪的体形发生了明显变化。野生猪为了生存，其前半部很发达，占整体 70%以上，而随着人类驯化，因其自身安全等野外因素的丧失，其体形亦相应变化，直至现代完全与野猪相反，说明人可以对其他物种产生非常大的影响（图 1-1）。

图 1-1　猪的形体变化
（据《中国古代物动物学史》图 12-13，仿钱燕文，1979；梁家勉，1989 等）

2. 牛的驯养与家化

牛是我国古代最经常利用的动物。旧石器时代，人们捕获野牛作为食物。其后，在新石器时代，人们则开始驯养黄牛，并使之逐步家化。中国驯养的牛包括三个种类，黄牛、水牛和牦牛。黄牛包括普通黄牛、瘤牛、大额牛和犦牛。中国古代文化遗址中发现有大量黄牛遗物，表 1-4 列出了部分文化遗址发现黄牛遗物的大概情况。

从以上有关证据分析，牛在距今 10 000 年前后，由北方原始居民所驯养家化成功。驯养的种类可能是长角牛、短角牛和瘤牛。其他黄牛种类在晚些时候被驯化成功，如犦牛和大额牛在公元前 1 世纪在华南地区驯化成功。最早驯化黄牛的部落可能包括炎帝、伏羲氏。炎帝是古羌人的部落领袖，羌人是驯化羊的部落。炎帝用牛头作为部落的标志，曾在现今河北涿郡一带活动。

水牛在亚洲有三个野生种类，即菲律宾野水牛、印度野水牛和印度阿尼水牛。学者认为，家养水牛起源于阿尼水牛。水牛也是新石器时代常见的出土动物，黄河下游一带的河北邯郸、河南安阳等，长江中下游的江苏吴县、常州、浙江河姆渡等地区。在湖南澧县发现的水牛骨，距今有 6250 年。河姆渡发现的牛骨距今有 4000 年，说明水牛在当时已经被家化成功。

犛牛又称牦牛，分布于我国西部海拔 3000m 以上地区，《山海经·西山经》：三危山“其上有兽焉，其状如牛，白身四角，其毫如披蓑，其名曰傲㹇，是食人。”三危山经考证乃甘肃的祁连山及其以南的山岭。对青海都兰县一处公元前 2000 年遗址考察发现了一件牦牛陶器，结合其他家畜发现说明，牦牛极可能在当时已被家化。

3. 羊的驯养与家化

现在家化的羊有绵羊和山羊两种。关于两种羊的祖先，目前认为家绵羊是由盘羊驯化而来的。至于是由哪种盘羊家化的，还没有确切的证据。多数学者认为，捻角山羊是中国家山羊的祖先。据《山海经·西山经》记载，陕西华山是捻角山羊的散居地。据此及考古证据可以初步认为，7000~10 000 年前中国人家化了山羊。表 1-5 列出了我国发现羊的部分史前遗址及其大约年代。

表 1-4　中国史前时期新石器时代黄牛遗存

年代（公元前）	出土地点	特征	资料来源
5405~5285	河北武安磁山	短角牛牛骨	《考古学报》，1981，（3）：340
5500~4900	河南新郑裴李岗	牛骨	《考古学报》，1984，（1）：44
5500~4400	山东藤县北辛	牛骨	《考古学报》，1984，（2）：96
5150~3790	陕西宝鸡北首岭	牛骨	《考古》，1979，（2）：106
4500~	江苏邳县刘林 江苏连云港二涧	牛骨	《考古学报》，1962，（1）：96；《农业考古》，1985，（2）：106
3300~2200	上海马桥	牛骨	《考古学报》，1978，（1）：121
4800~4300	陕西西安半坡	牛齿	《西安半坡》，文物出版社，1963，图 195
3900~	山西夏县东下冯	牛骨	《考古学报》，1983，（1）：88
3000~2300	山东历城龙山镇 河北唐山	牛骨	《城子崖》，1991 《考古学报》，1959，（3）：17
3500~	内蒙古奈曼旗大沁他拉	牛骨	《考古》，1979，（3）：221
3500~	内蒙古宁城南山根	牛骨	《考古学报》，1975，（1）：126
2780~2100	河南安阳后岗	牛骨	《考古学报》，1985，（1）：78
3300~2900	甘肃东乡林家	牛骨	《考古学集刊》，1984 年，（4）：154
3000~	广东潮安贝丘遗址	牛骨	《考古》，1961，（11）：582
3000~	广东博罗 海南灶岗	牛骨	《考古》，1961，（12）：651；考古，1984，（3）：209
3000~	广西南宁贝丘遗址	牛骨	《考古》，1975，（5）：301
4400~3300	湖南澧县三元宫	牛骨	《考古学报》，1979，（4）：474
2460~2330 ~1300 ~1300	湖北黄冈螺狮山 福建闽侯昙石山 福建闽侯溪头	牛骨	《考古》，1985，9（7）：656；《考古学报》，1976，（1）：114；《考古学报》，1984，（4）：493
2200~2000	云南宾川白羊村	牛骨	《考古学报》，1981，（3）：365

表 1-5　我国发现羊遗存的古代文化遗址

文化遗址名称	年代（公元前）	羊种类
郑州西郊	5000~4500	家绵羊
西安半坡	4800~4300	家绵羊？
城子岩	2500~2000	殷羊（家绵羊）
赤峰红山后	3500	家绵羊
永靖马家湾、临洮马家窑	3300~2900	家绵羊、山羊
三门峡庙底沟	2780	山羊
新郑裴李岗	5500~4900	羊骨（未鉴定种类）

4. 鸡的驯养与家化

现代饲养的家鸡由野生的原鸡驯化而来。考古发现中，鸡的遗骸是很常见的动物种类。综合考古学文献，家鸡在河北、河南、山东、陕西、辽宁及云南等南北广大地区皆有化石被发现（表 1-6）。综合目前的有关证据，鸡被家化的时间约在公元前 5000 年。驯养的鸡主要作为食用家禽。

表 1-6　公元前中国出土的鸡的遗物

年代（公元前）	出土地址	遗物	资料来源
5405~5285	河北武安磁山	家鸡骨	《考古学报》，1981，(3)：339
5500~4900	河南新郑裴李岗	家鸡骨	《新中国的考古发现和研究》，文物出版社，1984：196
5400~4400	山东藤县北辛	家鸡骨	《考古学报》，1984，(2)：186
4390~4180	河南安阳后岗	家鸡骨	《考古学报》，1985，(1)：78
5150~3790	陕西宝鸡北首岭	家鸡骨	《宝鸡北首岭》，文物出版社，1983：145
4800~4300	陕西西安半坡 山东潍县鲁家口	家鸡骨	《西安半坡》，文物出版社，1963；《考古学报》，1985，(3)：350
4300~2500	山东泰安大汶口	家鸡骨	《大汶口》，文物出版社，1974：157
3900~2780	河南陕县庙底沟 甘肃兰州西坡	家鸡骨	《庙底沟与三里桥》，1959；考古通讯，1960，(9)：3
3300~2950	甘肃东乡林家	家鸡骨	《考古学集刊》，1984，(4)：154
1400~1000	云南元谋大墩 辽宁本溪庙后山 河南安阳大司空村	家鸡骨 家鸡骨 鸡骨架	《考古学报》，1977，(1)：70；《考古通讯》，1985，(6)：491；《考古学报》，1955，(9)：31

5. 鹅和鸭的驯养与家化

鹅和鸭是除鸡外另两种主要饲养家禽。鹅和鸭的驯养与家化可能比鸡稍晚一些，在四五千年以前。新石器文化遗物中有福建武平岩石门山出土的一件陶鸭。此外，殷墟出土了一件玉雕的鸭，妇好墓出土一件石鹅和三件玉鹅等。学者普遍认为，鹅的祖先是野生鸿雁，麻鸭由野生绿头鸭家化，长江以南的家鸭可能由斑嘴鸭驯化而来。鹅和鸭的驯养与家化除了上述实物证据外，古代文献中也多有记述，具体见表 1-7。

（三）工具类野生动物的驯养与家化

1. 马的驯养与家化

马可以说是最彻底的家化动物，野生的马已经绝迹。至于现存的唯一野马——普氏野马，并非是家化马的祖先。谢成侠、刘后一等学者认为，中国的家马起源于

表 1-7 古代文献中有关鹅和鸭的驯养与家化的记载

古籍名称	记载原文	解释
《周礼》	庶人执鹜	以鸭子表明身份
《礼记·内则》	弗食舒凫翠	不吃鸭尾肉
《管子》	城阳大夫嬖宠被絺綌，鹅、鹜含余秫	用粮食喂鸭和鹅
《战国策》	士三食不得餍，而君鹅、鹜有余食	用谷物养鹅、鸭
《吴地记》	鸭城者，吴王筑地以养鸭，周数百里	
《尔雅·释鸟》	舒雁，鹅；舒凫，鹜	鹜指鸭子
《晏子外篇》	菽粟食凫雁	用豆和小米喂鸭鹅
《庄子·山木篇》	命竖子杀而烹之。竖子请曰："其一能鸣，其一不能鸣，请奚杀？主人曰："杀不能鸣者。"	
《尸子》	野鸭为凫，家鸭为鹜	

普通马（*Equus caballus*）。古代文献中也有家马和野马的不同记述。《史记·匈奴列传》："匈奴……其畜之所多则马、牛、羊，其奇畜则橐驼、驴、驘、駃騠、騊駼、驒騱。"经专家论证，騊駼就是普氏野马一类，而驒騱则是现代野马一类。马的驯化主要是为了车驾，其社会功用主要应用于军事。

2. 狗的驯养与家化

多数学者认为，狼是狗的祖先。但狗与狼的关系究竟如何，目前仍是未能解决的问题。中国现有狗的品种比较多，包括普通狗、牧羊狗和猎狗等在内达 11 个之多。历代文献中均有狗的相关记载，在《尔雅》[3]、《说文解字》[4]等类书中，记载了 22 个狗的品种。这些狗的品种与特征见表 1-8。

考古证据表明，早在公元前 26 000~公元前 10 000 年，中国吉林榆树县周家油坊等地就已经有家犬。中国东北的原初人类是蒙古通古斯族，可以认为，东胡、戎、狄、肃慎的先民首先驯养了狗，表明中国东北地区是我国家化狗的发生地点。狗的家化最初主要是为了帮助人从事狩猎活动，这一点可以从众多的原始绘画得到印证。

（四）纺织原料类昆虫的驯养与家化

1. 蚕的驯养与家化

中国人对昆虫的利用在世界上是最成功的，以养蚕为主的丝绸文化成为中华

[3] 郭璞注.《尔雅》. 上海：商务印书馆，1937 年.
[4] 柴剑虹，李肇翔.（汉）许慎著.《说文解字》. 北京：九州出版社，2001 年.

表 1-8　中国古代狗的品种

品种名称	形态特征	分布地区
猃	长嘴猎狗	
猲	短嘴狗	
狛	牧羊犬	
獒	高大的猛犬	
狵	多毛的狗	
猈		河南商丘的名狗
獹		河南郑州的名狗
獚		楚地的名狗
豣	逐虎犬	
獀		两广名狗
猧	小狗	
哈巴狗	小狗	
腊狗	无毛狗	
狮狗	长毛小狗	
猅		西藏
㹉		西藏
郁林犬	高大、垂耳、卷尾	广西玉林
短尾犬	短尾巴	夷州（今中国台湾）
猈	短胫狗	
殷虞		
狼狐		
狂獚	黑头黄体	

文明的主要象征。中国养蚕的历史源远流长，现存最古老的有关蚕的文物，是山西夏县西阴村仰韶文化遗址出土的半个蚕茧。这个蚕茧是经过人工割裂过的，距今 6080~5600 年。另一古老的文物，是河南郑州荥阳青台村仰韶文化墓葬中发现的绛色罗，年代距今约 5500 年。在古代艺术品中，也有许多以蚕为造型的各种器物。已经发现的有，山西芮城、河北正定南杨庄仰韶文化遗址的陶蚕蛹，年代距今约 5400 年。此外，还有玉蚕等雕塑品文物发现[5]。

文献记载中也有大量与养蚕相关的文字，从不同的角度描述蚕及其各种利用。古代物候文献《夏小正》："三月，妾子始蚕、摄桑。"《诗经》中称三月为蚕月。

[5] 郭璞注. 《尔雅》. 上海：商务印书馆，1937 年.

《尚书·禹贡》记载了有关产蚕、丝、桑和丝织物的地区，这些地区具体如表 1-9 所列[6]。

表 1-9　《尚书禹贡》中有关蚕的分布地区

州名	现今名称	蚕桑及丝织物	州名	现今名称	蚕桑及丝织物
兖州	山东兖州	桑土既蚕、丝，织文	扬州	江苏南京	织贝
青州	山东益州	丝、丝（柞蚕丝）	荆州	湖北、江西	玄、玑组
徐州	江苏徐州	玄丝、缟	豫州	河南	纤纩

鉴于养蚕业在我国古代经济中的重要性，几乎历代都有与蚕相关的文献书籍。如宋代的《蚕书》[7]详细地记载了蚕蜕皮的过程，且每一过程都有相应的名称。

2. 柞蚕驯养与家化

除了桑蚕以外，我国古代还饲养柞蚕。柞蚕古称樗蚕，《尔雅》提到："蟓，桑茧；雔由，樗蚕……。"柞蚕名称最早见于郭义恭的《广志》[8]："有原蚕；有冬蚕；有野蚕；有柞蚕，食柞叶，可以作绵。"《尚书·禹贡》提到："青州，厥篚檿丝。"可见在公元前 20 世纪至公元前 10 世纪时，柞蚕已经被人们利用，并作为贡品。柞蚕开始饲养的年代在汉光武帝初年，《宋书·符瑞志》："汉光武建武（公元 25~56 年）初，野蚕、谷充，给百姓，其后耕，蚕稍广，二事渐息。"明清时代则是确定柞蚕家化和饲养的时间，赵吉士《寄园寄所寄》[9]（1696）卷八中说："茧紬，明初尚未盛行，至明季崇祯时，巨僚闻上恶其华丽，遂多以丝紬为服，始盛行。"

第二节　动物作为人类精神文明的物质基础

一、原始动物崇拜是人类精神行为的重要源泉

原始人主要通过采集和狩猎解决食物来源。采集相对来说比较容易，而狩猎则比较困难。因此，在人类早期活动年代，与动物之间这种依赖关系，是复杂而纠结的。原始人以动物为食物来源，同时在与动物打交道的过程中对动物产生了

[6] 柴剑虹，李肇翔.（汉）许慎著.《说文解字》. 北京：九州出版社，2001 年.
[7] 秦观著.《蚕书》. 上海：商务印书馆，1937 年.
[8] 郭义恭.《广志》. 玉含山房辑佚书.
[9] 赵吉士辑撰.《寄园寄所寄》. 安徽：黄山书社，2008 年.

许多观念，这种观念又与原始人的宗教观念相关联。当原始人处理其狩猎来的动物，对动物实施分解、做食的过程中，久而久之产生了某种心理知觉。这种知觉会随着时间而逐步清晰明确起来，并会与人们日常生活过程形成某种关联，当这种知觉与人们的原始宗教情结结合，就形成了与动物有关的各种原始崇拜现象。

中国古代人类社会发展历史，按照使用工具情况也经历了所谓旧石器、新石器、铁器等阶段。但无论使用何种工具，其与动物之间的关系，并无本质上的差异。考察中国境内旧石器时代原始人与动物关系，在旧石器时代早中期阶段，我们没有发现任何与动物相关的艺术类遗物。直到旧石器晚期，才发现一些岩石上刻画的动物画面，如北方阴山、阿尔泰山等地岩画。这种情况表明，直到旧石器晚期，与动物有着极为密切关系的人类文化艺术表现形式才出现。中国人在进入新石器时代以来，直至新石器中期，与动物形式有关的文化遗物大量出现。而且非常令人惊讶的是，这种文化现象一出现，其表现形式就已经非常成熟。我们甚至无法理解他们为何如此表现出来，最初的形式为何能如此完美。

对已经发现的各类新石器文化遗存分析表明，许多著名的原始文化都有原始动物纹饰器物被发现，这些原始文化包括红山文化、良渚文化、仰韶文化等。对已经发现的史前原始动物崇拜现象进行梳理，我们可以发现，原始动物崇拜对象是丰富多样的。从崇拜动物种类上看，有陆地动物、水生动物和飞行动物三大类别。新石器时代，中国人最主要的崇拜动物类型都已出现。这些种类包括龙、虎、鸟、龟、蛇、鹿、牛、羊、蛙等。中国人的日常语言，许多都是与这些崇拜动物有关。这些崇拜动物形象，许多都是中国人其他崇拜对象的替代形式。例如，《山海经》中记载的各种山神，其形象都与动物相关。因此，原始动物崇拜是古代人类精神行为的重要源泉，其影响直接而深远。

二、中国古代原始生命观念的形成与发展

前面比较详细地阐述了中国古代社会实践中对动物的认识与开发利用情况，这些生产实践活动是古代人类产生比较抽象认识的基础。可以说人类所有思想观念的形成，都直接或间接地与古代人类对动物的认识和利用有关。在人类众多的思想文化观念之中，对于生命本质的把握和认识是所有观念的核心内容，而古代朴素生命观的形成也是长期社会实践的结果。

中国古代朴素生命观包含两方面的基本内容，一是生命如何起源观念，二是

生命如何变化观念。对这两个问题的思考和认识构成了古代朴素生命观主要内容。概括起来，古代朴素生命观念大致包括：与生命起源有关的学说，如天帝创造说、物质起源说、精气起源说和理气起源说等；与生命变化有关的学说，如有物化说、循环变化说和朴素进化说等。

（一）中国古代原始生命起源观念

天帝创造说是比较原始的对生命来源的解释。原始社会人们都认为自身的产生是与某种动物或者植物有关。人类早期文化中保留了大量的有关创生的神话，均是这种生命观念的某种具体表述。创生神话进一步发展到阶级社会，则发生了本质上的变化。统治阶层对这些神话加以改进后，就形成了天帝创造生命的原始学说。这种典型的例子在商、周族祖先起源的神话中体现得非常明显，在“天命玄鸟，降而生商”中，鸟是天帝意志的执行者，是天帝让鸟来产生商族祖先的。这种观念历经春秋时期的孔子直到汉代的大儒董仲舒的发展，最终形成了一整套理论化、系统化的天命观念，至今对中国社会还有着深远的影响。

生命起源于物质说是比较直接观察的结果。远在商周时代，中国人就通过对自然界的观察，提出了阴阳、五行思想理论，并在此基础上提出，生命从基本物质形态中产生。《国语·鲁语》说：“地之五行，所以生殖也”，这里所强调的是土的主生长的重要性质。管仲学派则认为“水”是万物的本原，是生命的基础。《管子·水地篇》说：“水者何也？万物之本原也，诸生之宗室也。”这种观念同样也对中国后世思想有着非常深刻的影响。

生命起源于精气说则是更深入理性思考的结果。宋钘、尹文等在老子道德哲学基础上提出生命起源于精气。他们把自然万物的本原归结为精气，生命也是由精气产生的。其后的荀子对这种学说进行了进一步的发展，认为无机物质、动植物和人类之间有本质上的差别。到了两汉的淮南王刘安更进一步提出了“道者一立而万物生矣”。认为各类动植物都来源于一种原初物质状态的气——“湿玄”。此后，东汉的王充提出了“元气说”，认为天地万物是由一种和云烟雾相似的元气构成，是不生不灭的物质元素。并且认为生命的发生和发展有自身的规律，还与周围环境相关。这种学说最终发展为中医学的基本理论。

生命起源于理气说是南宋大理学家朱熹提出来的。朱熹认为“理”是构成万物和生命的本原。而“理”又是通过“气”的作用而生成万物和生命的。其整个生命理念具体演化为：先由“理”产生出“气”，该气分为阴阳，再转而化为五行

（金、木、水、火、土）之气，五行之气中的精华之气产生“人”，渣滓之气则产生其他生物。说明朱熹等古代哲人，认为人高于自然万物的基本认识。

（二）中国古代生命变化观念

“中国古代原始生命起源观念”说明了古代中国人有关生命起源的种种基本观念。那么自然界的各种生命之间是否变化？如果变化，是如何变化的？对此古代人类也有比较深入的思考。

物化学说认为，一种动植物是由另一种动植物变化而来的。这种观念最初见于《夏小正》中的“鹰化为鸠”，“雀入淮为蛤”等文字。战国时期的《庄子》也有此种认识上的反映，《至乐篇》中有句：“乌足之根为蛴螬，其叶为蝴蝶，蝴蝶胥化为虫，生于竈下。其状若脱，其名为鸲掇，鸲掇千日为鸟，其名曰乾余骨。乾余骨之沫为斯弥。斯弥为食醯。颐辂生乎食醯；黄軦生乎九猷；瞀芮生乎腐蠸。羊奚比乎不箰久竹生青宁；青宁生程；程生马，马生人。”从上述文字可以得出如下一些古代生物变化的观念：一是认为某种植物的一部分能转化为某种动物，“乌足（即射干）之根为蛴螬，其叶为蝴蝶”。二是一种生物死亡后转化为另一种生物，“蝴蝶胥化为虫”。三是无生命转化为生物，“颐辂（一种小虫子）生乎食醯（醋酸）”。

循环变化说也是主张生命变化的基本观念，这种观念认为，各种生物之间是循环变化的。在老子和庄子的哲学观念中就有明确的阐述。老子指出，道是“独立而不改，周行而不怠”的；庄子认为，“万物皆出于机，皆入于机”；荀子也认为，“始则终，终则始，若环之无端也”。这种观念并没有看到有机生命体之间进化性质上的有机联系，只是简单机械式的相互变化而已。直到朴素进化观念的出现，人们才基本上对生命之间的本质联系有了初步正确的了解。

朴素生物进化观是在上述各种观念的基础上，逐渐形成的一种有关生命变化的思想认识。这种朴素生物进化观念的标志，以西汉时期的淮南王刘安的学说为代表。刘安（公元前 179~公元前 122 年）是一位颇具自然科学知识的博物家和自然哲学家。他荟萃众家之长，以道家思想为主，在精气说的基础上，创造出一幅博大的宇宙变化图景，并从中体现出了朴素的生命进化观念。其学说主张的有关各种生物之间的推演进化可以总括成下面的示意图（图 1-2）。

刘安的生物进化是一种一元进化论观念，即所有生物种类都是来源于最基本的物质——“湿玄”。所谓“湿玄”就是一种能变化的物质状态的气。刘安认为，由“湿玄”这种精气产生出“毛”“羽”二风，并再由此进化出各种动物。总结刘安的理论还可以发现，不同种类的动物在演变过程中只能各依据其性状而繁衍生息，不能回复本原；各类动物彼此之间“隔而不通”，有严格界限，但可以派生出各种不同类型；各种动物的原始类型在生成过程中有天神的作用，并且在各种动物变化过程中还有虚构的过渡类型动物。因此，可以认为这种观念同时包括了生命起源和演化在内的比较全面的理论，是古代中国有关生命观念的集成表现，对后世传统文化有着根深蒂固的深刻影响（图 1-2）。

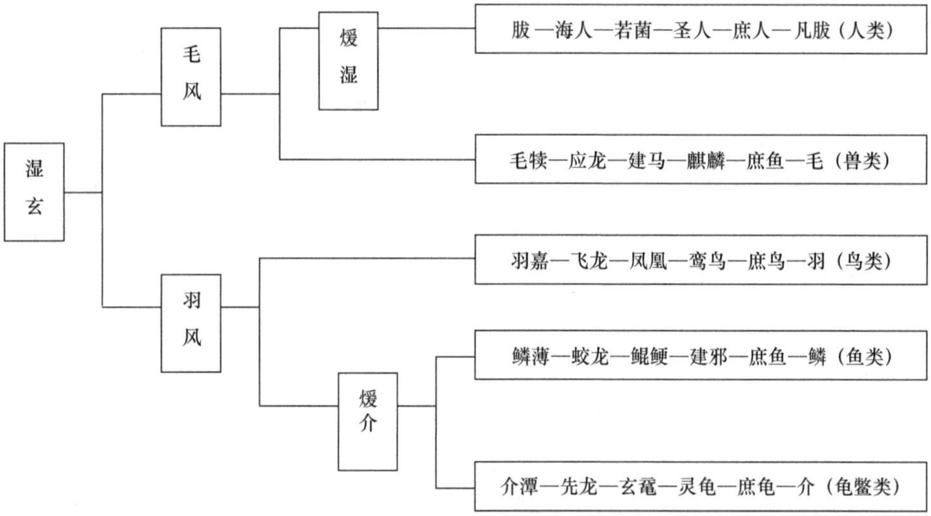

图 1-2　刘安的生物进化关系示意图（据苟萃华等《中国古代生物学史》示意图部分重绘[10]）

总体上说，中国古代人民在长期生产生活过程中，对动物的广泛利用和不断认识总结，形成了自己独特的生命观念，最终导致了朴素生命观念的出现。所有这些历史的积淀，也为中国文化奠定了其特有的基调，并在数千年历史长河中不断发展变化，演绎着灿烂的东方文明。

[10] 苟萃华，汪子春，许维枢，等.《中国古代生物学史》. 北京：科学出版社，1989 年：第 205 页.

第二章　中国人的原始动物崇拜

任何观念的产生都不是凭空出现的，人类的大脑就好比是一面镜子，它只能对已经存在的事物进行反映。但这种反映又具有一定的衍生性质，就是说人类会对反映的对象进行思维加工，从而形成抽象的概念。这样看来，中国早期存在的原始崇拜，尤其是原始动物崇拜观念也就不是无缘无故产生的了，其产生和发展都有一个必然的原因存在。那么这种原始动物崇拜是如何产生，什么时候产生的呢？要回答这个问题，需要我们回到遥远的过去，才能找到合理的答案。唯物主义原理告诉我们，意识依赖于物质。原始动物崇拜观念的产生，同样是与远古人类的客观物质活动分不开的。

第一节　原始动物崇拜的起源

原始动物崇拜的起源目前还没有一个明确的时间点，由于历史记载方面的限制，现在我们已经无从知晓。但从证据学角度观察，我们可以通过分析大量的考古遗迹来梳理这个问题。

人类社会发展历史，从使用工具来看，最早使用的是石器。人类一旦学会制作石器，从思维学角度而言，就意味着形成了某种观念意识。考察中国境内旧石器时代原始人与动物的关系，直到旧石器晚期，我们才发现一些岩石上刻画的动物画面。例如，中国北方阴山、阿尔泰山等地都有旧石器晚期的岩画存在。这种情况表明，人类最初的文化艺术表现形式就与动物有着极为密切的关系。现代考古发现证明，直至新石器中期，在中国才有与动物形式有关的各类文物。

从证据角度而言，我们今天能看到的最早人类动物文化的记录是刻在岩石上的，那些最初的动物形象，在默默地诉说着人类最早的心声。中国早期岩画中，内蒙古地区的阴山岩画、新疆地区的阿尔泰山岩画、宁夏地区的贺兰山岩画是比较古老的岩画类型。据盖山林先生研究，内蒙古阴山岩画年代的上限距今 10 000 年以上[11]。在阴山岩画中，内蒙古登口县与乌拉特旗交界地区的格尔敖包沟第一

---

[11] 盖山林.《阴山岩画》. 北京：文物出版社，1986 年.

地点第 13 组，发现有鸵鸟岩画存在（图 2-1）；在乌拉特中旗韩乌拉山峰第十二地点第 21 组，发现有大角鹿存在（图 2-2）；在同一地区的第十四地点第 19 组，发现了野牛岩画存在（图 2-3A）；此外，在乌拉特中旗几公海勒斯磴口县和乌拉特后旗交界处的阿贵沟岩画，第四地点第 37 组（图 2-3B）、第六地点第 11 组（图 2-3C）也发现有野牛岩画存在。这些距今 10 000 年存在的动物，出现在阴山岩画，证明了阴山岩画的历史早到新石器早期。

图 2-1　鸵鸟

图 2-2　大角鹿

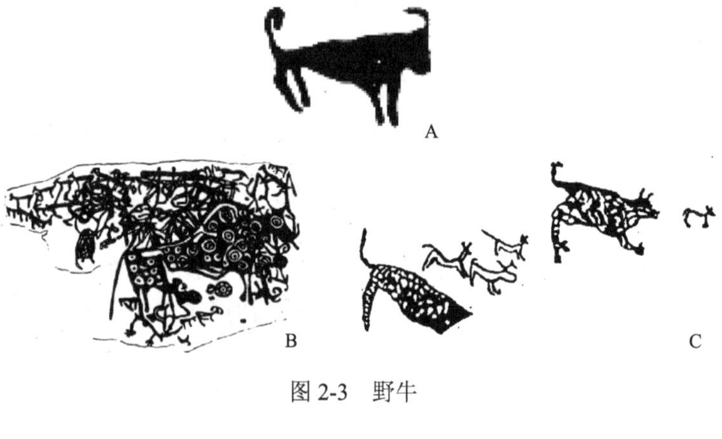

图 2-3　野牛

第二节　新石器时代不同原始文化的动物崇拜

随着原始社会发展，与原始动物崇拜有关的文化呈现不同的发展特色。不同地域与不同原始文化族群，原始动物崇拜各有其表现特征。尽管现在我们还无法理清各种文化之间的动物崇拜源流关系，但可以对不同文化之间的动物崇拜进行对比分析。中国新石器时代原始动物崇拜，在不同文化之间表现出各自的鲜明特色。作为原始动物崇拜的物化表现载体，除了上面说的岩画外，最主要的物化形式是动物形式雕塑与刻画在原始陶器、石器和玉器上的动物纹饰。

一、中国新石器时代文化遗存所见动物纹饰

对已经发现的中国新石器文化遗存分析表明，许多著名的新石器遗址都有原始动物纹饰器物被发现，这些遗址包括在红山文化、良渚文化、仰韶文化等，其年代贯穿整个新石器时代（表 2-1）。总体上看，这些原始动物纹饰，主要分为鸟、鱼、蛙及少量兽类。重要的是，原始的龙纹在此时期就已经出现。

表 2-1　中国新石器时代各文化遗存中所见动物纹饰

文化类型	遗址	距今年代（年）	器物类别	动物造型或纹样
裴李岗文化	裴李岗、贾湖等	9000~7000	陶器、玉器	动物雕塑
北辛文化	北辛	7300~6300	陶器	鸟形器物
仰韶文化	大地湾	7800~4900	陶器	鱼纹、动物纹
	北首领	7100~5750	陶器	人面鱼、鸟纹
	大河村	6000~4400	陶器	鱼纹、虫纹
	西安半坡	6140~5585	陶器	人面鱼、鸟纹
	庙底沟	5230~4410	陶器	鱼纹、鸟纹
	西水坡	6460~5800	蚌壳	龙虎图案
	阎村	5025~4500	陶器	鹳鱼石斧图
河姆渡文化	河姆渡	7200~6200	骨器、木器	鸟纹、动物造型
小珠山下层文化	小珠山、后洼、北吴屯	6500~6000	陶器、石器、玉器	动物雕塑
大汶口文化	大汶口等	6200~4500	陶器	鸟、兽造型器
赵宝沟文化	赵宝沟	6200~4200	陶器	动物纹
红山文化	三星他拉村等	6000~5000	玉器	龙纹、动物造型
马家窑文化	石岭下	5140~5000	陶器	鸟、倪鱼、蛙纹
	马家窑	5000~4700	陶器	鸟纹、蛙纹
	半山	4180~3815	陶器	蛙纹
	马厂	4000~3800	陶器	蛙纹
龙虬庄文化	龙虬庄	5300~4900	陶器	猪形
良渚文化	反山、瑶山等	5300~4400	玉器	神人兽面、鸟纹
小河沿文化	小河沿等	5600~4600	陶器	动物纹
造律台文化	造律台等	4500~4390	陶器	鸟首造型
龙山文化	城子崖	4500~4000	玉器	兽面纹
石家河文化	石家河等	4500~4200	陶器	小动物造型
陶寺文化	陶寺等	4500~4000	陶器	盘龙纹

二、良渚文化所见动物纹饰

良渚文化是长江下游地区著名的新石器时代文化，年代为公元前3300年至约公元前2400年，前后延续1000年左右。迄今，已经发现众多的该类文化的遗址，分布于江浙一带。良渚文化可以分为以赵陵山为代表的早期、以反山和瑶山为代表的中期及以寺墩为代表的晚期三个发展阶段[12,13]。最能反映良渚文化精神信仰的出土器物是各类玉器，其中以动物类纹饰为主要表现形式。良渚文化玉器主要出土遗址有反山和瑶山两处，其出土玉器数量众多，制作精良，是该文化的代表。

瑶山遗址共发掘墓葬12座，主要位于遗址东北部，全部墓葬分成南北两行，各有六座墓葬[14]。墓葬出土玉器众多，达678组件，种类包括冠形器、带盖柱形器、三叉形器、成组锥形器、钺、琮、小琮、璜、圆牌、镯形器、牌饰、带钩、纺轮、鸟形器、刻纹管、手柄、长管、勺等。在12座墓葬出土玉器中，除4座墓葬（5号、6号、8号和14号）外，其余8座墓葬出土玉器都有动物纹饰存在。统计刻画动物的纹饰玉器种类与数量，结果表明，共有138件玉器刻画动物纹饰（1件为玉鸟雕），占全部2926单件玉器总数的4.7%（表2-2）。这种比例关系说明，只有少数玉器才刻画动物纹饰，意味着动物纹饰具有很重要的象征意义。在12座墓葬中，出土带纹样图案玉器较多的墓葬是12号（65件）、2号（19件）、7号（18件）和9号（16件）。其中12号墓葬最多，是其他墓葬数倍。这种情况表明，12号墓葬主人在当时的社会地位比较高。

通观刻画动物纹饰玉器可以看出，刻画动物纹饰的玉器种类包括：冠形器、带盖柱形器、三叉形器、成组锥形器、琮、小琮、璜、圆牌、镯形器、牌饰、坠饰、鸟形器、刻纹管、勺、长管、手柄共16种。几乎任何形式玉器种类都有动物纹饰刻画，表明动物纹饰刻画不以玉器种类为主。从刻画的动物纹饰看，良渚文化玉器上只有一类统一的纹饰，即所谓“神人兽面”。这种纹饰表现，具体有三种情况：全形图案、兽面图案、简化兽面。全形图案为一个神人，下面一个兽面纹，神人两边再刻画两只鸟纹，即以人为中心，下面是兽面，两边为鸟纹。也可以认为，良渚文化的典型纹饰就是人和鸟兽的组合。其余纹样则省略了神人的形式，即只以兽面形式存在，只不过是简化程度差异不同而已。

[12] 林华东.《良渚文化研究》. 杭州：浙江教育出版社，1998年.
[13] 朔知. 良渚文化的初步分析.《考古学报》，2000年，第4期：第421-450页.
[14] 浙江省考古研究所.《瑶山》. 北京：文物出版社，2003年.

表 2-2　瑶山玉器动物纹饰分析

墓葬编号	玉器数量（件）	刻纹玉器	数量	刻纹特征
墓葬 1 号	26 组 57	镯形器	1	龙首纹
墓葬 2 号	56 组 184	冠形器	1	神人兽面+鸟纹
		长管	2	简化抽象神人兽面纹
		锥形器	1 组 7 件	简化抽象神人兽面纹
		琮	2	简化神人兽面纹
		小琮	2	兽面纹
		圆牌	1	龙首纹
		锥形器	2	简化兽面纹
		手柄	1	兽面纹
		玉鸟形器	1	兽面纹
墓葬 3 号	45 组 102	三叉形器	1	兽面纹
		小琮	2	兽面纹
墓葬 4 号	38 组 54	璜	1	兽面纹
墓葬 5 号	9 组 19	无		
墓葬 6 号	28	无		
墓葬 7 号	147 组 667	三叉形器	1	神人兽面
		方柱形锥形器	2	兽面纹
		琮	2	兽面纹
		小琮	10	简化抽象兽面纹
		锥形器	1	简化兽面纹
		牌饰	1	简化兽面纹
		坠饰	1	简化兽面纹
墓葬 8 号	31 组 68	无		
墓葬 9 号	76 组 262	带盖柱形器	1 组	兽面纹
		三叉形器	1	云纹形式兽面纹
		锥形器	1 组 7 件	兽面纹
		琮	1	兽面纹
		刻纹管	1	变形兽面纹
		小琮	5	兽面纹
墓葬 10 号	99 组 556	三叉形器	1	兽面纹
		琮	3	兽面纹
		长管	3	变形兽面纹
		牌饰	1	神人兽面纹
墓葬 11 号	87 组 537	冠形器	1	兽面纹
		璜	2	1 为兽面纹，1 为龙首纹
		圆牌饰	1	龙首纹
		刻纹管	2	简化兽面纹
		柱形器	1	兽面纹
墓葬 12 号	344	锥形器	1 组 9 件	兽面纹
		琮	8	兽面纹
		小琮	1	兽面纹
		刻纹管	37	兽面纹(5 件残无法确认)
		勺	1	兽面纹
		长管	1	兽面纹
		琮	4	兽面纹
		小琮	4	兽面纹
墓葬 14 号	48	无		
合　计	2926		138	5%

反山是良渚文化另一处重要遗址，共发掘墓葬11座，出土玉器种类包括权杖、冠形器、带盖柱形器、三叉形器、成组锥形器、钺、琮、璜、圆牌、镯形器、带钩、纺轮、鸟、龟、鱼、蝉、琮纹管、长管、半圆形饰、璧、龙纹管等[15]。玉器上刻画纹饰与瑶山遗址玉器一致，没有本质性差异。从出土纹饰玉器占比看，动物类纹饰玉器共112件，占全部玉器3224的3.5%，与瑶山比例基本相同。其中，出土动物纹饰比例比较大的墓葬有12号（33件）、14号（16件）、20号（16件）和16号（14件），其余数量比较小。表明12号墓葬主人地位较高（表2-3）。

三、仰韶文化所见动物纹饰

仰韶文化是新石器时代黄河流域上中游地区的主要文化，仰韶文化分布地域广阔，已经发现的各类文化遗址近3000处，前后延续2000余年[16]。仰韶文化按地域可以分为三大分布区：①以渭河流域为主的关中、豫西、晋南区，主要遗址包括半坡、姜寨、庙底沟、西王等，是仰韶文化的中心分布区；②以伊、洛河为中心的豫中区，主要遗址有王湾、大河村、阎村等；③豫北冀南区，主要遗址有后岗、大司空、西水坡和大地湾等。

半坡遗址是仰韶文化重要遗址，位于仰韶文化中心区。半坡遗址发现工具类器物5275件，生活用具中陶器约1000件，陶片达50余万片，各类装饰品1900件[17]。动物纹饰主要存在于生活用具中的陶器上，此外有陶塑动物类装饰品。统计存在动物纹饰器物（包括人面纹），共发现器物与陶片58件，器物类别为陶盆和盂类。所见动物纹饰类型有鱼纹52件，人面鱼纹2件，人面纹3件，鹿纹1件。另有陶塑鸟5件，兽形陶器盖1件，人头陶塑1件。从动物纹饰比例看，主要为鱼纹，占比最高。

大地湾一期文化属于前仰韶文化，很可能是仰韶文化的源头。二期属于仰韶早期，接近半坡、姜寨和史家文化。三期文化属于仰韶中期，与天水师赵村、宝鸡福临堡和半坡中期接近。四期属于仰韶文化晚期。大地湾文化遗址发现的有动物纹饰器物属于陶器，其中主要存在于大地湾第二至第四期文化遗址中。

第二期文化共出土器物3299件，其中陶器915件[18]。动物纹饰出现在陶器上，

[15] 浙江省考古研究所.《反山》（上、下）. 北京：文物出版社，2005年.
[16] 张之恒.《中国新石器时代考古》. 南京：南京大学出版社，2004年.
[17] 中国社会科学院考古研究所.《西安半坡》. 北京：文物出版社，1963年.
[18] 甘肃省文物考古研究所.《秦安大地湾新石器时代遗址发掘报告》（上）. 北京：文物出版社，2006年.

表 2-3　反山玉器纹饰分析

墓葬编号	玉器数量（件）	刻纹玉器	数量	刻纹特征
墓葬 12 号	647	权杖	1 套 2 件	1 为神人兽面纹，1 为兽面纹
		琮式管	11	神人兽面纹
		龙纹管	2	龙首纹
		锥形器	2	兽面纹
		琮	6	1 个刻神人兽面+鸟纹，5 个刻兽面纹
		半圆形饰	1 组 4	兽面纹
		柱形器	3	神人兽面纹
		钺	1 套 3 件	神人兽面+鸟纹
墓葬 14 号	370	三叉形器	1	兽面+鸟纹
		琮式管	9	简化抽象兽面纹
		带钩	1	神人兽面纹
		琮	3	兽面纹
		鸟	1	
		蝉	1	
墓葬 15 号	54	冠状器	1	神人兽面+鸟纹
		锥形器	1	兽面纹
		琮式管	1	简化神人兽面纹
		鸟	1	
墓葬 16 号	488	锥形器	1	兽面纹
		琮	1	神人兽面纹
		琮式管	5	神人兽面纹
		冠状器	1	神人兽面+鸟纹
		璜	1	神人兽面纹
		鸟	1	
		龙纹管	2	龙首纹
		带盖柱形器	1 套 2 件	龙首纹
墓葬 17 号	316	冠状器	1	兽面纹
		琮	2	神人兽面纹
		琮式管	4	神人兽面纹
		琮	2	兽面纹
		鸟	1	
		龟	1	
墓葬 18 号	61	琮	1	兽面纹
墓葬 19 号	36	无		
墓葬 20 号	503	冠状器	1	兽面纹
		琮	4	兽面纹 3，兽面+鸟纹 1
		琮式管	5	兽面纹
		柱形器	3	简化兽面纹
		锥形器	3	兽面纹
墓葬 21 号	115	琮	1	兽面纹
墓葬 22 号	175	冠状器	1	神人兽面+鸟纹
		璜	2	神人兽面纹
		琮式管	1	简化兽面纹
		圆牌	1 组 6 件	龙首纹
		鱼	1	
墓葬 23 号	459	琮	3	简化兽面纹
		璜	2	兽面+鸟纹
合　计	3224		112	3.5%

统计发现动物纹饰的陶器 46 件，仿动物形陶角 6 件，人形雕塑平底瓶 1 件。存在动物纹饰的陶器种类包括钵、圆底盆，尚有存在动物纹饰陶片 11 片。第三期文化出土器物 1686 件，其中陶器 950 件，未发现动物纹饰器物，但发现仿动物形陶角 48 件。第四期文化共出土器物 2951 件，其中陶器 1922 件。统计动物纹饰陶器有 4 件，发现仿动物形陶角 46 件。存在动物纹饰的陶器种类包括壶、侈口罐，尚有 4 件人形陶塑（表 2-4）。

大地湾文化遗址共发现动物纹饰陶器 50 件，陶角 100 件，人形陶塑 5 件。动物纹饰陶器包括陶角和人形陶塑在内共 155 件，占全部陶器 3787 的 4.1%。大地湾所见动物纹饰类型有鱼纹 43 件，蛙纹和犬纹 1 件，虫纹 2 件，其他动物纹 2 件，人面纹 2 件，人形雕塑 5 件。主体纹饰以鱼纹为主，占比最高。

姜寨遗址位于关中东部，距离临潼县城 1 公里的骊山北麓下。姜寨遗址文化可以分为五期，第一期文化属于半坡类型，第二期文化属于史家类型，第三期文化属于庙底沟类型，第四期文化属于西王村类型，第五期文化属于客省庄二期文化。姜寨遗址发现动物纹饰的器物主要是第一和第二期文化。第一期文化发现工具类器物共 3811 件，生活用具中陶器 939 件，陶片达 100 余万片，装饰品及其他共 589 件[19]。动物纹饰主要存在于生活用具中的陶器上，此外有陶塑动物类装饰品。统计存在动物纹饰器物（包括人面纹），共发现 23 件，占总数 939 件的 2.4%。所见动物纹饰类型有鱼纹 18 件，人面鱼纹 2 件，人面纹 1 件，蛙鱼纹 1 件，另有 1 件陶塑鸟。

姜寨第二期文化发现工具类器物共 516 件，生活用具中陶器 1105 件，陶片数量众多，装饰品及其他约 5 件。动物纹饰主要存在于生活用具中的陶器上，此外有陶塑动物类装饰品。统计存在动物纹饰器物（包括人面纹），共发现 9 件，占总数 1105 件的 0.8%。此外，彩陶片上发现动物类纹饰的有 13 片，另有 1 件陶塑羊。所见动物纹饰类型有鱼纹 14 件，人面纹 3 件，猪面纹 1 件，鸟鱼纹 4 件。与大地湾遗址一样，姜寨遗址动物纹饰也以鱼纹为主，占比最高。

北首岭遗址位于关中西部的宝鸡市东北，是一处重要的仰韶文化遗址。北首岭发掘出各类器物包括生活区和墓葬两部分，生活区器物共发现 3443 件，其中陶器 166 件，陶片约 10 万片；随葬器物共 2525 件，其中陶器 753 件。发现动物纹饰器物的类型有陶盆、壶、陶片，此外还有人形雕塑[20]。陶器上所见动物类纹饰见表 2-4。

---

[19] 西安半坡博物馆，陕西省考古研究所和临潼县博物馆. 《姜寨-新石器遗址发掘报告》（上、下）. 北京：文物出版社，1988 年.

[20] 中国社会科学院考古研究所. 《宝鸡北首岭》. 北京：文物出版社，1983 年.

表 2-4　仰韶文化陶器动物纹饰分析

遗址名称	刻纹陶器	形制（编号）	数量	刻纹特征
半坡	盆	III3a	10	鱼纹
	陶片		40	鱼纹
		III5b	1	人面纹
	陶片		2	人面纹
		III5b	1	人面+鱼纹
	陶片		1	人面+鱼纹
		III5b	1	鹿纹
	盂	VII1b	1	鱼纹
	陶片		1	鸟纹
大地湾（二期）	钵	I 式	4	鱼纹
	圆底盆	A 型 I 式	2	鱼纹
		A 型 II 式	3	鱼纹
		陶片 T208：P17 等	11	鱼纹
		A 型 III 式	2	鱼纹
		陶片 Y301：P7 等	6	鱼纹
		B 型 III 式	2	写意鱼纹
		B 型 IV 式	3	写意鱼纹
		B 型 V 式	2	写意鱼纹
	平底瓶	I 式	1	颈口为人头雕塑
	彩陶片		2	人面纹
		内彩	7	鱼纹
			2	动物纹
	陶角		6	羊、牛等
大地湾（三期）	陶角		48	羊、牛等
大地湾（四期）	壶	A 型 III 式	1	犬+鱼纹
		B 型 I 式	1	蛙纹
	壶侈口罐	B 型 III 式	1	虫形网格漩涡纹
		E 型 II 式	1	弯曲毛虫状漩涡纹
	陶角		46	羊、牛等
	陶塑人像		4	1 件壶或瓶颈口人头，3 件为单独雕塑
姜寨（一期）	深腹陶盆	IV 式	2	人面+鱼纹
		IX 式	1	鱼纹
		XI 式	1	蛙+鱼纹

续表

遗址名称	刻纹陶器	形制（编号）	数量	刻纹特征
姜寨（一期）	彩陶片	T253W176	1	人面纹
		T276④：38	1	鱼+几何纹
			17	鱼纹
	陶塑鸟	T55H73：2	1	鸟形
姜寨（二期）	敛口深腹钵	II 式	1	变形鱼纹
	细颈陶壶	XI 式	1	几何组合似猪面
	葫芦形陶瓶	III 式	2	变体鱼纹
			1	变形人面纹
		IV 式	2	变体鱼纹
		IX 式	1	鸟+鱼+几何纹
	深腹陶盆	VIII 式	1	变体鱼纹
	彩陶片	ZHT37H493：32	1	人面纹
		ZHT252F84：14	1	人面纹
		ZHT8⑤：2	1	鱼纹
		ZHT12M238：4	1	鱼纹
		ZHT66F32：2	1	鱼纹
		ZHT8M168：3 等	5	变体鱼纹
		ZHT14H467：1 等	3	抽象鱼、鸟纹
	陶塑羊头	盖钮	1	羊头造型
北首领	盆	III 式	1	鱼纹
		IV 式	1	鱼纹
		V 式	1	鱼纹
	陶壶	III 式	1	鸟+鱼纹
	彩陶片	T144：2 等	3	人面纹
		T120：2	1	人面+鱼纹
		T55：2	1	鱼纹
		T86：3	1	鱼纹
		T124：2	1	鸟纹
	陶塑人像	78T4：3	1	男性人头像
			1	半身像

四、红山文化所见动物纹饰

红山文化分布范围在：北部越过西拉木伦河，南界西段越过燕山以南到达华北平原，南段东段可达渤海沿岸，东界越过医巫闾山到达下辽河西岸，主要遗址有已经发现的有 20 余处[21]。红山文化自 6500 年前开始，延续时间长达 1500 余年，创造了辉煌的古代文明。

红山文化器物以玉器为主，其丰富的动物类造型代表着红山原始先民独特的思想意识。根据张雪秋和张东中所著《红山文化玉器》一书，共有红山文化玉器图 471 幅，其中许多玉器都以动物作为造型。对此进行的统计分析表明，471 幅玉器图中，动物类造型或纹饰的有 283 幅，占总数 471 的 60.0%。其中龙纹 56 件，占动物纹饰玉器总数的 19.8%。人和兽类玉器共 79 件，约占动物造型的 27.9%（其中兽类 69 件，占 24.4%）。鸟类（包括鸟、鹰、鸮和凤）玉器共 58 件，占 20.5%。可见龙山文化玉器动物纹饰主体分为兽类、鸟类和龙类三大类，其他种类占比较小。以单一纹饰来看，龙纹无疑是占比最高的纹饰，兽类与龙相差不大（考虑到兽的种类较多，有的人兽无法分清等因素），其次是鸟类（表 2-5）。这种纹饰分布情况说明，红山文化主体动物纹饰是龙纹，其次是兽面纹和鸟纹，其比较统一的形象纹饰还是以龙纹为鲜明。尤其值得注意的是人神玉器类，其体现的已经是很明确的崇拜物的特征，是那个时代精神文化重要物证形式，值得深入研究。

纵观仰韶、良渚及红山文化出土器物纹饰，其文化特征在崇拜动物形象上各具独特性。其动物图案在其文化区域内，图案具有明确的统一性，仰韶文化以鱼纹为主，良渚文化以兽面纹及鸟纹为主，而红山文化主要是龙纹，同时兼具其他动物图案。说明各个文化选择有特征动物形象，反映着某种社会统一认知心理，将这类动物图案界定为其具有精神因素，从而表现原始宗教特性是可信的。

第三节　原始崇拜动物的类型

结合动物的自身特征，原始动物崇拜基本可以划归为五种类型，即陆生动物崇拜、飞行动物崇拜、水生动物崇拜、昆虫崇拜和幻想动物崇拜。综合各方面的证据，上述原始动物崇拜的五种类型中，最早出现的崇拜类型是陆生动物崇拜、水生动物崇拜及飞行动物崇拜，以后逐渐发展出幻想动物类型。

从具体崇拜动物种类来看，陆生哺乳动物所占比例最大，初步统计大概包括虎、豹、熊、象、鹿、牛、马、羊、猪、狗、狐狸等 10 余种。这是因为哺乳动物

[21] 张星德.《红山文化研究》. 北京：中国社会科学出版社，2005 年.

表 2-5 红山文化玉器动物纹饰分析

玉器种类	玉器名称	玉器数量	动物纹饰特征
工具类	玉龙柄刀	1	柄端双面刻龙首纹
	玉匕	1	柄部双面刻兽面纹
	玉鹰刀	1	为展翅飞鹰造型
	玉鸟形器	1	一端似鸟首，背负一小鸟
	玉龙柄钩形器	1	上部雕成龙首造型
玉饰品类	玉龙纹璧	1	阴刻“C”形龙纹
	玉异形璧	1	一侧双面刻蛙眼
	玉黑皮兽三孔器	1	两端呈兽首造型
	玉猪龙纹双连璧	1	两孔之间雕对兽首
	双玉龙式璜	1	两端对称雕龙首造型
	玉双龙式璜	5	璜为弧形两端为龙首
	玉钩形龙佩	2	未刻画眼耳鼻特征
	玉玦形兽神佩	3	兽体卷曲，首尾间阴刻一瓦沟
	玉弧形龙神佩	2	体弧形扁预圆，吻上翘
	玉坠	4	各具特色的人面造型
	玉坠	8	各类动物造型
	玉面形神佩	1	阴刻五官
	玉兽面神佩	3	双孔为眼
	玉兽首神佩	2	兽角一为圆钝，一为弯曲尖锐
	玉兽佩	1	吻长突出，似野猪形
	玉兽首蚕身佩	1	体似熊，大嘴，圆眼
	玉龟形佩	2	一为缩头足，一为龟颈长伸出
	玉兽面形神佩	1	五官镂空
器物类	玉勾云形器	14	主体成抽象鸟兽形
	玉丫形器	2	扁平，侧视为玉猪龙
	玉兽纹璇玑形器	1	外缘雕三个同向猪龙
	玛瑙蚕纹璇玑形器	1	外缘雕三个蚕
动物类	玉鱼形佩	8	各种鱼造型
	玉蝉	22	成虫造型
	玉蚕蛹	1	
	玉蛙	2	成体蛙造型
	玉兔	1	兔首大耳
	玉蛇	2	一为卷曲，一为眼睛蛇头
	玉龟	11	造型各异
	玉龟兽复合器	1	兽负龟上
	玉蜻蜓	1	蜻蜓尾巴弯曲成环
	玉蜂	4	成虫造型
	玉蝗虫	1	成虫造型
	玉蛾	1	成虫造型
	玉甲虫	2	成虫造型
	玉螳螂	2	成虫造型
	玉蝙蝠	2	翅展飞行状
	玉鸟	19	各种鸟造型

续表

玉器种类	玉器名称	玉器数量	动物纹饰特征
动物类	玉凤	2	
	小玉凤	2	
	“C”形玉凤	1	
	玉鸟神	1	一面刻人面，双翼展开
	玉鹰	17	形态动静都有
	“C”形龙	6	
	玉雌雄连体龙	2	
	玉鹿首“C”形龙	1	
	玉盘尾龙	2	
	玉雌雄双龙	1	两端雕刻四龙首
	玉猪龙	30	造型统一
人神玉器类	大肚蛹身式人	1	人和蚕蛹合体
	立兽母神	1	人和兽合体
	背鸟神人	1	人加鸟组合
	鹰冠母神人	3	人鸟合体
	猪龙腹神人	1	人加猪龙组合
	鸱鸮冠蹲坐式人	1	人加鸟组合
	蛙人冠神兽	1	人加蛙组合
	蝉冠先人	1	人加昆虫组合
	角冠猎兽神人	1	人兽合体
	人蝉复合器	1	人蝉合体
	蝉冠人兽复合器	1	蝉加人兽合体
	抚膝蹲坐式四角牛面神兽	1	牛面兽形象
	抚膝蹲坐式神兽	3	兽面形象
	环角抚膝蹲坐式牛神	2	牛面兽形象
	抚膝蹲坐式牛面神兽	1	牛面神兽形象
	环冠鸟首神兽	1	鸟兽复合体
	兽首牛面鸟体复合型神兽	1	鸟兽复合体
	兽首人体鸟翼复合型神兽	1	人兽鸟复合体
	抚膝蹲坐式神像	14	人兽复合体
	袖手蹲坐式神像	2	人兽复合体
	神兽	1	人兽不分
	神兽	1	人兽合体
	四角神兽	1	人兽合体
	独角拱手人面神兽	1	人兽合体
	蚕腹神兽	1	兽昆虫合体
	拱手神兽	1	人兽合体
	神兽	1	人兽合体
	抚膝蹲坐式长角神兽	1	人兽合体
	鸟兽复合神器	1	鸟兽人合体
	神兽	5	人兽合体
	戴冠神兽	1	人兽合体
	连体神兽	2	兽兽组合

续表

玉器种类	玉器名称	玉器数量	动物纹饰特征
人神玉器类	上下复合神兽	1	兽首人体上下组合
	鹰冠神兽	1	兽鸟人组合
	鸮冠神兽	4	兽鸟人组合
	凤冠牛神兽	1	兽鸟人组合
	凤冠神兽	1	兽鸟人组合
	鸟冠神兽	1	兽鸟人组合
	鹰冠神兽	1	兽鸟人组合
	鸟冠牛神兽	1	兽鸟人组合
	鹫冠神兽	1	兽鸟人组合
	蝉冠跪坐式神兽	1	兽昆虫组合
	蚕冠人面神兽	1	兽昆虫人组合
	蝉冠神兽	2	兽昆虫人组合
	兽冠神兽	1	兽兽人组合
	鸟冠猪龙	2	鸟龙组合
合　计		283	

注：表内玉器系据张雪秋，张东中著《红山文化玉器》[22]一书整理而成。

与人类亲缘关系最密切，对人类生存发展影响最大。水生生物中鱼作为原始人的食物，也是影响原始人类的主要动物类群。然而除仰韶文化有明显鱼类崇拜的证据外，其他原始文明似乎没有更多的证据存在。除了鱼类外，两栖类是水生动物崇拜的重要类群。这种崇拜主要是以繁殖能力崇拜为主，具体到蛙、鲵、蟾蜍等都有明确的崇拜体现。爬行动物中的蛇和龟、鳖类也划入水生动物崇拜范畴，原因是它们体现着与水类生态习性相关的崇拜内涵。爬行动物崇拜是非常重要的原始崇拜动物类型，对于爬行动物的崇拜几乎贯穿整个古代人类历史。

原始飞行动物崇拜主要就是鸟类崇拜。鸟是与其他动物完全不同的另一大类原始崇拜对象，说其不同主要表现在鸟类崇拜其实是同太阳崇拜相关联的。在具体物种上，主要是一些大型的猛禽（如鹰、鹞、鸮类）、大型飞禽（如鹤、雁类等）。鸟类崇拜发展之极出现了中国另一个代表图腾形象——凤，从而与龙一起组成了中国传统的龙凤崇拜这一独特文化现象。

与其他动物相比，原始昆虫崇拜所占的比例比较小。从崇拜意义上来说，昆虫是变化的典型代表，具有与灵魂相关的某些原始信仰。此外，作为原始农业发展中的自然限制因素，虫害是非常重要的。蚕桑是古代最主要的纺织原料，当然

[22] 张雪秋，张东中. 《红山文化玉器》. 哈尔滨：黑龙江大学出版社，2010 年.

对古代社会发展具有不可替代的作用。目前比较肯定的昆虫崇拜种类包括蝉、蚕、蝗虫等少数几种。各类原始动物崇拜类型及其崇拜动物种类初步统计入表 2-6。从表 2-6 可以看出，原始动物崇拜的动物种类比较丰富，崇拜分类广泛。崇拜的动物或者为飞禽猛兽，或者为家养动物，再有就是根据这些动物想象创造的动物形象，说明人们的思想意识离不开其生产生活实践。

表 2-6　中国古代原始动物崇拜类型及其主要崇拜动物

崇拜类型	代表动物名称	科学分类归属
陆生动物	虎	哺乳纲
	熊	哺乳纲
	鹿	哺乳纲
	牛	哺乳纲
	马	哺乳纲
	羊	哺乳纲
	猪	哺乳纲
	狼	哺乳纲
	狗	哺乳纲
	狐狸	哺乳纲
	蛇类	爬行纲
水生动物	鱼类	鱼纲
	龟	爬行纲
	鳖	爬行纲
	蛙类	两栖纲
飞行动物	鹰	鸟纲
	猫头鹰	鸟纲
	燕	鸟纲
	鹤	鸟纲
	鸡	鸟纲
	乌鸦	鸟纲
昆虫类	蝉	昆虫纲
	蚕	昆虫纲
幻想动物	龙	未定
	凤凰	鸟纲
	麒麟	未定

第三章　动物与中国传统祭祀文化

祭祀文化在人类历史中是非常重要的内容，古语云“国之大事，在祀与戎”，意思是说军备和祭祀是国家最大的事情。中国历史上祭祀文化源远流长，应该说祭祀文化伴随着人类文明的整个历史。对中国历史时期和史前时期考察表明，祭祀应该在古代国家生活中占有极大的分量，祭祀活动是古代人们精神生活的主要内容，《礼记·礼运》说：“凡治人之道，莫急于礼，礼有五经，莫重于祭。”考察中国古代祭祀活动，包括祭祀对象、场所、仪式、祭品等方面。

祭祀一开始就要求有一定的仪式来突出祭祀的目的，通过仪式来显示祭祀的重要作用，没有一定仪式，无以显示社会组织的威力。祭祀的仪式是通过一定的方式方法来实现的，这些方式方法又随着时代发展而有一定的变化，但其基本轮廓则始终是清晰一致的。总体上说，根据祭祀活动可以把祭祀仪式分为三大要素，即祭祀对象、祭祀者、祭祀物品。在祭祀仪式中，参与的人员分为按照一定规则来组织和实施整个祭祀活动。从时空角度看，祭祀仪式要在特定的时间、特定的场所进行。而在祭祀活动中，动物作为重要的祭祀物品起着非常重要的作用。以下分别就中国古代祭祀的基本情况进行简要的概述，并重点讨论动物在祭祀过程中存在的形式与作用。

第一节　中国古代祭祀活动的场所

在中国古代，祭祀场所根据祭祀具体要求可以分为室外、室内两大场所。也可以根据具体祭祀对象将场所划分为地上、地面、地下和房屋内等形式。祭祀场所一般要根据祭祀要求来选择，地上场所主要通过祭坛来体现。所谓“坛”乃是指用土或石头营造的高台，《说文》：“坛，祭场也，从土。”目前，我国史前祭坛场所已经发现有 20 余处，这些遗址根据地区不同而又呈现不同的具体特点[23]。地面祭祀场所相比于祭坛来说要更简单，只是在地面清理出一片空地

[23] 井中伟. 我国史前祭祀遗迹初探.《北方文物》，2002 年，第 2 期：第 6-15 页.

进行祭祀，此类祭祀场所称为“墠”，《说文》：“墠，野土也。”由于此类祭祀场所没有显著的建筑特征，因此，留下来可供发现的场所并不多。地下祭祀场所是指祭祀时挖土成坑进行祭祀，称为“坎”或“陷”，《礼记·祭义》：“祭日于坛，祭月于坎。”目前考古发现的此类遗址非常多，涵盖地域广泛，跨越时间长。以上都是在室外进行的祭祀场所，还有就是在室内进行祭祀。这种祭祀场所在房屋内的也可称为“庙祭”，《说文》：“庙，尊先祖貌也。”由于时代久远，现今发现的确切庙的史前遗址非常少，只有两处。当然，史前人们也可能在其住所的室内进行祭祀活动，如果这样，则宽泛意义上的室内祭祀场所就非常普遍了。

一、中国史前时代祭祀场所

根据目前考古发现，中国史前祭祀地点是非常多的，几乎各地都有发现。其中各个史前时代比较有代表性的遗址前仰韶时代比较重要的发现包括湖南洪江高庙，河北易县北福地、徐水县南庄头，安徽蚌埠双墩等；河北武安磁山遗址发现的大量祭祀灰坑。卜工先生的研究表明，河北武安磁山遗址中具有称为“灰坑”的祭祀场所[24]。笔者非常认同卜工先生的观点，确实灰坑类型的遗址许多应该具有祭祀内容存在。目前的研究已经可以说明，许多灰坑都是祭祀填埋场所。前仰韶时代的长江流域也有祭祀遗址发现，如高庙遗址中发现了距今约 7000 年的祭祀场所，发现有大量的祭祀器物和祭祀坑[25]。

仰韶文化是新石器时代晚期的早段，属于黄土高原大的文明范围，保护众多文化遗址。仰韶文化发展分为三个阶段，即以半坡文化为代表的仰韶早期、以庙底沟文化为代表的仰韶中期和以泉护遗址二期文化为代表的仰韶晚期。仰韶文化的祭祀场所已经非常明确，可以看出存在于墓葬场所的祭祀活动。此外，人们居住地附近或居住地中心存在着比较固定的祭祀场所。大量用于祭祀活动的特制器物出现，标志着祭祀的规范性更为明确。半坡文化祭祀遗址有西安半坡、南郑龙岗寺存在的坎祭遗迹，秦安大地湾（半坡四期）据认为有用于进行室内祭祀的场所等。庙底沟文化祭祀遗址有陕县庙底沟、甘泉史家湾祭祀坑遗迹。后岗文化祭祀遗址有安阳后岗、汤阴白营、邯郸沟涧祭祀坑遗迹。王湾文化祭祀遗址

[24] 卜工．磁山祭祀遗址及其相关问题．《文物》，1987 年，第 11 期：第 43-47 页

[25] 贺刚．湖南沅江高庙遗址考古发掘获重大发现．《中国文物报》，2006 年 1 月 6 日版．

有洛阳王湾、洛阳矬李、郑州大河村、禹州瓦店等。仰韶晚期祭祀遗址有郑州西山等地。仰韶文化祭祀遗迹主要以祭祀坑为主，也存在房屋祭祀场所。

红山文化祭祀已经发现有明确的祭祀场所，如辽宁喀左东山嘴遗址红山文化祭坛[26]（图 3-1）。此祭坛由中心、两翼和前后两端等部分组成。祭坛中心部分是一座方形基址，周围砌以石墙基，内部形成有三个石堆，其中南侧中部的最大。两翼是两条南北走向对称的石墙基。前端是石圈形台址和多圆形石砌基址。基址整体上看前圆后方。辽宁牛河梁红山文化“女神庙”与积石冢群（图 3-2）。牛河梁位于建平和凌源县交界处，属于半山地半丘陵地貌。女神庙遗址位于牛河梁主梁北山丘顶部一平台，庙位于平台南侧。该庙由一处单室和一个多室组成。女神庙属于祭祀的形象包括泥塑女神、猪龙、神鸟等。四座积石冢位于牛河梁顶南端斜坡上，呈东西排列。此冢特点都是以石头砌墙，以石头筑墓，以石头封顶。这种墓葬地点与情况分析，也应该属于祭祀场所。

图 3-1　牛河梁遗址第二地点鸟瞰（祭坛）

良渚文化距今约 5000 年，以出土大量精美玉器而闻名于世。最能代表良渚文明特征的是其大型祭坛的发现。良渚文化区域内分布有众多遗址，其中明确发现祭坛存在的遗址不止一处。其中代表性的瑶山祭祀坛，该祭坛为方形，内外三层。周长 20 米，面积约 400 平方米[27]（图 3-3）。汇观山祭坛遗址，为东西长 45 米，

[26] 郭大顺.《红山文化》. 北京：文物出版社，2004 年.
[27] 浙江省考古研究所.《瑶山》. 北京：文物出版社，2003 年.

图 3-2　牛河梁红山文化“女神庙”

图 3-3　浙江余姚瑶山祭祀坛

南北宽约 35 米的红土土台。寺墩遗址祭坛为一直径 100 米，高 20 多米的由人工堆积而形成的土台。此外，同文化区内其他祭坛遗址还包括余杭莫角山、青浦福泉山、武进寺墩、海宁大坟墩、海宁荷叶地、昆山赵凌山、昆山少卿山和余杭卢村等多地。

井中伟对我国史前祭祀场所进行了专门成文统计，这里根据其统计对目前发现祭祀遗迹的遗址表述介绍如下（表 3-1）。

从表 3-1 中可以看出，已经发现的史前祭祀遗迹包括的类型是比较全面的，有祭祀天的坛祭场所，也有祭祀地的场所，当然还有祭祀祖先的场所。几乎所有

表 3-1 已经发现的部分中国史前祭祀遗址

遗址位置名称	所属考古学文化	祭祀遗址形制	资料来源
喀左东山嘴	红山文化	祭坛	《文物》，1984，（11）
包头威俊	阿善第三期	祭坛	《史前研究》，1990，（5）
包头莎木佳、黑麻板、阿善	阿善第三期	祭坛	《考古》，1986，（6）
嘉兴南河滨	松泽文化	祭坛	《中国文物报》，1996，12 月 15 日
余杭瑶山	良渚文化	祭坛	《文物》，1998，（1）
余杭汇观山	良渚文化	祭坛	《文物》，1997，（7）
余杭莫角山	良渚文化	祭坛	《中国文物报》，1993，10 月 10 日
青浦福泉山	良渚文化	祭坛	《文物》，1986，（10）
武进寺墩	良渚文化	祭坛	《考古》，1984，（2）
海宁大坟墩	良渚文化	祭坛	《中国文物报》，1993，9 月 19 日
海宁荷叶地	良渚文化	祭坛	《中国考古学年鉴 1989》，文物出版社，1990
昆山赵凌山	良渚文化	祭坛	《中国文物报》，1992，8 月 2 日
昆山少卿山	良渚文化	祭坛	《考古》，2000，（4）
余杭卢村	良渚文化	祭坛	《浙江省文物考古所学刊》，1997
常熟罗墩	良渚文化	祭坛	《文物》，1999，（7）
澧县城头山	大溪文化	祭坛	《文物》，1999，（6）
含山凌家滩	相当薛家岗二期	祭坛	《考古》，1999，（11）
杞县鹿台岗	造津台类型	祭坛	《胶东杞县发掘报告》，科学出版社，2000
武安磁山	磁山文化	墠	《考古学报》，1981，（3）
永靖大何庄	齐家文化	墠	《考古学报》，1974，（2）
永靖秦魏家	齐家文化	墠	《考古学报》，1975，（2）
阜新胡头沟	红山文化	墠	《文物》，1984，（6）
胶县三里河	三里河二期	墠	《考古》，1977，（4）
含山凌家滩	相当薛家岗二期	墠	《考古》，1999，（11）
武安磁山	磁山文化	坎	《考古学报》，1981，（3）
安阳鲍家堂	大司空类型	坎	《考古学报》，1988，（2）
扶风案板	案板一、二期	坎	《扶风案板遗址发掘报告》，科学出版社，2000
西安半坡	半坡文化	坎	《西安半坡》，文物出版社，1963
南郑龙岗寺	半坡文化	坎	《龙岗寺》，文物出版社，1990
郑州西山	仰韶晚期	坎	《文物》，1999，（7）
甘泉史家湾	庙底沟二期	坎	《文物》，1992，（11）
陕西庙底沟	庙底沟文化	坎	《庙底沟和三里桥》，文物出版社，1959
汤阴白营	后岗二期	坎	《考古》，1980，（3）
邯郸涧沟	后岗二期	坎	《考古》，1959，（10）

续表

遗址位置名称	所属考古学文化	祭祀遗址形制	资料来源
安阳后岗	后岗二期	坎	《考古学报》，1985，(1)
监利柳关	大溪文化	坎	《汉江考古》，1984，(2)
澧县城头山	大溪文化	坎	《文物》，1999，(6)
汶上东贾柏村	北辛文化	坎	《文物》，1986，(8)
邹县野店	大汶口文化	坎	《邹县野店》，文物出版社，1985
邳县刘林	大汶口文化	坎	《考古学报》，1965，(2)
胶县三里河	三里河二期	坎	《考古》，1977，(4)
颍阳点军台	王湾三期	坎	《中原文物》，1982，(4)
郑州大河村	王湾三期	坎	《考古学报》，1979，(3)
洛阳王湾	王湾三期	坎	《考古》，1961，(4)
洛阳矬李	王湾三期	坎	《考古》，1978，(1)
禹州瓦店	王湾三期	坎	《考古》，2000，(2)
杞县鹿台岗	造津台类型	坎	《胶东杞县发掘报告》，科学出版社，2000
襄汾陶寺	陶寺文化	坎	《考古》，1980，(1)
临潼康家	客省庄文化	坎	《考古与文物》，1992，(4)
西安客省庄	客省庄文化	坎	《沣西发掘报告》，文物出版社，1962
临潼白家村	7000 年前	坎	《临潼白家村》，巴蜀书社，1994
汝州中山寨	秦王寨类型	坎	《考古学报》，1991，(1)
青浦松泽	马家滨文化	坎	《考古》，1992，(3)
吴江龙南	良渚文化	坎	《文物》，1990，(7)
天水西山坪	齐家文化	坎	《中国考古学年鉴 1989》，文物出版社，1990
民和阳山	马厂文化	坎	《民和阳山》，文物出版社，1990
石首走马岭	相当石家河早期	坎	《考古》，1998，(4)
含山凌家滩	相当薛家岗二期	坎	《考古》，1999 年，(11)
乌兰察布盟石虎山	相当后岗一期早中期	坎	《考古》，1998，(12)
同德宗日	宗日文化	坎	《考古》，1998，(5)
建平牛河梁	红山文化	庙	《文物》，1986，(8)
秦安大地湾	半坡 4 期	房屋	《文物》，1986，(6)

的重要文化遗址都存在专门的祭祀场所，而且是每个文化区的重要活动中心。这些祭祀遗迹的存在，说明早在石器时代尤其是新石器时代，人们的祭祀活动曾达到过一个前所未有的高峰，有些祭祀规模可能是后世都无法企及的。这些祭祀传统的延续成为以后中国夏商周三代祭祀的主要形式和内容，并成为重要的国家祭祀典礼内容而流传。

二、夏商周三代祭祀场所

所谓三代是指秦以前的夏、商和周三个朝代。三代时期祭祀活动主要在城内固定建筑（宗庙）进行，或在城中特定区域的平台（地面）上，当然也会根据需要到山川等处祭祀。关于三代祭祀地址，除了史籍明确记载的都城等外，其他遗址也多有发现。三代中，夏的遗址目前发现确认的还不是很多，而商、周代遗址则比较丰富。

关于夏启的都城，目前有研究认为，在河南境内发现的新砦遗址属于夏初都城[28]。传说中有记载认为，夏启构筑有均台作为祭祀场所，如《左传》记载："夏启有均台之享。"《水经注》则记载均台位在："启享神于大陵之上，即均台也。"有研究者发现并认为，今连云港附近的孔望山顶巨石处存在的岩刻画说明，此处就是夏启的均台所在地[29]。在确定为夏代遗址的考古文化中，二里头遗址中存在明确的祭祀场所。

商代祭祀场所存在于几乎所有发现的遗址中，殷商都城殷墟的祭祀场所规模非常令人吃惊。在殷墟城址中，位于宫殿区内，有明确的宗庙类建筑遗迹存在。此外，在王陵区同样也有祭祀性质的坑存在。另外，大量甲骨的发现说明，在商代晚期的都城祭祀活动是非常频繁的，几乎凡事都祀。

目前发现的商代早期遗址中，河南郑州商城遗址和河南偃师商城遗址是具有都城性质的城址。在这两处早商遗址中，祭祀遗存非常明显，反映出祭祀情况非常普遍。在郑州商城遗址中，发现了位于城址东北部的祭祀场所，学者根据出土遗存分析该地可能是亳社所在[30]。此外，在小双桥发现了集中的祭祀场所，有20多处祭祀坑，也有燔祭的遗存[31]。偃师商城遗址北部有专门的祭祀区，该区域分为3个祭祀场地，具有祭祀的遗存发现[32]。此外，商代其他发现的遗址，还有二里头及滁州商代晚期遗址等。

周代王族的祭祀遗址同商代一样也主要集中的都城，目前文献记载和考古都证实，西周时期的都城包括周原、丰京、镐京及成周。周原是周代取得天下前就已建立的国都，并在整个周代均作为"圣地"存在，是周代祭祀的主要地址，在城内建有许多重要的宗庙设施[33]。此外，周在迁都到丰京、镐京及成周后，这些都

---

[28] 杨建敏. 新砦城址是夏代早期都城.《中国古都研究》，2004年，第21辑.
[29] 朱明歧. 夏代启字祭台遗址与图腾组合的发现和初考.《绵羊师范学院学报》，2005年，第24卷第1期：第12-29页.
[30] 河南省文物考古研究所.《郑州商城》. 北京：文物出版社，2001年.
[31] 河南省文物考古研究所，等. 1995年郑州小双桥遗址的发掘.《华夏考古》，1996年，第3期：第1-23页.
[32] 中国科学院考古研究所. 偃师商城商代早期王室祭祀遗址.《考古》，2002年，第7期：第6-8页.
[33] 潘明娟. 西周都城体系的演化与岐周的圣都地位.《陕西师范大学学报》，2008年，第37卷第4期：第85-89页.

城也都是主要的祭祀活动中心。

周代时期，各分封诸侯国也都有自己的祭祀活动，他们的都城等地是其祭祀行为的主要场所。目前发现的周代诸侯国祭祀场所也比较多，主要有如下一些具体地址。

（一）秦国

已发表文献表明，姚家岗春秋宫殿遗址位于雍城中部偏西，在此遗址区的南部发现有分布密集的祭祀坑，出土有牛羊骨、玉礼器等祭祀遗物，证实这里是秦国一处重要的祭祀地点[34]。陕西省凤翔马家庄祭祀遗存，凤翔马家庄一号建筑遗址，被认为是春秋中晚期的秦国宗庙建筑。遗存内共发现 181 座祭祀坑，这些坑多排列有序，有多组两两位置相近，出土了大量祭祀物品及牺牲[35]。此外，陕西凤翔县大辛村发掘的 2 座春秋时期的祭祀坑，祭祀坑正对秦雍城西墙南起第二门，坑内出土许多牺牲，有学者推测该处祭祀遗迹是磔狗攘祭的遗留[36]。

（二）晋国

晋国发现的祭祀遗址与遗存，主要是天马曲村遗址的墓地祭祀和晋都新田的祭祀遗址群。天马曲村遗址的墓葬是晋国春秋时期的墓葬集中发现地，主要集中地分布于两个地点，一处是曲村以北的中小型墓葬密集分布区，另一处即晋侯墓地，此后又发现了一处曲沃羊舌村墓地。曲村以北的中小型墓地共清理战国祭祀坑 58 座[37]。晋侯墓地迄今发掘了 19 座晋侯墓葬，发现有祭祀坑 50 余座。祭祀坑多的地方，祭祀坑成排有序分布[38]。曲沣羊舌晋侯墓地，发现一处两周之际或稍晚的晋侯墓地。据发掘者介绍，墓南部和南墓道上及两侧至少发现了 200 多座祭祀坑，反映了祭祀规模的宏大和频繁[39]。

晋都新田祭祀遗址主要是盟誓遗址和一系列祭祀遗址，截至目前已发现十处地点，其中发现的八处地点大致以牛村古城建筑遗址等为中心分布，集中分布于三个地区，而后来发现的西高遗址则位于汾河边，推测是祭祀汾水之神的

[34] 凤翔县文化馆，陕西省文官会. 凤翔先秦宫殿试掘及其铜质建筑构件.《考古》，1976 年，第 2 期：第 121-128 页.
[35] 陕达省雍城考古队. 凤翔马家庄一号建筑群遗址发掘简报. 《文物》，1985 年，第 2 期：第 1-29 页.
[36] 雍城考古队. 陕西凤翔县大辛村遗址发掘简报. 《考古与文物》，1985 年，第 1 期：第 7-8 页.
[37] 梁云. 哎对莺亭山祭祀遗址的初步认识. 《中国历史文物》，2005 年，第 5 期：第 15-31 页.
[38] 北京大学考古学系，山西省考古研究所. 天马一曲村遗址北赵晋侯墓地第六次发掘. 《文物》，2009 年，第 1 期：第 4-26 页.
[39] 山西省考古研究所，曲沃县文物局. 山西曲沃羊舌晋侯墓地发掘简报.《文物》，2006 年，第 1 期：第 4-26 页.

地点[40][41][42]。

（三）郑国、韩国

郑韩故城在东周时期先后为郑国和韩国的都城，目前已经发现三处郑国祭祀遗址，即新郑金城路祭祀遗址、新郑城市信用社和新郑中行祭祀遗址。发现许多祭祀坑，内出土大量祭祀遗物[43][44][45]。

（四）中山国

考古人员发掘了中山国灵寿故城北城墙、西城墙外侧的四处墓地及祭祀坑区，其中郭村祭祀坑区，发掘了祭祀区中部的142座祭祀坑。坑内均葬祭多种祭祀物品[46]。

（五）楚国

考古人员在河南上蔡地区郭庄墓地发掘了大型楚国贵族墓葬2座、墓葬祭祀坑11座，出土了大量祭祀物品[47]。

三、秦汉时代祭祀场所

关于秦、汉两代的祭祀场所，史籍中多有比较明确的记载，其中包括《史记·封禅书》、《汉书·郊祀志》、《续汉书·祭祀志》等典籍。现今也有一些学者对此进行了整理，本文在此就相关学者研究进一步整理叙述如下[48]。

（一）秦代祭祀场所

秦代的祭祀场所《史记》中有记录，《封禅书》记载多处秦代祭祀建筑。秦代的祭祀建筑位于秦地，由秦国历代国君先后建立，如虎侯山祠为秦孝公所立，畦畤为秦献公所立，密畤为秦宣公所立，上畤为秦灵公所立，陈宝祠为秦文公所立，西畤为秦襄公所立等，其他地区则多未明确（表3-2）。

[40] 山西省考古研究所侯马工作站．《晋都新田》．太原：山西人民出版社，1996年.
[41] 李永敏．晋都新田的祭祀遗址．《文物世界》，2000年，第5期：第6-9页.
[42] 山西省考古研究所侯马工作站．山西侯马西高东周祭祀遗址．《文物》，2003年，第8期：第18-36页.
[43] 蔡全法，马俊才．郑韩故城金城路考古取得重大成果．《中国文物报》，1994年1月2日第1版.
[44] 河南省文物考古研究所．河南新郑市郑韩故城郑国祭祀遗址发掘简报．《考古》，2000年，第2期：第4-33页.
[45] 河南省文物考古研究所．河南新郑郑韩故城东周祭祀遗址．《文物》，2005年，第10期：第4-33页.
[46] 河北省文物考古研究所．河北平顶山考占又获新发现．《中国文物报》，1999年2月14日第1版.
[47] 马俊才．河南上蔡周代墓地发掘重人发现.《中国文物报》，2007年5月9日第2版.
[48] 李零.《中国方术续考》．北京：中华书局，2006年.

表 3-2　秦代所立祭祀建筑分布地址

建筑名称	所在地址	建筑皇帝	所在地区
虎侯山祠	蓝田（今陕西蓝田西）	秦孝公	京兆伊
昭明	丰、镐（今陕西西安西北）	秦孝公	
太华山祠	华阴（今陕西华阴县南）	秦孝公	
天子辟池	华阴（今陕西华阴县南）	秦孝公	
周天子祠	湖（今河南灵宝西北）	秦孝公	
天神祠	下邽（今陕西渭南北）	秦孝公	
畦畤	栎阳（今陕西临潼东北）	秦献公	左冯翔
河水祠	临晋（今陕西大荔东南）	秦代立	
好畤	好畤（今陕西乾县东）	秦代立	右扶风
陈宝祠	陈仓（今陕西宝鸡市东）北阪城	秦文公	
鄜祠	陈仓一带	秦文公	
密畤	雍（今陕西凤翔西南）近渭水南岸	秦宣公	
上畤	吴阳	秦灵公	
下畤	吴阳	秦灵公	
汧水祠	郁夷（今陕西宝鸡县西的千渭之会）	秦灵公	
岐山祠	美阳（今陕西岐山东北）	秦灵公	
日祠	雍	秦灵公	
月祠	雍	秦灵公	
参祠	雍	秦灵公	
辰祠	雍	秦灵公	
首山祠(薄山、雷首山)	浦阪（今山西永济西南）	秦灵公	河东郡
济庙	临邑（今山东东阿）	秦灵公	东郡
太室山祠	嵩高（今河南登封）	秦灵公	颍川郡
淮庙	平氏（今河南桐柏西北平氏）	秦灵公	庐江郡
鸣泽祠	容城（河北容城北）	秦灵公	涿郡
天主词	临淄（山东东北临淄北）南郊天齐渊	秦灵公	济南郡
阴主祠	曲城（山东莱州东北）三山（即参山，今莱州北）	秦灵公	东莱郡
阳主祠	腄（今山东烟台）之罘山（今山东烟台北芝罘岛上）	秦灵公	
月主祠	黄县（今山东龙口东）莱山（龙口东南）	秦灵公	
日主祠	不夜（今山东荣成北）成山（即盛山，今荣成东北）	秦灵公	
四时主祠	琅邪（今山东胶南西南）	秦灵公	琅琊郡
会稽山祠	山阴（今浙江绍兴）	秦灵公	会稽郡
沔水祠	南郑（今陕西汉中东）	秦灵公	汉中郡
渎山祠	湔氐道（今四川松潘北）	秦灵公	蜀郡
江水祠	成都（今四川成都市）	秦灵公	
怒特祠	故道（今宝鸡市西南大散关东南）	秦文公	武都郡
西畤	上邽（甘肃天水市）	秦襄公	陇西郡
先人祠	上邽（甘肃天水市）	秦襄公	
端旬祠	朝那（今宁夏固原东南）	秦襄公	安定郡
湫渊祠	朝那（今宁夏固原东南）	秦襄公	
碣石祠	碣石山（今河北昌黎西北仙台山）	秦襄公	辽西郡
兵主词	东平陆（今山东汶上西北）监乡	秦襄公	东平国
驺峄山祠	驺（今山东邹县东南）	秦襄公	鲁国
湘山祠	阳（今湖南益阳东）北（今湖南岳阳西南）	秦襄公	长沙国

（二）汉代祭祀场所

汉代建立后，从高祖开始就建设祭祀建筑，整个汉代祭祀建筑比秦代要多。根据资料，汉代祭祀建筑分布在全国各地（表 3-3）。汉代的祭祀建筑除去由秦及以前遗留并继续使用者的外，由汉国历代国君先后建立主要有：汉高祖刘邦建立位于长安的蚩尤祠、梁巫祠、晋巫祠、秦巫祠、荆巫祠、九天巫祠及灵（赤）星祠，位于临晋的河巫祠，雍地的北畤，汾阴南的后土庙，陈仓南的南山巫祠和丰地的枌榆社共 12 座祠。汉文帝在霸陵（今西安东北）建立长门五帝坛，在渭城霸、渭之会的渭水北岸建立渭阳五帝庙。汉武帝所见的有 20 多座，包括位于长安的神君祠，云阳的甘泉宫台室，汾阴脽丘的后土祠等。其后有的汉宣帝则建立了更多的祠，包括大量的山川祠址等（表 3-3）。

四、山川祭祀场所

在《山海经》所记的五藏山经部分中，每部分后面都有关于山神的祭祀描述，说明山神祭祀在久远时代就已经非常普遍了。这些祭祀活动都应该在其相应的山区举行，后世的山川祭祀也是这种早期祭祀的延续。学者们的研究认为，早期人类活动主要围绕着山进行。每个地区都有一个山作为其活动的中心，产生了以山为政治中心的原始社会结构。对山的祭祀或在山上对天地的祭祀不仅是一种简单的祭祀活动，这种祭祀行为也是和政治权利紧密结合的。只有控制政权的人，才有权利祭祀领域内的山川。因此，当我们看古老的《山海经》中的山神祭祀记载时，就会清楚何以每方面的山皆有祭祀的仪轨存在。

中国古代山祭祀活动发展到最后，产生了以五岳祭祀为中心的山祭祀体系。这种祭祀体系，在《山海经》中就已经初具形制。分析《山海经》中山神祭祀记载情况，各个山神已经产生了一定等级。叶舒宪认为《山海经》中的山分三级或四级，即（普通）山、冢（山）、神（山）、帝（山）[49]。按照这种标准，《中山经》的山神明显处于比较高的级别。换句话说，《山海经》是以中心方位为主的，说明在古代社会很早就已经产生与政治相关的中心观念。

五岳体系形成是有历史原因的，这种原因主要有两点。一是与古代方位认识有关。根据学者的观点，中国人的方位观念是先有东西两方后有东西南北四方的。

[49] 叶舒宪，萧兵，郑在书. 《山海经的文化寻踪》. 武汉：湖北人民出版社，2004 年.

表 3-3　汉代所立祭祀建筑分布地址

建筑名称	所在地址	建筑皇帝	所在地区
长门五帝坛	霸陵（今西安东北）	汉文帝	京兆伊
蚩尤祠	长安	汉高祖	
梁巫祠	长安	汉高祖	
晋巫祠	长安	汉高祖	
秦巫祠	长安	汉高祖	
荆巫祠	长安	汉高祖	
九天巫祠	长安	汉高祖	
灵（赤）星祠	长安	汉高祖	
神君祠	长安	汉武帝	
亳忌太一祠	长安东南郊	汉武帝	
三一祠	在亳忌太一坛上	汉武帝	
黄帝祠	在亳忌太一坛旁	汉武帝	
冥羊祠	在亳忌太一坛旁	汉武帝	
马行祠	在亳忌太一坛旁	汉武帝	
太一祠	在亳忌太一坛旁	汉武帝	
泽山君祠	在亳忌太一坛旁	汉武帝	
地长祠	在亳忌太一坛旁	汉武帝	
武夷君祠	在亳忌太一坛旁	汉武帝	
阴阳使者祠	在亳忌太一坛旁	汉武帝	
寿宫神君祠	长安寿宫中	汉武帝	
白虎祠	长安?	汉宣帝	
隋侯祠	长安未央宫中	汉宣帝	
剑宝祠	长安未央宫中	汉宣帝	
玉宝璧祠	长安未央宫中	汉宣帝	
周康宝鼎祠	长安未央宫中	汉宣帝	
岁星祠	长安城旁	汉宣帝	
辰星祠	长安城旁	汉宣帝	
太白祠	长安城旁	汉宣帝	
荧惑祠	长安城旁	汉宣帝	
南斗祠	长安城旁	汉宣帝	
河巫祠	临晋	汉高祖	左冯翔
甘泉宫台室	云阳甘泉宫中	汉武帝	
甘泉太一祠（太畤）	云阳甘泉宫南	汉武帝	
越巫䛆（辜）鄹（禳）祠	云阳甘泉宫南	汉武帝	
通天台	云阳甘泉宫南	汉武帝	
径路神祠	云阳	汉宣帝	
五床山祠	云阳	汉宣帝	
仙人祠	云阳	汉宣帝	
五帝祠	云阳	汉宣帝	
休屠祠	云阳	汉宣帝	
金人祠	云阳	汉宣帝	
南北斗祠	云阳	汉宣帝	右扶风
荧惑祠	云阳	汉宣帝	

续表

建筑名称	所在地址	建筑皇帝	所在地区
太白祠	云阳	汉宣帝	
岁星祠	云阳	汉宣帝	
填星祠	云阳	汉宣帝	
辰星祠	云阳	汉宣帝	
二十八宿祠	云阳	汉宣帝	
风伯祠	云阳	汉宣帝	
雨师祠	云阳	汉宣帝	
四海祠	云阳	汉宣帝	
九臣祠	云阳	汉宣帝	
十四臣祠	云阳	汉宣帝	
诸布祠	云阳	汉宣帝	
诸严祠	云阳	汉宣帝	
诸逐祠	云阳	汉宣帝	
杜主祠	云阳	汉宣帝	
鸿冢祠	云阳	汉宣帝	
吴山祠	汧（今陕西陇县西南）	汉宣帝	
垂山祠	武功（今陕西眉县东）	汉宣帝	
霸水祠	咸阳附近	汉宣帝	
产水祠	咸阳附近	汉宣帝	
长水祠	咸阳附近	汉宣帝	
沣水祠	咸阳附近	汉宣帝	
涝水祠	咸阳附近	汉宣帝	
泾水祠	咸阳附近	汉宣帝	
渭水祠	咸阳附近	汉宣帝	
汧渊祠	咸阳附近	汉宣帝	
北畤	雍	汉高祖	
南山巫祠	陈仓南十里仓山中	汉高祖	
渭阳五帝庙	渭城霸、渭之会的渭水北岸	汉文帝	
劳谷祠	鄠（今陕西户县北）附近	汉宣帝	
五床山祠	鄠（今陕西户县北）附近	汉宣帝	
日月祠	鄠（今陕西户县北）附近	汉宣帝	
五帝祠	鄠（今陕西户县北）附近	汉宣帝	
仙人祠	鄠（今陕西户县北）附近	汉宣帝	
玉女祠	鄠（今陕西户县北）附近	汉宣帝	
黄帝子祠	隃麋（今陕西千阳东）	汉宣帝	
上公祠	隃麋（今陕西千阳东）	汉宣帝	
明星祠	隃麋（今陕西千阳东）	汉宣帝	
黄帝孙祠	隃麋（今陕西千阳东）	汉宣帝	
舜妻育冢祠	虢（今陕西宝鸡县）	汉宣帝	
周文武祠	虢（今陕西宝鸡县）	汉宣帝	
斜水祠	虢（今陕西宝鸡县）	汉宣帝	
褒水祠	虢（今陕西宝鸡县）	汉宣帝	
后土庙	汾阴（今山西万荣西）南	汉高祖	河东郡

续表

建筑名称	所在地址	建筑皇帝	所在地区
后土祠	汾阴脽丘	汉武帝	
延寿城仙人祠	缑氏（今河南偃师东南）	汉武帝	河南郡
蚩尤祠	寿良（今山东东平西南）西北泲水上	汉宣帝	东郡
太室山庙	寿良（今山东东平西南）西北泲水上	汉宣帝	颍川郡
少室山庙	寿良（今山东东平西南）西北泲水上	汉宣帝	
夏后启母石祠	中岳（今河南登封）	汉宣帝	
恒山祠	上曲阳（河北曲阳西）西北	汉宣帝	常山郡
枌榆社	丰（今江苏丰县）	汉高祖	沛郡
明堂	奉高（今山东泰安东）西南四里汶水上	汉武帝	泰山郡
高里山祠	博	汉武帝	齐郡
肃然山祠	嬴（今山东莱芜西北）	汉武帝	
万里沙祠	曲城（莱州东北）三山	汉武帝？	
之罘山祠	腄（烟台）之罘山	汉宣帝	
参山八神祠	曲城三山	汉宣帝	
成山日祠	不夜成山	汉宣帝	
莱山月祠	黄县莱山	汉宣帝	
莱山松林莱君祠	黄县莱山	汉宣帝	
海水祠	临？（莱州西北）	汉宣帝	
百支莱王祠	㡆县（龙口西南）	汉宣帝	
太一祠	不其（今山东崂山西北）	汉武帝	琅邪郡
仙人祠	不其（今山东崂山西北）	汉武帝	
明堂	不其（今山东崂山西北）	汉武帝	
四时祠	琅邪	汉宣帝	
金马、碧鸡祠	青蛉（今云南大姚）禺同山（今云南姚安）	汉宣帝	越巂郡
五龙山仙人祠	肤施（今陕西榆林东南）	汉宣帝	上郡
皇帝祠	肤施（今陕西榆林东南）	汉宣帝	
天神祠	肤施（今陕西榆林东南）	汉宣帝	
原水祠	肤施（今陕西榆林东南）	汉宣帝	
天封苑火井祠	鸿门（今陕西榆林东北）	汉宣帝	西河郡
天室山祠	即墨（今山东平度东南）	汉宣帝	胶东国
三户山祠	下密（今山东昌邑东）	汉宣帝	
江水祠	江都（今江苏扬州市西南）	汉宣帝	广陵国

而五岳观念形成还需要有更抽象的中方观念的出现。学界对古代五岳（四岳）观念形成时代进行了相关方面的论述，认为古代四岳为官职名称。四岳在《山海经》中并非如今的地理位置，而是在西部的四处可以相望的山岳。而五岳的出现比较晚，主要是政治发展的需要使然，四（五）岳的最后确定应该在汉代[50]。有的学者则认为，古代四岳可能泛指四方之岳，未必为确指[51]。

[50] 顾颉刚. 四岳与五岳. 《山岳与象征》. 大同：2001 年山岳文化国际学术研讨会论文集，2001 年.
[51] 周书灿. 中国早期四岳、五岳地理观念析疑. 《浙江学刊》，2012 年，第 4 期：第 54-57 页.

而这五岳神山的确立，又与每座山自身特殊位置及社会发展情况相关。《史记·封禅书》中已经有五岳祭祀的记载，说明其形成时间早于汉代。《尚书·舜典》记载："岁二月，东巡守，至于岱宗，柴；望秩于山川，肆觐东后……五月，南巡守，至于南岳，如岱礼。八月，西巡守，至于西岳，如初。十月一月，朔巡守，至于北岳，如西礼。"如果这些记载正确的话，则可说明五岳祭祀活动可以早到五帝时期。

在《史记·封禅书》中也记载了汉以前帝王们的封禅情况，几乎每代著名帝王都进行定时或不定时祭祀。五岳祭祀中，东岳泰山的祭祀又尤为重要。泰山之所以重要是因为，古代认为泰山是天下的肚脐，山东古代称为齐地就是此意。但笔者却认为，泰山作为五岳中最主要的祭祀山岳，是人们重视东方观念的结果。中国文化最主要经典《易经》体系中，后天八卦的配置结构，震卦位于东方居统治位置。《易经·说卦传》中有言："帝出乎震……万物出乎震，震东方也。"如果说后天八卦真是周文王所发明，那就是说在理论上对东方的重视，从周代初期就已经形成。泰山作为东方最重要的山，受到人们的祭祀也就理所应当了。总之可以明确的是，四（五）岳山崇拜体系的形成是与封建大一统国家形成相适应的。

除了山岳祭祀外，水的祭祀活动同山一样，也非常古老。但《山海经》中未有水祭祀记载判断，水祭祀不如山祭祀活动那样与政治信仰相关。水祭祀主要应该与古代农业活动密切相关，凡国内的大型川泽几乎都被祭祀（表 3-2，表 3-3）。水祭祀发展结果，最终形成以是四大水系为主体的祭祀体系，即河、江、淮和济祭祀体系。河神祭祀在中国历史上非常重要，因为每条河都是该地域内人们生存的重要前提，其水的多少决定着中国古代农业生产的正常与否。因此，祭祀河神，祈求风调雨顺就成为一项非常重要的行为活动。

远古人们当以山、丘之地为活动区域，因此，部落以一定的山、丘作为政治和经济中心。产生的原因其实很简单，就是部落生存发展与自然条件相适应的客观结果。农业发达之前，人们的经济活动完全取决于自然条件，依据那时的客观条件，在山、丘附近更适于生存。笔者的观点则更进一步，即古人之所以选择山、丘之处是与当时人们的通信识别有关的。比较高的山、丘是人们识别方位的重要地理标志，与现代城市里也要建立一些标志建筑的道理是一样的。祭祀往往选择在山、丘之顶，大川之边上者，乃是与祭祀对象有关。在山、丘之顶者，主要是祭祀天（日）地和山、水之神。选择在这样地方祭祀，除了显示祭祀活动的崇高之意外，更主要的原因是就近才能与祭祀对象进行沟通。

第二节　中国古代祭祀活动的对象

祭祀仪式的基本组成结构包括三大部分，即祭祀者、祭祀对象和祭祀用品。其中祭祀对象是祭祀的目标，属于祭祀的重心。人们之所以祭祀，是因为有所求，或者希望得到某种东西、拥有某种能力或者被保护等，而被祭祀的对象一般被认为是能实现人们愿望的超能力者。祭祀对象在古代人们看来有各种形式，可以是某种动物、植物或者无生命的自然物（日、月、星辰等），甚至是天、地。当然，逝去的先人、有特别能力的人等也往往是祭祀的对象。各民族的祭祀对象有其特异性，而且祭祀的对象在不同时代有不同的变换。但祭祀对象随着时代发展，在特定民族中形成了其独特的对象体系，这种体系基本结构是稳定不变的。

一、古籍《山海经》反映的祭祀对象

《山海经》全文结构分为两部分，其中《山经》五卷，《海经》十三卷。《山经》包括《南山经》、《西山经》、《北山经》、《东山经》和《中山经》，主要列举五方山川及其自然资源情况；《海经》包括《海外四经》、《海内四经》、《大荒四经》和《海内经》十三部分，主要叙述古代氏族社会情况，包括氏族部落地理方位、人物状貌和神话传说等。如果不是有《山海经》的记载，中国远古时代祭祀对象如何，我们今天就很难确切知道了。《山海经》在其叙述各地山川形式、风土人情时，特别提到了许多那时人们祭祀对象的情况。这些内容分散在全书各处，现据其原文进行相应综述如下。

（一）《山海经》中记载的山神祭祀体系

这类描述都在对某种山系叙述之后来集中说明，描述的内容有山神的数目、形貌和祭祀礼仪三方面。为了便于说明，现将有关内容整理成表（表 3-4）。

从表 3-4 中可以看出，南、西、北、东和中五方山系，皆有山神存在。这些山神绝大部分都有形象描述，有的还有数量说明。此外，还有一些山神，不仅有形象，还有名字（见“《山海经》中记载的其他祭祀对象”及表 3-5）。这种记载方式反映了《山海经》成书年代之前祭祀活动就应该完善了，就是说山神祭祀对象体系十分古老。《山海经》作者为我们今天认识这方面历史，提供了非常珍贵的资料。

表 3-4 《山海经》中的各类山神

地理位置	山神形象	山神数目
《南山经》		
鹊山之首	鸟身而龙首	
南次二山之首	龙身鸟首	
南次三山之首	龙身而人面	
《西山经》		
西山经之首	无	18
西次二经	人面马身	10
	人面牛身	7
西次三经之首	羊身人面	
西次四经之首	无	
《北山经》		
北山经之首	人面蛇身	
北次二经之首	蛇身人面	
北次三经之首	马首人面	20
	彘身而载玉	14
	彘身而八足蛇尾	10
《东山经》		
东山经之首	人身龙首	
东次二经之首	兽身人面载觡	
东次三经之首	人身而羊角	
东次四经之首	无	
《中山经》		
凡薄山之首	无	14
凡济山之首	人面而鸟身	
凡萯山之首	无（另外三有名神）	5
凡厘山之首	人面兽身	
凡薄山之首	无	
凡缟羝山之首	无	
凡苦山之首	豕身人面	16
	人面三首	3
凡荆山之首	鸟身而人面	
凡岷山之首	马身而龙首	
凡首阳山之首	龙身人面	
凡荆山之首	彘身人首	
凡洞庭山之首	鸟身龙首	

表 3-5　《山海经》中有名字神及其形象特征一览

地理位置	神名	神的形象
西山二经钟山	鼓	人面龙身
槐江山	英招	马身人面，虎纹鸟翼
昆仑丘	陆吾	虎身而九尾，人面虎爪
嬴母山	长乘	状如人而豹尾
玉山	西王母	状如人而豹尾、虎齿
天山	帝江	状如黄囊，六足四翼，混敦无面目
泑山	蓐收	人面、虎爪、白尾
刚山	身𩲃	人面兽身一足一手
崦嵫山	孰湖	马身鸟翼人面蛇尾
北山经发鸠山	精卫	文首白喙，赤足
中山经青要山	䰠武罗	人面豹文
和山	泰逢	如人虎尾
缟羝山、平逢山	骄虫	
骄山	蟲围	人面羊角虎爪
光山	计蒙	人身龙首
岐山	涉	人身方面三足
海外南经	二八神	连臂十六人
	南方祝融	兽身人面
海外西经	西方蓐收	左耳有蛇
海外北经、大荒北经	烛阴（烛龙）	人面蛇身
	相柳氏	九首人面蛇身
海外北经、大荒东经	北方禺强（禺京）	人面鸟身，珥两青蛇，践两赤蛇
海外东经	奢比之尸	兽身人面大耳，珥两青蛇
	东方句芒	鸟身人面
海内西经	开明兽	类虎而九首，皆人面
大荒东经	天吴	八首人面，虎身十尾
大荒西经	西海神弇兹	人面鸟身，珥两青蛇
大荒北经	九凤	九首人面鸟身
	相繇	九首蛇身
	犬戎	人面兽身
海内经	苗民神延维	人首蛇身

（二）《山海经》中记载的其他祭祀对象

除了山神外，《山海经》中还记载了许多有名字的神，散布于书中各个部分。其中许多都以动物特征作为其形象代表，归纳起来见表 3-5。这些神有的起着山神一样的作用，有的具有水神作用，有的则作为守护神。例如，西次二经的钟山，其中形象为人面龙身的鼓，就相当于山神；昆仑丘的虎身而九尾、人面虎爪的陆吾，即守护神。特点：《山海经》时代似乎还没有形成明确的天神体系，一些神虽具有控制风雨能力，但并未有在天的说法。总体上看，《山海经》中的祭祀对象都属于后世所谓地祇和人神范畴。

二、夏商周三代祭祀对象体系

在中国文明发展过程中，与祭祀信仰有关的对象，即祭祀对象的范畴随着历史进程从少到多，从不明确到系统明确。概括来说，在中国文化层面传统祭祀的对象一般可分为三大系统，即天、地和人神。尽管各类学者的具体分类不同，但大致不出此范围。有关夏代祭祀情况，由于文献很少，研究比较困难，因此目前还不算非常清楚。商代祭祀情况由于甲骨文的发现，加上后世文献记载，目前已有所了解。周代祭祀情况，因礼制书籍的整理记载而比较清楚。因此，这里只就商周祭祀情况进行相关综述。

（一）商代祭祀对象

商代是我国历史上极具宗教色彩的时代，各种文献及考古资料中均可以看出，这一历史时期的政治、经济、思想和文化各方面都带有浓重的宗教神秘特征。在甲骨文中，有关祭祀对象的记载也非常丰富。根据甲骨文相关记载研究，商代崇拜的对象包括许多神灵，根据现在分类，大致可以归为天神、自然神和祖先神三大类。

1. 天神

相关研究表明，商代已经有至上神观念存在，称为“上帝”或“天”。甲骨文中上帝祭祀活动记载也有许多，如甲骨文卜辞：己丑卜，御帝三十小牢（22073）。译文：用三十小牢向上帝进行祭祀。还有卜辞：贞：帝示若，今我奉祀，四月。（英藏 1286）。译文：上帝允诺，我（指商王）现在将进行奉祀和祭祀[52]。

2. 自然神

主要包括日月神、社神、稷神、五岳神、五祀（五行）四方神、山川林泽等。社稷崇拜对象是最主要的神，其中社神即土地神，稷神则是司管农耕的神。商代的土地神已经有人格化形象，《尚书·夏社》记载：“汤既胜夏，欲迁其社，不可，

[52] 巫称喜. 商代宗教祭祀信息研究.《韩山师范学院学报》，2011 年，第 32 卷第 2 期：第 10-15 页.

作《夏社》。”是说商代继承了夏代传统也祭祀社神。社神的具体人格化形象是句龙，根据《左传·昭公二十九年》记载：“共工氏有子曰句龙，为后土，后土为社。”《礼记·祭法》也有记载：“共工氏之霸九州也，其子曰后土，能平九州，故祀以为社。”稷神的形象则为列山氏的儿子柱，《左传·昭公二十九年》记载：“稷，田正也，有列山氏之子柱为稷，自夏以上祀之。”

甲骨文中有关自然神祭祀的记载比比皆是，如有关日神祭祀卜辞：壬子卜，旅贞：王宾日，不雨。（22539）译文：商王亲自宾祭日神，不会下雨[52]。辛未侑于出日，兹不用。（33006）译文：向日出进行侑祭。丁巳卜，侑入日。（34163）译文：向日落进行侑祭。月神（东母、西母）祭祀卜辞：己酉卜，殻贞：燎于东母九牛。译文：用九头牛向东母进行燎祭。贞：燎于东母三豖。（14340）译文：用三头猪向东母进行燎祭。贞：侑于东母。（14761）译文：向东母进行侑祭。壬申卜，贞：侑于东母、西母，若。（14335）译文：为东母、西母共同举行侑祭，顺若。学者多认为东母、西母为日月神[53]。有关山神的祭祀卜辞：侑于五山。（34167）译文：向五山进行侑祭。燎于十山。（34166）译文：向十山进行燎祭。

至于风雨等气象神对象，卜辞也有相应例证：侑风。（13357）译文：侑祭风神。御于雨。（22758）译文：向雨神进行御祭。己丑卜，争贞：亦呼雀燎于云犬。（1051 正）译文：又叫雀用狗作祭牲为云神举行燎祭。

五祀是指五行祭祀，即金木水火土，其人格化神形象为句芒（木）祝融（火）蓐收（金）玄冥（水）后土（土）。《左传·昭公二十九年》记载：“少皞氏有四叔，曰重、曰该、曰修、曰熙，实能金木及水，使重为句芒，该为蓐收，修及熙为玄冥。世不失职，遂济穷桑，此其三祀。颛顼氏有子曰犁，为祝融，共工氏有子曰句龙，为后土，此其二祀也。”合起来就是五祀。五行在商代也是非常重要的思想理论，是贤臣箕子的学说。《尚书·洪范》有：“水曰润下，火曰炎上，木曰曲直，金曰从革，土曰稼穑。”

3. 祖先神

氏族制度是中国古代社会早期基本结构，氏族既是社会单位，又是宗教活动单位。为了氏族的集体生存，通过氏族祖先崇拜活动可以把本氏族的成员紧密地团结在一起。祖先崇拜存在的历史应该早于夏代，商代继承了这一传统。《礼记·祭法》：“有虞氏禘黄帝而郊喾，祖颛顼而宗尧；夏后氏禘黄帝而郊鲧，祖颛顼而

[53] 陈梦家. 《殷墟卜辞综述》. 北京：中华书局，1988 年.

宗禹；殷人禘喾而郊冥，祖契而宗汤。”商代祖先祭祀分为两大类，一类是高祖神，陈梦家研究认为，商代祭祀的高祖有10位，分别是夒、王亥、土、季、王恒、岳、河、兕、王夭、戣[54]。此外是先公、先王、先妣，数量非常多。

甲骨文卜辞中祭祀祖先的不胜枚举，如有关高祖祭祀的卜辞如下。

（1）乙亥卜，高祖夒燎二十牛。（屯南4528）译文：用二十头牛向高祖夒燎祭。

（2）翌辛亥，侑于王亥四十牛。（672正）译文：用四十头牛向王亥举行侑祭。

（3）辛未贞，求禾高祖河于辛巳酒燎。（32028）译文：为祈求丰收在辛巳日酒祭和燎祭高祖河。

（4）丁未卜，侑于岳求禾。（33291）译文：为祈求丰收向岳进行侑祭。

（5）壬辰卜，其求年于戣燎有羌。（32117）译文：为祈求丰收用羌作祭牲向戣进行燎祭。

（6）王帝于兕。（1140）译文：商王向兕进行帝祭。

（7）燎于土一牛。（14396）译文：用一头牛作祭牲向土进行燎祭。

（8）其侑于季，唯羊。（24969）译文：用羊向季进行侑祭。

（9）贞：侑于王恒。（14762）译文：向王恒举行侑祭。

（10）侑王夭伐三卯牢。（1051正）译文：用三伐和卯牢侑祭王夭。

（11）甲申卜，乙酉侑祖乙三牢三十牛。（1513）译文：用三牢三十牛向祖乙举行侑祭。

（12）壬午卜，其又岁于妣癸，惟小牢。（27572）译文：用小牢向妣癸举行又祭和岁祭。

（13）甲辰卜，贞：王宾求祖乙、祖丁、祖甲、康祖丁、武乙，衣，亡尤。（35803）译文：商王对祖乙、祖丁、祖甲、康祖丁、武乙五王进行宾祭、求祭、以及、衣祭，没有灾祸。

（14）癸未王卜，贞：酒彡日自上甲至于多后，衣，亡害自祸。在四月。唯王二祀。（37836）译文：商王在王二年四月癸未日占卜预测，对上甲到多后诸先王进行酒祭、衣祭，以及五个祀典之一“彡”祭，没有灾祸。

（二）周代祭祀对象

周代是中国古代社会礼制发展到最极致的社会，其礼制形成了非常完备的体

[54] 王宇信，杨升南.《甲骨学一百年》. 北京：社会科学出版社，1999年.

系，有专门的典籍记载国家各种礼仪制度。其中记载最主要的典籍包括《礼记》、《仪礼》等经典。在周代，祭祀礼仪以大宗伯为最高官职，《周礼·春官·大宗伯》明言："惟王建国，辨方正位，体国经野，设官分职，以为民极。乃立春官宗伯，使帅其属而掌邦礼，以佐王和邦国。"其下更具体大宗伯职责是"掌建邦之天神、人鬼、地示之礼"。因此周代祭祀对象明确地区分为三类，即天神、地祇和人鬼。

周代三大类祭祀对象，其具体情况也概括体现在《周礼》之中。如《春官·大宗伯》记载：（大宗伯）"以吉礼事邦国之鬼神示，以禋祀祀昊天上帝，以实柴祀日、月、星、辰，以槱祀司中、司命、飌师、雨师，以血祭祭社稷、五祀、五岳，以貍沈祭山林川泽，以疈辜祭四方百物。以肆献祼享先王，以馈食享先王，以祠春享先王，以禴夏享先王，以尝秋享先王，以烝冬享先王。"从这段祭祀礼仪中可以明确地看出周代祭祀对象体系，即天神，包括昊天上帝，日、月、星、辰，司中、司命、飌师、雨师；地祇，包括社稷、五祀、五岳，山林川泽，四方百物；人鬼，周人的先王。可以说，周代这种祭祀体系包罗了所有应该祭祀的对象。虽然周代官方记载未完全明确到每类祭祀对象，但在下面楚国、秦和汉代等祭祀对象体系介绍中，我们可以窥见其雷同的一斑。

三、春秋战国时代以来的祭祀对象

中国古代崇拜对象在文明进入有史记载以来就非常多，根据晏昌贵等的研究，祭祀对象体系早在春秋战国时期就已经很丰富。

（一）楚国祭祀对象体系

出土的文字表明，楚国在春秋战国时期崇拜的对象就已经包括了天神、地祇和人鬼三方面，崇拜的神灵有 100 个左右[55]。以下是晏昌贵著作《巫鬼与淫祀：楚简所见方术宗教考》中关于这方面的概况，笔者在此部分引用并进行了重新归类（表 3-6）。

从表 3-6 中可以发现，楚国祭祀对象体系十分庞杂。其天神、地祇和人鬼数量基本平衡，似乎反映着楚国人某种精神方面的稳定性。楚国祭祀对象比较有特点的是其天神中的诸司神。这种观念说明，楚国人认为人的许多方面，如生命、祸福、财富等都由上天神灵掌握的。

[55] 晏昌贵.《巫鬼与淫祀：楚简所见方术宗教考》. 武汉：武汉大学出版社，2010 年.

表 3-6　出土楚简所见楚国祭祀对象体系

神灵类别		神灵名称	出土楚简	
天神	至上神	太（太一）	葛陵甲一 7、天星观 Q、包山 237	
		父太（蚀太）	望山 78	包山 210
		五差（帝）	天星观 163	其他
		天	葛陵零 114	
	诸司神	司命	葛陵乙一 15、天星观 Q	包山 237 等
		司祸	葛陵乙三 5、天星观 161	包山 213 等
		司録	葛陵甲三 4	
		司折	葛陵甲一 7	
		司䂂	葛陵零 159	
		司䄙	葛陵乙三 5	
		司䏌	同上	
		司救	葛陵零 6	
	其他天神	日、月	包山 248	
		白朝、夜吏	天星观 137	天星观 140
		岁、太岁	包山 238	九店 97
		北宗	望山 125	葛陵零 476
		盟诅	包山 211 望山 78	天星观 164 等
地祇	土地神	社	天星观 115、包山 210、望山 115	
		渐木立（位）	包山 249	包山 250
		后土、宫后土	天星观 162、包山 213、包山 237 等	
		地主、大地主、宫地主、野地主	包山 219、秦家嘴 99：14、包山 202、包山 207	
	四方与五祀	四方（东、南、西、北）	葛陵甲-11、天星观 100、包山 231	
		五祀（室中、门、户、行、竈）	葛陵零 282、天星观 154、包山 210	
	山川	山川	望山 96	
		五山、五主山	葛陵甲二 29	包山 240
		危山	包山 214	葛陵乙三 44、45
		丘、高丘、下丘、旧丘	天星观 118、包山 237、葛陵零 282	
		大水	包山 213-214、天星观 112、葛陵乙四 43	
		大川有汾	葛陵零 198	
		大波	天星观 160	
		二天子	葛陵甲三 166、天星观 113、包山 219 等	
		云君	天星观 170	
人鬼	祖先	三楚先	葛陵甲三 105	
		老童、祝融、穴熊	葛陵甲三 35	
		老童、祝融、鬻熊	葛陵甲三 188	包山 237 等
		荆王	包山 246	
		五世	葛陵乙四 27	
	恶鬼	不辜、强死者	包山 217、望山 78、天星观 166	
		绝无后者	包山 250	
		兵死者、格杀	包山 241、天星观 179、九店 43	
		殇、大殇、女殇、三世之殇	包山 222、葛陵甲 271、天星观 179	
		水上、溺人	包山 246	
		车马下之人	天星观 92	望山 176
		速	望山 124	
	巫鬼	巫	包山 244、望山 113、天星观 156	
		灵君子	葛陵乙一 28	
		人愚	包山 198	

（二）秦代祭祀对象

秦代祭祀对象一般都建筑祠堂，同一祠堂有的往往祀奉多种神灵。秦在统一全国之前就有许多祭祀地址，主要位于雍等地。秦始皇统一中国后，又建了许多新祭祀祠址，加上其他被统一地域的祭祀祠址，全国官方祭祀场所非常丰富。秦以来历代祭祀对象虽有变化，但总体系统还是比较一致的。李零先生曾对秦汉祭祀遗址进行了文献综合考证，笔者依其文中明确者梳理了秦汉时代具体祭祀对象，其中有关秦代具体情况如下[56]。

1. 天神

天神（天神祠）、天主（天主祠），阴主（阴主祠）、阳主（阳主祠），四时主（四时主祠），日、月、参、寿星、南北斗、荧惑、太白、岁星、填星、辰星、二十八宿（上述天体皆在雍地建有专门祠址），风伯、雨师（在雍地建有专门祠址），白帝（畦畤）、青帝（密畤）。

2. 地祉

土地神：地主（地主祠，在梁父）。

山神：虎侯山（虎侯山祠）、太华山（太华山祠）、岐山（岐山祠）、吴山（吴山祠）、垂山（垂山祠）、首山（首山或薄山、雷首山祠）、太室山（太室山祠）、泰山（泰山庙）、云云山（云云山祠）、社首山（社首山祠）、亭亭山（亭亭山祠）、石闾山（石闾山祠）、历山（历山祠）、会稽山（会稽山祠）、渎山（渎山祠）、湘山（湘山祠）等。

水神：河水（河水祠），汧水（汧水祠），霸水、产水、长水、沣水、涝水、泾水、渭水（上述诸水祠都在咸阳附近），济水（济庙），淮水（淮庙），鸣水（鸣泽祠），沔水（沔水祠），江水（江水祠）等。

3. 人鬼

人先（人先祠）、兵主（兵主祠）、大禹（会稽山祠）、周天子（周天子祠）、黄帝（上畤）、炎帝（下畤）等。

（三）汉代祭祀对象

汉代官方祭祀对象许多延续了前代，同时也新立许多祭祀对象与祠址。还是

[56] 李零.《中国方术续考》. 北京：中华书局，2006 年.

依据上述材料，对其中主要祭祀对象整理如下。

1. 天神

天神（天神祠），九天（九天巫祠），三一（天一、地一、太一）（甘泉宫台室），太一（甘泉太一祠），大禁、司命（寿宫神君祠），日（成山日祠、日月祠）月（莱山月祠、黄县莱山日月祠），北斗（甘泉太一祠），灵（赤）星（灵【赤】星祠），南斗（南北斗祠），二十八宿（二十八宿祠），荧惑、太白、岁星、辰星、（上述天体皆在长安和云阳建有专门祠址），四时（四时祠），黑帝（北畤），风伯、雨师（在云阳地建有专门祠址）等。

2. 地祉

土地神：后土（后土庙、后土祠）、枌榆社（枌榆社）。

山神：太室山（太室山庙）、少室山（少室山庙）、恒山（恒山祠）、高里山（高里山祠）、肃然山（肃然山祠）、之罘山（之罘山祠）、参山（参山八神祠）、莱山（松林莱君祠）、五床山（五床山祠）、天室山（天室山祠）、三户山（三户山祠）等。

水神：海水（海水祠），四海（四海祠），河神（河巫祠），霸水、产水、长水、沣水、涝水、泾水、渭水（上述诸水皆有祠在咸阳附近），斜水（斜水祠），江水（江水祠），褒水（褒水祠），原水（原水祠）等。

3. 人鬼

黄帝（黄帝祠），南山秦中（秦二世之鬼）（南山巫祠），长陵女子以乳死者（神君祠），蚩尤（蚩尤祠），黄帝（黄帝祠），九臣、十四臣、诸布、诸严、诸逐、杜主、鸿冢（上述诸人鬼皆在云阳有祠），休屠王（径路神祠），高祖（明堂）等。

从上面对中国各历史时期崇拜对象的论述中可以看出：中国人的崇拜对象有一个历史传承存在，主要的祭祀对象体系在商代就已经成型，周代更是明文分类。中国人对天、地和人本身的崇拜，导致形成了思想上著名的三才理论，并深刻地影响着中国人的观念。

对天神崇拜与五岳祭祀联系在一起，形成一种独特的封禅行为。古代易姓称王改朝换代之时都要进行封禅活动，目的在于宣传自己是得到天神的许可，以此加强自己获得统治权的合法性。这种活动在以后朝代都在郊区进行，称为郊社之祭。《礼记·中庸》：“郊社之礼，所以事上帝也”，就是这种结合的礼制形式。

第三节　动物在中国古代祭祀活动中的作用

动物在祭祀中的作用主要体现在两大方面：一是动物体现祭祀的等级规格，二是动物作为祭祀者与祭祀对象之间沟通的主要媒介。动物牺牲与否，在祭祀活动中有着严格规定。动物牺牲的选择、处理、进献等活动，往往是祭祀活动的中心内容。祭祀的成功与否，与动物牺牲能否为被祀对象接受为标志。而最后对祭祀牺牲的分食活动，又是连接祭祀群体情感的重要物质基础。本章就是讨论有关动物在祭祀活动中的主要作用，分析产生这种作用的内在原因。

一、动物牺牲在祭祀程序中所处地位

在中国古代，社会和家族宗教行为中，祭祀活动往往处于核心地位。祭祀活动作为礼制的重要组成，是中国人传统信仰的外在体现。

（一）经典祭祀礼仪活动特点

在《周礼》中，祭祀官员的主要职责有明确规定，如《春官·大宗伯》文曰："惟王建国，辨方正位，体国经野，设官分职，以为民极。乃立春官宗伯，使帅其属而掌邦礼，以佐王和邦国"。其后文更明确地说："大宗伯之职，掌建邦之天神、人鬼、地示之礼，以佐王建保邦国。"就是说，在周代祭祀类的官员属于春官系列，其最高官员职位是大宗伯，其职责是掌握国家礼仪。

周代对礼仪类官员的设置是："大宗伯，卿一人。小宗伯，中大夫二人。肆师，下大夫四人、上士八人、中士十有六人。旅，下士三十有二人、府六人、史十有二人、胥十有二人、徒百有二十人"。此外，也设置有具体执行各种礼仪事项的职员，这在《周礼》记载中非常详细，共有各类执事57类。从周礼的记载中可以看到，中国古代官方祭祀行为有专职官员来组织完成。

祭祀活动除了组织领导者外，还有其他众多参与者，这些参与者也都由官方执事来完成，这些执事就是《周礼》中的57类小级别的职官。从这些设置的小官吏来看，我们可以窥测周代国家祭祀活动涉及的具体内容。

1. 祭祀器物之执掌分别有不同的分工

在《周礼》中，祭祀所用礼器分别有玉器、青铜器等。这些礼器在祭祀使用时分别由专人负责，如《周礼》明确记载："郁人掌祼器。凡祭祀、宾客之祼事，和郁鬯以实彝而陈之。凡祼玉，濯之陈之，以赞祼事，诏祼将之仪与其节。凡祼事，沃盥。大丧之渳，共其肆器。及葬，共其祼器，遂狸之。大祭祀，与量人受举斝之卒爵而饮之。"

"鬯人掌共秬鬯而饰之。凡祭祀，社壝用大罍，禜门用瓢赍，庙用修，凡山川四方用蜃，凡祼事用概，凡疈事用散。大丧之大渳，设斗，共其衅鬯。凡王之齐事，共其衅鬯。凡王吊临，共介鬯。"

"司尊彝掌六尊、六彝之位、诏其酌，辨其用与其实。春祠、夏禴，祼用鸡彝、鸟彝，皆有舟……诸臣之所昨也，秋尝、冬烝，祼用斝彝、黄彝，皆有舟……凡四时之闲祀、追享、朝享，祼用虎彝、蜼彝，皆有舟。"

"典瑞掌玉瑞、玉器之藏，辨其名物与其用事……四圭有邸，以祀天、旅上帝。两圭有邸，以祀地、旅四望。祼圭有瓒，以肆先王，以祼宾客。圭璧，以祀日月星辰。璋邸射，以祀山川，以造赠宾客。"上述各项管理的礼器，每项又有许多具体种类，在不同祭祀场合，其使用也各用不同具体类别，不能差错。

2. 祭祀活动有规定的不同形式的伴奏音乐

在周代，祭祀活动是要有音乐演奏的。《周礼》中规定了不同类型的乐师，如"磬师掌教击磬，击编钟，教缦乐、燕乐之钟磬。凡祭祀，奏缦乐"。"钟师，掌金奏……凡祭祀、飨食，奏燕乐"。"笙师，掌教龡……凡祭祀、飨射，共其钟、笙之乐"。"鎛师掌金奏之鼓。凡祭祀，鼓其金奏之乐"等。从这些记载中，我们可以看出其音乐形式的繁复程度很高。

3. 祭祀活动有规定的占卜行为

在周代，占卜行为是一项特殊而必备的过程。包括各种礼仪在内，凡国家各类活动，均需要占卜。如大宗伯的职务之一就是在重大活动中组织占卜，《周礼》："（大宗伯）凡祀大神、享大鬼、祭大示，帅执事而卜日，宿眡涤濯，莅玉鬯，省牲镬，奉玉齍，诏大号，治其大礼，诏相王之大礼"。占卜行为由专门的官员来进行，这些与占卜有关的人员《周礼》中亦有明确记载。例如，"大卜，下大夫二人。卜师，上士四人。卜人，中士八人、下士十有六人、府二人、史二人、胥四人、徒四十人。”“龟人，中士二人、府二人、史二人、工四人、胥四人、徒四十人。”“占人，下士八人、府一人、史二人、徒八人。”“簭人，中士二人、府一人、史二人、徒四人。”可见其人员数量是很庞大的。

4. 祭祀仪式有专门人员来诵念祈祷言辞

这种过程由所谓的祝来承担，包括大祝和小祝。如大祝的职责是：“大祝掌六祝之辞，以事鬼神示，祈福祥，求永贞……掌六祈以同鬼神示，一曰类，二曰造，三曰禬，四曰禜，五曰攻，六曰说。作六辞以通上下亲疏远近，一曰祠，二曰命，三曰诰，四曰会，五曰祷，六曰诔……掌国事，国有大故、天灾，弥祀社稷，祷祠”等。“小祝掌小祭祀将事、侯、禳、祷、祠之祝号，以祈福祥，顺丰年，逆时雨，宁风旱，弥灾兵，远辠疾……凡事，佐大祝……凡外内小祭祀、小丧纪、小会同、小军旅、掌事焉”。

5. 祭祀活动有规定的侍奉和沟通神灵的人员

祭祀活动中，是由巫直接与神灵打交道和沟通的。国家专门设置有管理这类人员的机构，如“司巫掌群巫之政令。若国大旱，则帅巫而舞雩；国有大灾，则帅巫而造巫恒；祭祀，则共匰主，及道布，及蒩馆。凡祭事，守瘗。凡丧事，掌巫降之礼”。至于具体的与神沟通的巫，则有男女之别。其分工也有差异。如“男巫掌望祀、望衍、授号，旁招以茅。冬堂赠，无方无算；春招弭，以除疾病。王吊，则与祝前”。而“女巫掌岁时祓除、衅浴、旱暵，则舞雩。若王后吊，则与祝前。凡邦之大灾，歌哭而请”。

（二）动物牺牲在祭祀程序中所处地位

我们常说，神是人创造的。祭祀神灵，目的是使神灵能像人一样来享用人们提供的祭品和服务，从而愉悦神灵使其为祭祀者降幅。因为人们是通过祭祀品来与神灵沟通的，所以祭祀品的选择和进献，往往是祭祀成功与否的重要内容。祭祀品种类繁多，但其中最重要的则是食物，而食物中又以肉类为重。

从《山海经》记载的有关山神祭祀所用祭品中可以看到，祭祀各类山神的祭祀品虽有差异，但总体上不外乎三类：玉器、谷物和动物牺牲。以下通过对原文记载统计分析，具体梳理说明各山神祭祀用品情况。在《山海经》中，各种山神的崇拜有着比较明确祭祀仪式，表现出各自不同的特点。我们将各山神具体祭祀仪式及祭祀用品情况汇总（表 3-7），并通过表 3-7 所见进行具体说明。我们从各

表 3-7 《山海经》中山神祭祀仪式及其动物牺牲

地理位置	山神形象	祭祀仪式	动物牺牲
《南山经》			
鹊山之首	鸟身龙首	毛用一璋玉瘗，糈用稌米，一璧，稻米，白菅为席	毛（指兽类）
南次二山	龙身鸟首	毛用一璧瘗，糈用稌	毛
南次三山	龙身人面	白狗祈，糈用稌	狗
《西山经》			
西山经之首	未见形象	华山，冢也，其祠之礼：太牢 羭山，神也，祠之用烛，斋百日以百牺，瘗用百瑜，汤其酒百樽，婴以百珪百璧 其余十七山之属，皆毛牷用一羊祠之	牛（太牢） 百牺（未确指动物） 羊
西次二经	人面马身	其祠之，毛用一雄鸡，钤而不糈，毛彩	鸡
	人面牛身	毛用少牢，白菅为席	羊、猪（少牢）
西次三经	羊身人面	用一吉玉瘗，糈用稷米	
西次四经	未见形象	用一白鸡祈，糈用稻米，白菅为席	鸡
《北山经》			
北山经之首	人面蛇身	毛用一雄鸡彘瘗，吉玉用一珪，瘗而不糈	鸡
北次二经	蛇身人面	毛用一雄鸡彘瘗，用一璧一珪，投而不糈	鸡
北次三经	马身人面	皆用一藻茝瘗之	
	彘身而载玉	皆玉，不瘗	
	彘身八足蛇尾	皆用一璧瘗之。糈米祠之，此皆不火食	
《东山经》			
东山经之首	人身龙首	毛用一犬祈，衈用鱼	狗、鱼
东次二经	兽身人面载觡	毛用一鸡祈，婴用一璧瘗	鸡
东次三经	人身而羊角	用一牡羊，米用黍	羊
《中山经》			
凡薄山之首	未见形象	历儿，冢也，其祠礼：毛，太牢之具，县以吉玉 其余十三山者，毛用一羊，县婴用桑封，瘗而不糈	牛（太牢） 羊
中次二经 凡济山之首	人面鸟身	祠用毛，用一吉玉，投而不糈	毛（兽类）
中次三经 凡萯山之首	（泰逢）人形虎尾	其祠泰逢，熏池，武罗皆一牡羊副（pi），婴用吉玉 其二神用一雄鸡瘗之，糈用稌	羊、鸡
中次四经 凡厘山之首	人面兽身	其祠之，毛用一白鸡，祈而不糈，以彩衣之	鸡
中次五经 凡薄山之首	未见形象	升山，冢也，其祠礼：太牢，婴用吉玉 首山，魋也。其祠用稌、黑牺、太牢之具，蘖酿，干舞，位置鼓，婴用一璧 尸水，合天也，肥牲祠之，用一黑犬于上，用一雌鸡于下，刉（ji）一牝羊，献血。婴用吉玉，采之，飨之	牛（太牢） 狗、鸡、羊

续表

地理位置	山神形象	祭祀仪式	动物牺牲
中次六经 凡缟羝山之首	（骄虫）如人而二首	其祠之：用一雄鸡，禳而勿杀 岳在其中，以六月祭之，如诸岳之祠法，则天下安宁	鸡
中次七经苦山、少室、太室 凡苦山之首	（十六神）豕身人面 （苦山、少室、太室）人面三首 人面三首	其祠：毛牷用一羊羞，婴用一藻玉瘗。 苦山、少室、太室皆冢也，其祠之：太牢之具，婴用吉玉	羊 牛（太牢）
中次八经 凡荆山之首	鸟身人面	其祠：用一雄鸡祈瘗，用一藻圭，糈用稌 骄山，冢也，其祠：用羞酒少牢祈瘗，婴毛一璧	鸡 羊、猪（少牢）
中次九经 凡岷山之首	马身龙首	其祠：毛用一雄鸡瘗 文山、勾祢，风雨，騩之山，是皆冢也。其祠之：羞酒，少牢具，婴用一吉玉 熊山，帝也，其祠：羞酒，太牢具，婴毛一璧。干舞，用兵以禳；祈，璆冕舞	鸡 羊、猪（少牢） 牛（太牢）
中次十经 凡首阳山之首	龙身人面	其祠之：毛用一雄鸡瘗，糈用五种之糈。 堵山，冢也，其祠之：少牢具，羞酒祠，婴毛一璧瘗 堵山，帝也，其祠：羞酒，太牢具，合巫、祝二人舞，婴一璧	鸡 羊、猪（少牢） 牛（太牢）
中次十一经 凡荆山之首	彘身人首	其祠：毛用一雄鸡，祈瘗：用一珪；糈用五种之精 禾山，帝也。其祠：太牢之具，羞瘗，例毛，用一璧，牛无常 堵山、玉山，冢也，皆倒祠，羞毛少牢，婴用吉玉	鸡 羊、猪（少牢） 牛（太牢）
中次十二经 凡洞庭山之首	鸟身龙首	其祠：毛用一雄鸡，一牝豚刉，糈用稌 凡夫夫之山，即公之山、尧山、阳帝之山，皆冢也，其祠：皆肆瘗，祈用酒，毛用少牢，婴毛一吉玉。洞庭、荣余山，神也，其祠：皆肆瘗，祈酒太牢祠。婴用圭璧十五，五彩惠之	鸡 猪 少牢 太牢

山系山神祭祀仪式中发现，除去北次四经外，所有山神祭祀都要用到动物牺牲。所用动物牺牲因山神等级而有明显区别，等级最高的山神其所用动物牺牲也高，如《西山经》之首山神中："羭山，神也，祠之用烛，斋百日以百牺。"用到多达百余只（种）动物为祭品。等级为帝或神或冢一级的山神，则可以有太牢（牛）为祭品，这些山神包括：华山神，历儿山神，升山神，中次七经苦山、少室、太室山神，中次九经的熊山、中次十经的堵山、中次十一经的禾山、中次十二经的洞庭、荣余山山神。等级为冢的另外一些山神则以少牢（猪、羊）为祭品，如西次二经人面牛身，中次八经骄山，中次九经文山、勾祢，风雨，騩之山，中次十经堵山，中次十一经堵山、玉山，中次十二经夫夫之山，即公之山、尧山、阳帝

之山。其余各类山神则未达少牢级别。这种情况说明，动物牺牲在《山海经》时代就已经是反映山神等级的一项重要指标（表 3-7）。

此外，有的山神祭祀品不是三样俱全，而只有一种动物牺牲为祭品，如西次二经人面马身神："其祠之，毛用一雄鸡，钤而不糈，毛彩。"人面牛身神："毛用少牢，白菅为席。"再如东山经之首山神祭祀用"毛用一犬祈，衈用鱼"，中次四经厘山之首山神"其祠之，毛用一白鸡，祈而不糈，以彩衣之"等。

从表 3-7 中还可以看出，玉器也是重要的祭祀品，玉器的使用与动物牺牲的重要性几乎一致。玉器、谷物和动物牺牲三类祭祀品中，谷物明显低于玉器和动物牺牲。因此，从《山海经》山神祭祀礼仪中我们可以认为，动物牺牲作为祭祀品具有非常重要的作用，动物牺牲的使用体现着山神的等级，这些与周代礼制中用牲制度具有一致性。

二、中国古代祭祀活动所用动物类别

上文以《山海经》为例讨论了动物牺牲在古代祭祀活动中的使用情况，阐述了动物牺牲的重要作用。考察中国古代有关祭祀活动，我们必定要对动物牺牲使用情况作进一步的分析，以说明动物牺牲在祭祀行为中的中心作用。这方面的阐述，主要包括考古发现及文献记载。

（一）考古发现祭祀用动物牺牲的种类

祭祀活动属于礼的范畴，礼起源于饮食，《礼记·礼运》："夫礼之初，始诸饮食"。因此，动物作为人类饮食中最尊贵者，其在祭祀中占有非常重要的地位。不夸张地说，没有动物的参与，就没有祭祀仪式。没有特定动物的奉献，也往往难以达到祭祀的目的。动物作为祭祀的主要物品，其历史应该伴随着祭祀活动而源远流长。考古发现表明，早在新石器时代人们就已经有大量用动物祭祀的行为。

如内蒙古敖汉旗大甸子遗址，在墓葬填土及壁龛中发现了大量猪骨骼。这些猪骨被认为是在丧葬仪式活动中使用的牺牲[57]。河北磁山遗址中，至少有 4 个灰坑底部发现有猪和狗骨架[58]。仰韶文化的姜寨遗址中心广场，应该具有宗教活动场所意义。在两处灰土遗迹附近发现比较多的动物骨骼，且有火烧痕迹。另一处

[57] 罗运兵. 大甸子遗址中猪的饲养与仪式使用. 《边疆考古研究》，2009 年，第 1 期：第 288-300 页.
[58] 孙德海，刘勇，陈光唐. 河北武安磁山遗址. 《考古学报》，1981 年，第 3 期：第 303-338 页.

仰韶文化遗址——龙岗寺，其墓葬区周围发现大量灰坑，这些灰坑中往往还有动物骨骼遗迹，说明应该属于祭祀遗迹[59]。仰韶文化庙底沟遗址灰坑中，出土有 2 具猪骨架、9 具狗骨架，从骨架完整程度分析，这些动物是有意埋葬的[60]。河南安阳鲍家堂仰韶文化遗址，发现在两个灰坑中有完整的猪骨架，骨架应为整体捆绑后埋葬，似乎是祭祀陶瓷生产活动的产物[61]。

甘肃天水西山齐家文化遗址，发现墓葬和房屋附近有 5 具完整的猪骨架。其排列形式表明与墓葬和房屋有关联，可能与墓葬或房屋的某种宗教活动有关[62]。袁靖发表的文献对中国古代人与动物关系进行了综合分析，其中关于祭祀用动物情况也进行了相应阐述。通过该文可以看到，新石器时代中国人使用最多的祭祀性动物是猪。除了猪之外，狗、牛和羊等也是祭祀动物，但数量比猪少很多[63]。

（二）文献记录反映的祭祀动物牺牲

文献记载有关动物牺牲，最直接的莫过于出土的甲骨文。甲骨文是商代专门记录占卜祭祀内容的文字，记载内容包括祭祀对象、祭祀方式、祭祀物品及祭祀目的等。从甲骨文卜辞记录来看，动物祭祀品是非常重要的。如笔者对 1000 多片甲骨卜辞分析表明，商代祭祀用动物种类主要是牛、羊、猪（豕）、狗（犬）四类。在具体祭祀过程中，根据需要，所用动物牺牲有时单一，有时两种或两种以上组合应用。所用牺牲的数量，根据需要有多有少，少者可以一头，多则或达数百。从卜辞用字来看，所用牺牲可以分为两类，一是散养（或野生）的牛、羊等，二是专门圈养的牺牲，表示的文字如圈养的牛为“牢”、羊为“宰”。从这种文字差异来看，结合卜辞行文结构，我们认为，这里的“牢”或“宰”之意，与后世的“太牢”指三牲不同，只是表明为圈养牺牲之意。祭祀的用牲方式主要有燔祭、沉埋和肆解三大类（表 3-8）。此外，祭祀卜辞中动物作为牺牲，还包括有其他家畜类和野生类，如兔、麋、象、彘，以及鱼和鸟类。

[59] 何周德．论仰韶文化的祭祀——从半坡遗址发现祭祀遗迹谈起．《西部考古》，2006 年，第一辑：第 91 页.
[60] 中国科学院考古研究所．《庙底沟和三里桥》．北京：科学出版社，1959 年.
[61] 中国社会科学院考古研究所安阳队．安阳鲍家堂仰韶文化遗址．《考古学报》，1988 年，第 2 期：第 169-188 页.
[62] 中国社会科学院考古研究所甘肃队．天水市西山坪齐家文化殉葬坑．《中国考古学年》．北京：文物出版社，1989 年.
[63] 袁靖．动物考古学揭秘古代人类和动物的相互关系．《西部考古》，2007 年，第二辑，第 89 页.

表 3-8　甲骨文中所见祭祀用牺牲（部分）

动物牺牲类型	动物牺牲数量	甲骨编号	祭祀用词
牛	一	00025、00272 反、00320、00324、00339（1）、00345（2）、00351、00400、00402、00414（1）、00417（1）、00418 正（9）、00715 正（2）、00768 正（1）、00776 正（9）（10）、00779 正（4）、00780（3）、00811 正（10）、00828 正、00893 正（14）00927、01027 正（1）	牛
	二	00272 反、00339（12）、00811 正（11）、00903 反、01027 正（3）、01051 正（4）	牛
	三	00043、00352、00356、00377（1）、00385（1）、00406、00431、00811 正（13）、00838 正（4）、（5）00886、00908（1）、00974 正（11）、01027 正（1）（2）	牛
	三	00341、00471	牢
	四	00974 正（12）	牛
	五	00351、00369（2）、00370、00811 反（28）、00974 正（13）、01052 正（7）	牛
	五	00326、00924 正（4）	牢
	九	00358（3）（4）、00359（1）、00360（2）（3）、00378 正、00479（2）、00921	牛
	十	00039、00249 正、00326、00329、00339（26）（28）、00349、00357、00386、00387 正、00388、00389、00390 正（2）、00391、00394、00396、00655 反甲、00776 正（24）、00779 正（4）、00780（3）、00916 正（8）、01052 正（4）（6）、01052 正（8）	牛
	十	00008、00321、00335	牢
	二十	00333、00334、00348、01052 正（5）	牛
	三十	00313、00672 正（10）、01052 正（3）	牛
	四十	00672 正（32）	牛
	五十	00672 正（7）（8）（9）、01052 正（2）	牛
	三百	00300	牛
羊	一	00378 正、00672 正	羊
	一	00324、00385（2）、00413（1）、00728（1）、00776 反、00900 正（9）	宰
	二	00482 正、00935 正	宰
	二	00672 正（37）（39）、00801（2）	羊
	三	00331、00738 正（3）	羊
	三	000190 正、00320、00327、00346、00347（1）00363、00377（1）00378 正、00385（1）（3）、00406、00473、00715（2）、00776 正（8）、00779 正（4）、00780（3）、00806（1）、00924 正（11）、00937、00938 正（2）	宰
	五	000190 正、00271 正、00483（1）、00923 正（2）、00924 正（5）、00925（1）、00526 正、01016	宰
	六	00995	宰

续表

动物牺牲类型	动物牺牲数量	甲骨编号	祭祀用词
羊	八	00371 正（6）	羊
	十	00039、00271 正、00295、00316、00366（1）、00484、00485（1）、00672 正（26）、00892、00893 正（10）（11）（12）、00896 正、00897、00898、00899、00900 正（1）、00901（1）（2）、00903 正（2）（3）（4）、00904 正（1）、00905 反（13）、00912、00914、00915 反（2）、00924 正（3）、00925（2）、00958	宰
	三十	00769、00886、00887、00908（1）	宰
	七十	00895 甲（1）、00895 乙（1）、00895 丙	
	百	00300、00302	宰
猪	一	00672 正（38）、00903 反、00995	豕
	一	00728（1）	豑
	二	00672 正（37）（39）	豕
	一	00378 正	豭（野猪）
	二	00738 正（3）、00801（2）	豭
	三	00938 反（5）	豭
	十	00272 反	豕
狗	八	00371 正（6）	犬
	一	00378 正、00938 反（4）	犬
	二	00418 正（9）	犬
	三	00738 正（3）	犬

注：表中统计的动物牺牲情况，是依据胡厚宣主编的《甲骨文合集释文》[64]，粗略统计其前 1000 余片甲骨卜辞释文所见，只是为了说明问题，并非全方位分析。甲骨编号中“正”、“反”是指甲骨的正面或反面，“（2）”等数字系甲骨上卜辞条目序数。

除甲骨文记载外，传世古籍如《山海经》中，也包含远古祭祀用动物牺牲情况。在《山海经》中，每叙述完一个山系，都有关于其山神的祭祀仪轨描述。从各山系山神祭祀仪轨看，绝大部分山神的祭祀用品中包括有动物牺牲。所用动物牺牲的种类，包括兽类、禽类和鱼类三种，具体种类有牛、羊、猪、狗、鸡、鱼六种（表 3-7）。

在周代祭祀礼仪中，动物牺牲同样也非常重要。《周礼》记载中，虽然没有明确列举所用动物牺牲，但通过对其行文分析，可以看出其用牲种类情况。这些信息散见在六官体系所设置官叙述之中。如《天官冢宰第一》：“兽人掌罟田兽，辨其名物。冬献狼，夏献麋，春秋献兽物……凡祭祀、丧纪、宾客，共其死兽、生

[64] 胡厚宣.《甲骨文合集释文》. 北京：中国社会科学出版社，1999 年.

兽。”“渔人掌以时渔为梁。春献王鲔，辨鱼物，为鲜薨，以共王膳羞。凡祭祀、宾客、丧纪，共其鱼之鲜薨。”“鳖人掌取互物，以时簎鱼、鳖、龟、蜃，凡狸物。春献鳖蜃，秋献龟鱼。祭祀，共蠯、蠃、蚳，以授醢人。”

《地官司徒第二》：“牧人掌牧六牲而阜蕃其物，以共祭祀之牲牷。凡阳祀，用骍牲毛之；阴祀，用黝牲毛之。望祀，各以其方之色牲，毛之。凡时祀之牲，必用牷物。凡外祭，毁事，用尨可也。凡祭祀，共其牺牲，以授充人系之。凡牲不系者，共奉之。”“牛人掌养国之公牛，以待国之政令。凡祭祀，共其享牛、求牛，以授职人而刍之……凡祭祀，共其牛牲之互与其盆簝，以待事。”

《春官宗伯第三》：“鸡人掌共鸡牲，辨其物。大祭祀，夜嘑旦以嘂百官。凡国之大宾客、会同、军旅、丧纪，亦如之。凡国事为期，则告之时。凡祭祀，面禳衅，共其鸡牲。”

《夏官司马第四》：“小子掌祭祀羞羊肆、羊殽、肉豆，而掌珥于社稷，祈于五祀。凡沈、辜、侯、禳，饰其牲，衅邦器及军器。凡师田，斩牲以左右徇陈。祭祀，赞羞，受撤焉。”“羊人掌羊牲。凡祭祀，饰羔。祭祀，割羊牲，登其首。凡祈珥，共其羊牲。宾客，共其法羊。凡沈、辜、侯、禳、衅、积，共其羊牲。”

《秋官司寇第五》：“犬人掌犬牲。凡祭祀，共犬牲，用牷物。伏瘗，亦如之。凡几珥沈辜，用駹可也。”

从上面记载情况可以判断，周代祭祀用动物牺牲主要包括牛、羊、狗、鸡、鱼类等，与《山海经》中祭祀类同，唯没有单独设置管理猪的官。这种情况说明，猪并不是不重要，可能另有原因。

三、动物作为祭祀沟通的媒介作用

以物代言，表示自己的心意是人神交流的主要内容。对此，典籍中有明确的记载，如《左传·桓公六年》“故奉牲以告曰：‘博硕肥腯。’谓民力之普存也。奉盛以告曰：‘洁粢丰盛’。谓其三时不害，而民和年丰也。奉酒礼以告曰：‘嘉粟旨酒’。谓其上下皆有嘉德，而无违心也”。动物的沟通作用是通过动物牺牲作为礼物来实现的。在祭祀活动中，如果动物牺牲为被祭祀对象所接受，则祭祀者的目的就算达到了。为了达到这种目的，祭祀者对动物牺牲采取了百般方式，以使动物牺牲能为被祭祀对象所接受。

至少在商代或者更早以前，人们为了与祭祀对象沟通顺利，对祭祀的方式、所用祭祀用品、祭祀时间等项目，均需要事先进行占卜，以了解神意。通过占卜结果，按照神意来安排祭祀活动。如果不进行占卜，而仅仅根据自己的主张进行祭祀，则可能达不到祭祀沟通的目的。对于动物牺牲，人们通过事先占卜决定的内容大致分为：动物种类的选择、动物牺牲的处理（如燔祭、瘗埋）等。祭祀采用动物牺牲，而且很重要，其原因诸多历史文献都无记载，至少笔者未见到。有关动物的媒介作用，诸多学者有着广泛而深入的分析。这些分析并非针对动物祭祀品，而是主要分析各类器物上的动物类纹饰。对于这些研究结论，笔者不敢苟同，但不想一一对此进行分析，本文主要通过分析动物牺牲的处理情况来反推其他观点不可信。

《礼记》中关于祭祀品处理过程有明确说明，《郊特牲》："有虞氏之祭，尚用气，血腥烂祭，用气也。殷人尚声，臭味未成，涤荡其声，乐三阕，然后出迎牲……周人尚臭，灌用鬯臭。鬱合鬯臭，阴达于渊泉，灌以圭璋，用玉气也。既灌然后迎牲，至阴气也。"这种祭祀程序，其实质在于先招来被祭祀的神灵，然后才能享用祭祀用品。按照这样论述来理解，在祭祀上天神灵时，祭祀牺牲一定要通过燔祭（燃烧）使其化为青烟上騰，才能为天界神灵所享用。通过这种享用，祭祀者的祈求才会为上界神灵所知晓，从而达到沟通的目的。水里的神灵居住在水中，祭祀的物品、动物牺牲等也必须投入河里，才能为河里的神灵所享用而达到沟通的目的。同样道理，祭祀土中神灵的物品或动物牺牲则必须埋入地里，这样土里的神灵才能享用而达到沟通的目的。而且，通过卜辞记载，我们还看到，为了顺利沟通，商代的人们在事先要通过占卜问神后，才按照要求祭祀。因此，祭祀从某种角度来说是一种极其认真的活动，来不得半点马虎。所以，古代人们不可能通过在器物上刻画动物图像，来作为沟通的媒介。动物图像如果作为祭祀品，那就是假祭祀品。至于出土器物上刻画动物图像的功用，笔者将另行成文分析。

动物牺牲的沟通作用，通过血或生食等处理来进行。因为祖先时代茹毛饮血，这样处理祭祀品，才更合初期饮食习惯。《礼记·祭器》："礼也者，反本修古，不忘其初者也。"因此，按照起初习惯方式祭祀，才符合祭祀的基本沟通原则，才能达到祭祀的礼仪目的。

四、动物与中国古代祭祀礼仪制度

（一）以动物牺牲为特点的祭祀礼仪等级

前面论述过，《山海经》中山神祭祀仪式体现出祭祀等级，这种等级笔者认为分为三级，即最高等级的太牢、次高等级的少牢和普通等级。那么什么是太牢和少牢呢？古代祭祀所用牺牲，行祭前需先饲养于牢，故这类牺牲称为牢。“太牢”和“少牢”是指古代帝王祭祀社稷时，牛、羊、豕三牲全备为太牢，用羊和豕二牲祭祀则为少牢。《周礼》中规定，天子祭祀社稷用太牢，诸侯祭祀用少牢。至于一般士族人们则不能用“牢”，而只能用豕或犬，平民则只能用鱼。形成这种祭祀规定的原因有两点，一是为了显示等级地位，这是主要原因。二是与祭祀者的社会经济实力相适应，古代社会家畜的养殖尤其是大型家畜，不是一般人能承担的，社会上也没有那么多的大型动物用于频繁的祭祀。因此，国家对此进行规定，也是完全符合社会经济现状的考虑。

（二）古代祭祀礼仪活动中动物牺牲的使用规制

远古社会祭祀用动物牺牲情况文献无从反映，从考古发现所见，新石器时代已经开始主要以常见狩猎和驯养动物作为祭祀牺牲。考虑到当时获取动物还不是很容易，因此，祭祀仪式上每次用动物牺牲还不那么固定。从后世《山海经》反映情况可以看出，祭祀的仪式形式应该比较简洁，程序不那么复杂。有文献记载后，商代甲骨文、金文所反映的情况说明祭祀用动物牺牲已经比较规范，所用牺牲有时数量很大。从《山海经》反映的是民间或前官方或古代地方行政的祭祀仪轨，到商周两代则规范化，尤其是周代礼制的发达，用动物牺牲仪轨已经非常完备，甚至到了繁文缛节的地步。

在周代，礼制已经非常完备。各种国家及社会行为均有成文的礼制规定，人们按照这些行为规范进行各类礼仪活动。在这些行为规范中，与祭祀有关的行为显得非常重要。周礼中的祭祀仪轨，祭祀用品中动物类牺牲的应用有着复杂的操作规范。这些规范行为主要体现在两个方面，一是祭祀用动物牺牲的选择，包括所需要动物牺牲的种类、数量、牝牡（雌雄）、大小、年龄、形态及色泽等；二是按照规定对选择的动物牺牲进行相应的祭祀处置，包括宰杀、割解、烹制和升载等。

1. 周代祭祀用动物牺牲的选择

1）动物牺牲种类的选择

依据祭祀规格的需要，动物牺牲的种类要与之适应。礼制的本质乃是一种社会等级秩序，祭祀行为作为个人与社会行为也有着严格的等级规定。动物牺牲种类的选择，需要充分体现这种礼制要求。在周代，祭祀天神是天子的一项特权，其用动物牺牲选择的是牛。而且这种牛必须是红色的小牛才符合要求。《礼记·郊特牲》专言天子祭祀天神时的用牲及祭祀仪式。祭祀社稷神的规定是，天子用太牢，诸侯用少牢。《礼记·王制》："天子社稷皆大牢，诸侯社稷皆少牢。"祭祀祖先，天子祭祀没有明确记载。诸侯祭祖用牛，大夫祭祖用羊，士用犬、猪，平民百姓则只能用鱼祭祖。《礼记·玉藻》："君无故不杀牛，大夫无故不杀羊，士无故不杀犬、豕。"郑注："故，谓祭祀之属。"

2）动物牺牲形态的选择

形态方面主要包括肥瘠和完整与否两方面，祭祀所用动物牺牲要求完整、充肥。完整是指牺牲体肤无破损，而体质要肥硕健壮。这样才能体现祭祀者的衷心。对此，《礼记·月令》有明文记载："乃命宰祝，循行牺牲，视全具，案刍豢，瞻肥瘠，察物色，必比类，量大小，视长短，皆中度，五者备当，上帝其飨。"肥硕健壮的牺牲可以满足神灵的需要，如《左传·桓公六年》："故奉牲以告曰：'博硕肥腯'"。为了使牺牲肥壮，周代在祭祀之前要将牺牲养殖三个月，以达到可以选择的标准。

3）动物牺牲的色泽选择

周代对动物牺牲毛色的选择要求是纯正、赤色。色泽是否纯正是体现祭祀诚意的重要标志，红色纯正的牺牲是祭祀的高规格体现，红色尊、杂色贱。牺牲的牺就是指毛色纯正之意。周代文献中记载祭祀用牺牲色泽的有许多，如《礼记·郊特牲》："牲用骍，尚赤也。用犊，贵诚也。"《礼记·名堂位》："殷白牡，周骍刚。"《礼记·檀弓上》："周人尚赤……牲用骍。"《诗经·小雅·钟南山》："从以骍牡，享于祖考。"《尚书·洛诰》："文王骍牛一，武王骍牛一。"等都是这方面的记载。

4）动物牺牲牝牡与年龄的选择

周代祭祀用牺牲以用牡为主，《礼记·月令》记录孟春季节时说："乃修祭典，命祀山林川泽，牺牲毋用牝。"孔疏："若天地宗庙大祭之时，虽非正月，皆不用牝。"至于牲龄大小，周代以选择幼龄为主，因为幼龄牲还没有牝牡之情，更为纯洁。《礼记·郊特牲》："故天子牲孕弗食也，祭帝弗用也。"《礼记·王制》："祭天地之牛，角茧栗；宗庙之牛，角握；宾客之牛，角尺。"《国语·楚语下》："郊禘不过茧粟，蒸尝不过把握。"考古发现同样表明，上述记载是客观存在的。如山西曲村发掘战国祭祀用牲，其马、牛、羊皆幼体为主[65]。

5）动物牺牲装饰的选择

除去以上各方面之外，所选择的动物牺牲还要进行装饰，才能进行各种祭祀

[65] 邹衡.《天马-曲村》. 北京：科学出版社，1999 年.

活动。动物牺牲进行装饰行为可以上溯到《山海经》记载的时代，有的学者认为，《山海经》所记载的“婴用吉玉”，意思就是将玉饰于牲体之上，祭祀完毕之后或投或埋[66]。《周礼·夏官·小子》：“小子掌祭祀，羞羊肆羊殽肉豆，而掌珥于社稷，祈于五祀。凡沉辜侯禳，饰其牲。”《周礼·夏官·羊人》：“羊人掌羊牲，凡祭祀饰羊。”《周礼·夏官·校人》：“凡大祭祀朝觐会同，毛马而颁之，饰币马……凡将事于四海山川，则饰黄狗。”《国语·齐语》记载齐桓公与“诸侯饰牲为载，以约誓于上下庶神”。陕西扶风云塘建筑基址 F5 台基北部发掘出一具奠基性质的狗尸骨，在其骨架颈部发现有 6 件玉饰，应该是饰牲的实物体现[67]。

2. 周代祭祀用动物牺牲的处理

1）牲体的宰杀

对于祭祀用动物牺牲按照礼仪规定选择好之后，随着祭祀活动等礼仪程序的进行，需要对祭祀用牲进行相应的处理。这种处理，首先就是牲体的宰杀。动物牺牲的宰杀，根据规定由不同的人来进行。

《礼记·祭法》、《祭义》、《祭统》诸篇，在叙述君主祭祀其先祖时，天子需要亲执鸾刀以割牺牲。说明最高规格的祭祀，天子亲自处理动物牺牲，以显示其诚意。《礼记·祭义》：“祭之日，君牵牲，穆答君，卿大夫序从。既入庙门，丽于碑，卿大夫袒而毛牛，尚耳，鸾刀以封取膟膋，乃退。”就是说，天子祭祀时，卿大夫有助天子宰杀之责。此外，一般意义的祭祀活动，祭祀动物的宰杀是由专门的人员来负责的。这些人员历史上都以“宰”来称谓，代表着负责此类事物的官职，如大宰、小宰、宰夫等。此外，还有其他名称的官职负责动物牺牲的宰杀，如《周礼·天官·内饔》：“内饔……凡宗庙之祭祀，掌割亨之事。”《周礼·天官·外饔》：“外饔掌外祭祀之割亨。”《周礼·夏官·羊人》：“羊人掌羊牲。凡祭祀，饰羔。祭祀，割羊牲，登其首。凡祈珥，共其羊牲。宾客，共其法羊。凡沈、辜、侯、禳、衅、积，共其羊牲。”说明周代祭祀活动中，动物牺牲依据祭祀情况而由相应的官员负责宰杀。

2）牲体的割解

牲体的割解通称为“肆解”，孙诒让说：“肆解即割裂牲体骨肉之通名。”《周礼·天官·内饔》：“掌王及后、世子膳羞之割、烹、煎和之事。”郑注：“割，肆解肉

[66] 浦清江．中国古代旅行之研究书评．《清华学报》，1936 年，第 2 期：第 567-571 页

[67] 周原考古队．陕西扶风县云塘、齐镇西周建筑基址 1999-2000 年度发掘简报．《考古》，2002 年，第 9 期：第 3-26 页．

也。”清代《礼经释例》对牲体的各个部位进行了详细区分，其文曰：“前体谓之肱骨，又谓之前胫骨。肱骨三，最上谓之肩，肩下谓之臂，臂下谓之臑（nào）。后体谓之股骨，又谓之后胫骨。股骨三，最上谓之肫又谓之膞，肫下谓之胳，又谓之骼，胳下谓之觳（hú）。中体谓之脊，脊骨三，前体谓之正脊，中骨谓之脡脊，后骨谓之横脊。脊两旁之肋谓之胁，又谓之胉，又谓之干。胁骨三，中骨谓之正胁，又谓之长胁，前骨谓之代胁，后骨谓之短胁。肩上谓之膉，又谓之脰，肫上谓之髀，余骨谓之仪”[68]。

所谓肱骨即牺牲之前腿骨，分三部分：肩、臂、臑。股骨为后腿骨，亦分三部分：肫、胳、觳。肩上骨肉为膉，肫上骨肉为髀，其余称仪。动物牺牲的中体部位称为脊，分三部分：前为正脊，中为脡脊，后为横脊。两旁肋骨称为胁，也分为三部分：中为正胁，前为代胁，后为短胁。上述区分方法与原则明显表现出古代的三才观念，这种观念是中国传统哲理思想的具体体现。

具体到牲体的割解，就是要按照上述骨体部位进行。文献中见到的分解方式包括房脀、豚解、体解和骨折等。房脀之意是指半解牲体，用一半牲体于祭祀仪式之中。《国语·周语》中：“禘郊之事，则有全脀；王公立饫，则有房脀；亲戚宴饮，则有殽脀。”韦旺注：“全脀，全其牲体而之。”“房，大俎也……半解其体升之房也。”

豚解乃是指割解牲体为七部分，即解为左右肩、髀为四，加上两胁、一脊，共为七。《仪礼·士虞礼》：“杀于庙门西，主人不视。豚解。”郑注：“豚解，解前后胫骨、脊、胁而已，熟乃体解，升于鼎也。”

体解是指将牲体肆解折股成二十一体，具体部位名称前人各有说法。主要说法是两种，一派说法是以贾说为代表的一批人，包括陈祥道、盛世佐、凌延堪、钱玄等。贾注《仪礼·少牢馈食礼》“上利升羊”为：“折前体肩、臂、臑两相为六，后体肫、胳两相为四，短胁、正胁、代胁两相为六，脊有三，总为十九，加上不数的觳二，通为二十一体。二觳，正祭不荐于神尸，故不言。”另一派说法是朱熹、杨复、秦梦因等为代表，认为解为左右肱骨肩、臂、臑，左右股骨髀、肫、胳，脊三，左右胁六，正为二十一体。今学者认为后一派说法正确。周代认为，骨贵于肉，而且各种骨体也有尊卑之别。牲体两半如果只用其一，则选择右半。《仪礼·少牢馈食礼》：“司马升羊右胖，髀不升。”郑注：“上右胖，周以贵也。”《礼记·祭统》：“凡为俎者，以骨为主。骨有贵贱，殷人贵髀，周人贵肩，凡前贵于后。”

[68] 凌廷堪.《礼经释例》（卷五）. 台北：台湾中研院文哲研究所，2002 年.

《仪礼·乡饮酒礼》："宾俎：脊、胁、肩膀、肺。主人俎：脊、胁、臂、肺。"郑注："凡前贵后贱。"髀因为近于窍，所以贱，故祭祀时不升于鼎，不载于正俎（尸俎）。《仪礼·少牢馈食礼》："司马升羊右胖，髀不升。"郑注："髀不升，近窍，贱也。"

骨体外的皮肉和内脏也是宴飨、祭祀仪轨中常用的鼎俎之实。《仪礼·公食大夫礼》："伦肤七。"郑注："伦，理也，谓精理滑脆者。"《仪礼·少牢馈食礼》："饔人伦肤九，实于一鼎。"郑注："肤，胁革肉，择之取美者。"

至于内脏的选用，则因为牲体种类不同而有差异。牛羊内脏中的肠胃味美而载于俎，猪的肠胃被认为不洁净而不用。《礼记·少仪》："君子不食溷腴。"郑注："谓犬、豕之属，食米谷者也，腴有似人秽。"据此，则凡牛羊之牲，则用肠胃而无肤，用豕牲，则有肤而无肠胃。其余内脏心、舌等用于仪轨中是放在肵俎上的，乃是祭祀礼敬尸之俎。《礼记·特牲馈食礼》："佐食升肵俎。"郑注："肵谓心、舌之俎也。郊特牲曰：'肵之为言敬也'，言主人之所以敬尸之俎。"肺是气之主，周代尤其崇尚。

3）牲体的升载

在周代，牲体割解完烹煮后从锅里取出，呈放在俎上有直接和间接过程。此过程又有专门的称谓，如将牲体放入鼎内称为"升"，从鼎内取出再放到俎上称为"载"。如果是左右两胖牲体一同放入鼎内，则称为"合升"。一般祭祀仪轨要求动物牺牲宰杀并肆解后，置于锅内烹煮，熟后先升于鼎。祭祀时，从升鼎再载于俎。这是因为尸尊，所以有升鼎环节。若卑者之俎，则直接从锅内载于俎上。

鼎分尊卑，与相应的牲体部分相对应，不能混乱。《仪礼·士虞礼》："羹饪，升左肩、臂、臑、肫、骼、脊、胁、离肺，肤祭三，取诸左膉上，肺祭一，实于上鼎。"就是说上鼎盛放动物牺牲的左肱骨、股骨的上面两部分、正脊、正胁、左边膉上肤和离肺。"升腊左胖，髀不升，实于下鼎。"因腊贱，故升于下鼎。

俎在各种礼仪中是极其重要的盛载器物。俎的形制呈长方形，长面分为上、下两端，此为纵向；宽面为横向。俎放置于人面前时，俎的纵面相对于人为横向。在载牲体时，牲体部分与俎的纵向一致，为"纵载"，反之则称为"横载"。《仪礼·少牢馈食礼》中有明确的载俎方式，其文云："肩、臂、臑、膊、骼在两端。脊、胁、肺，肩在上。"郑注："凡牲体之数及载，备于此。"周代载俎依据牲体的顺序，前肢贵于后肢，四体贵于脊、胁，因之先载前体肩、臂、臑，其次载后体膊、骼，最后载脊、胁、肺等。牲体在俎上陈列位序，以左为上，前肢体载于俎的上端，后肢体载于俎的下端，其余脊、胁、肠胃等置于俎的中间。这种排列方式，其实就是按照牲体生时自然体位重新罗列，以左为贵位而已。如果是凶礼如士丧礼之小殓奠，其载俎之法为："载两髀于两端，两肩亚，两胉亚，脊、肺在于中。"明显与吉礼不同。

肵俎载法，《仪礼·特牲馈食礼》："肵俎心舌皆去本末，午割之，实于牲鼎，载，心立，舌缩俎。"《仪礼·少牢馈食礼》："佐食、上利升牢心、舌，载于肵俎。心皆安下切上，午割勿没。其载于肵俎，末在上。舌皆切本末，亦午割勿没，其载于肵，横之。"据经文可知，士和大夫礼，心、舌皆割去本末，采取午割的方式，留出中央少许不使断绝。心的下面被切平，末在上，本在下，立于俎上。而舌的放置，郑玄注"立、缩，顺其性"，亦指纵载于俎。特牲礼中，舌乃纵载于俎，顺俎而直设。

第四章　动物与中国原始崇拜对象的形象

关于中国古代崇拜对象形象的研究，目前还没有形成系统。一些学者已经有相关的文献发表，而且相关论述大都是在言论其他问题时兼有提及，但也有专文论及于此。如李淞的文章“论先秦与汉代的神像观念”就是比较系统的研究文章[69]。他的主要观点为：“中国的神像观念早已在新石器时期的彩陶图案中显现出来，至佛教艺术传入之前的西汉，已形成了具有中国本土文化特色的神像观念。”是否认可他的观点，首先需要明确神像的概念和基本范畴。就是说，如何确认古代遗留下来的图像或器物是神像而非其他。前面章节已经对中国古代原始崇拜情况进行了相应论述，从前面论述可以知道，中国古代原始崇拜是普遍现象。有崇拜现象存在，就有被崇拜的对象，从这点上说，也就是有被崇拜对象的形象存在。从人类思维发生角度而言，人类的思维形式应该是先具体，而后再逐步发展到抽象。与崇拜行为相对应的思维，也应该符合这种客观规律。就是说，原始崇拜对象的形象，也是从具体到比较抽象而发展演化的。如果这一前提成立，那么在判断原始崇拜对象的形式上，就有了可以确定的标志。但是，由于古代原始艺术的存在，在确定崇拜对象的形象时，就需要与简单的艺术类形式进行区分，而这种区分有时很困难。笔者认为，作为崇拜对象形象，一般的区分原则应该是脱离了简单的具象形式描绘，也就是说，只有那些具有抽象、扭曲、夸张等特征的形象才应该被认为具有神像特征。此外，除非有明确证据，否则那些纯粹的具体形象，一般不能简单归为崇拜对象。顺着上面的思路，笔者认为，中国古代崇拜对象的形象（也可以称为神像）应该经历具体形象阶段，再发展到半抽象阶段，最后到完全抽象阶段三个发展时期。

第一节　岩画所反映的中国原始崇拜对象的形象

考察中国原始崇拜对象的形象，我们可以发现，崇拜对象的形象早在原始社

[69] 李淞. 论先秦与汉代的神像观念.《新美术》，2000 年，第 36 卷第 1 期：第 33-40 页.

会时期就已经出现。人类最早的刻画形式是遗留在岩石上的岩画，世界上最古远的岩画有 2 万年以上历史。在中国同样存在大量的岩画，尤其是中国北方的岩画更是历史久远，内容丰富。由于最早的原始崇拜对象的形象与一般艺术表现形式无法严格区分，我们现在已经无法从发现的原始遗存中区分出来了，而只能从已经稍微变化了的显现出神像特征的形式来考察。因此，岩画无疑成为我们今天考察原始崇拜对象形象的最直观证据，我们应该能从中发现中国原始崇拜对象的基本形式。

在中国，最有名的岩画地点无疑是北方地区，其中又以内蒙古地区最重要。内蒙古地区的岩画主体是阴山岩画，该地域岩画历史久远，经历时间长久而无中断，是研究中国早期文化现象的重要地区。本文主要依据盖山林先生有关阴山岩画的著述来开展探讨，同时也结合其他地域岩画资料作相应的考察。

通观盖山林先生的阴山岩画，包括其他北方地域岩画，我们看出最大的一个特点，就是岩画的主体形象是动物。所反映的是古代社会依赖动物而形成的生活状态，既有物质生活状态，又有精神生活状态。以下就具体分析我们要探讨的问题，即岩画中存在原始崇拜对象的形象。

盖山林先生的专著《阴山岩画》中，将阴山地区的岩画按照行政地理位置区分为不同区域，即区分为乌拉特中旗、乌拉特后旗、登口县和乌拉特后旗交界、阿拉善左旗四大区域。盖山林先生根据岩画内容等情况，将阴山岩画分为不同历史时期，认为阴山岩画历史上限在 1 万年前或更早[70]。

观察最早期的阴山岩画，画面形式中主体是各种动物，而且主要是人类猎食羊、鹿等动物。于是就有了疑问，即远古人类为什么要费大力气在岩石上刻画动物形象？从功用的角度去推理，那就是因为动物是人们活命的根本性食物来源，是人们梦寐以求的东西。所以这些动物也就是他们祈求获取的对象，将其刻在岩石上，就是希望固定他们以利于获取。舍此，则无法理解人们如此大范围、常时期进行这种刻画的动机。当然，这其中也包含有原始艺术成分在内，但许多研究认为原始艺术正是在原始巫术过程中产生出来的。随着这种最原始的巫术形式的发展，在岩石刻画的动物形象也逐渐发展成为了原始动物崇拜的对象。并逐渐出现刻画各种崇拜的动物精灵形象，而且这种形象有逐步演化为夸张和抽象形式的趋势。以下就用大量的具体情况来说明上述观点。

[70] 盖山林.《阴山岩画》. 北京：文物出版社，1986 年.

一、简单的原始动物形象

阴山岩画最古老的有 1 万年以上，这种岩画主要包括如下几幅。在乌拉特中旗的几公海勒斯太第二地点第 5 组岩画中，出现了非常早的野牛形象（图 4-1），这种动物形象在其他地点也同样多次出现，如第四地点第 37 组（图 4-2），乌拉特中旗的韩乌拉山峰一带第七地点第 1 组岩画中的野牛（图 4-3），第十四地点第 19 组单一的野牛形象（图 4-4），阿贵沟第六地点第 11 组也有两只野牛（图 4-5）等。

图 4-1　几公海勒斯太第二地点野牛

图 4-2　几公海勒斯太第四地点野牛

图 4-3　韩乌拉山峰一带第七地点野牛

图 4-4　韩乌拉山峰一带第十四地点野牛

图 4-5　阿贵沟第六地点野牛

在托林沟及其附近支沟岩画第五地点，画面中间凿刻了一匹站立着的骏马（图4-6），刻马之处再后刻兽面，说明此处是比较神圣的地点，画面不但只是一般艺术体现。

图 4-6　托林沟及其附近支沟岩画第五地点马

在乌拉特中旗韩乌拉山峰一带第八地点第 1 组，刻画有麋鹿形象（图 4-7），乌斯台沟及其支沟第十八地点第 4 组的麋鹿形象（图 4-8）。

图 4-7　韩乌拉山峰一带第八地点

图 4-8　乌斯台沟及其支沟第十八地点

乌拉特中旗的韩乌拉山峰一带第十二地点第 21 组，刻画了 3 只大角鹿（图 4-9），这种鹿与野牛属于同时代动物。这些反映古老动物的岩画一般只是表现动物形象为主，说明最早的刻画行为只是原始愿望的简单表述。学者普遍认为，刻画这些动物形象，并非是简单的艺术再现，而是与原始狩猎行为有关的巫术行为。如果真是如此，那么这些单一的动物形象，就是具有某种原始动物巫术行为的对象。

这种关系，还可以从一些更为明确的岩画图中看得清楚些。如几公海勒斯太第三地点第 13 组岩画中（图 4-10），画面表示的是一只盘羊（？）和一个跳舞之人。从中我们更直接看到了人与羊（？）之间的某种巫术关系，画面明显表现着人的某种愿望。

图 4-9　韩乌拉山峰一带第十二地点大角鹿

图 4-10　几公海勒斯太第三地点盘羊

此外，乌拉特中旗的几公海勒斯太第四地点岩画，其画面似乎是岩洞内四人联臂而舞，其对应着一只北山羊。这种场景也预示着人对动物的某种愿望（图 4-11）。

还有比此更明确的是韩乌拉山峰一带岩画第四地点第 4 组岩画，画面上方两个曲臂上举的人，双腿叉开，似乎在作祈祷仪式。图左下方有一只北山羊(图 4-12)。这种形象的人，不免让人联想到南方著名的蛙舞岩画形象。其文化内涵应该极其相似，只不过其意愿对象不同而已。

图 4-11　几公海勒斯太第四地点

图 4-12　韩乌拉山峰一带岩画第四地点祈祷者和北山羊

二、夸张的动物形象

如果简单的动物形象还只是最初崇拜形式，比之进一步明确的岩画形式则是所谓夸张动物形象。夸张手法应用在动物岩画凿刻上，体现着原始人更加强烈的心理愿望。这样的画面应该说是非常普遍的。如在几公海勒斯太第三地点第 17 组岩画中，就有这种夸张手法岩画出现，岩画为一只梅花鹿，其鹿角进行了显著夸大（图 4-13）。同处第九地点第 15 组岩画则在一巨大岩石上刻画了一只盘羊，羊角刻画了五只，均极度弯曲向后，而羊尾则加长弯曲于背上（图 4-14）。该处第三地点第 16 组岩画同样也使用夸张手法刻画了一只北山羊，夸大的也是羊角（图 4-15）。

图 4-13　几公海勒斯太第三地点梅花鹿

图 4-14　几公海勒斯太第三地点盘羊

图 4-15　几公海勒斯太第三地点北山羊

在乌拉特后旗岩画第三地点第 7 组画面右边刻画一只双头羊，而且呈现图案化倾向（图 4-16）。第 8 组则刻画了一只双尾狗（图 4-17）。这两个画面的夸张程度比上面岩画例证在形式上更加强化，反映着人们的某些思维更具深度。

图 4-16　乌拉特后旗岩画第三地点双头羊

图 4-17　乌拉特后旗岩画第三地点双尾狗

三、幻想动物形象

所谓幻想动物，指的是动物整体形象都发生了艺术性变化，单纯看是动物形象，但已经无法与具体动物类型挂钩。这种动物形象岩画在阴山发现很多，如几公海勒斯太第五地点第 11 组，画面左上方有一怪状动物——“鸟身青蛙腿”（图 4-18）。第六地点第 5 组，在一群北山羊之间凿刻有一只不知名的大动物（图 4-19）。第十六地点第 4 组则凿刻了一个不知名状的动物（图 4-20），第十八地点第 4 组刻画了一只奇怪动物，头部长角，身躯则似骆驼，尾巴却像马尾（图 4-21）。

图 4-18　几公海勒斯太第五地点幻想动物

图 4-19　几公海勒斯太第六地点幻想动物

图 4-20　几公海勒斯太第十六地点未知动物

图 4-21　几公海勒斯太第十八地点奇异动物

在韩乌拉山峰一带岩画第九地点，第 23 组画面为一个形象奇怪的动物，看不清头部具体形态（图 4-22）。

图 4-22　韩乌拉山峰第九地点奇异动物

在韩乌拉山峰一带岩画第十二地点第 3 组，刻画有一个变形动物，认不出种属为何，旁边则是化装的人物（图 4-23）。同地点第 8 组，在山顶东面壁上凿刻了一个似虎的幻想动物（图 4-24）。

图 4-23　韩乌拉山峰第九地点人和变形动物

图 4-24　韩乌拉山峰第九地点幻想动物

在另一地区磴口县和乌拉特后旗交界一带，哈日干那沟及其支沟岩画第十七地点，刻画了 3 组幻想动物形象。第 1 和第 2 组似乎是幻想虎，第 3 组似乎是幻想马（图 4-25，图 4-26）。

图 4-25　哈日干那沟第十七地点幻想虎

磴口县和乌拉特后旗交界一带，格尔敖包沟及其支沟岩画第四地点第 2 组，刻画了许多连体动物，似乎构成了幻想动物，其寓意无法明确（图 4-27）。

图 4-26 哈日干那沟第十七地点幻想马

图 4-27 格尔敖包沟第四地点幻想动物

在托林沟及其附近支沟岩画第一地点第 4 组，呈现出两只幻想动物，上面一只为山羊的身躯，兽面，长着长鹿角。下面一只似乎以龟背为主体，头部呈枝杈状，不见龟足（图 4-28）。第四地点第 4 组刻画的幻想动物有点像蝴蝶，细看又像乌龟却缺少尾巴（图 4-29）。

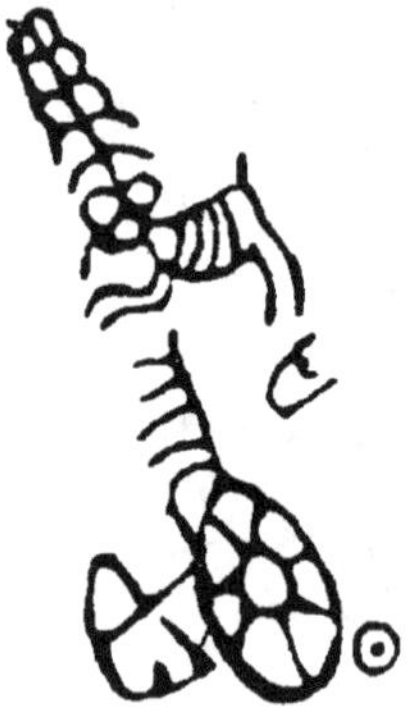

图 4-28 托林沟第一地点幻想动物

图 4-29 托林沟第四地点幻想动物

阿贵沟岩画第五地点，第 10 组的幻想动物包括腿、尾巴、躯干三部分，无法看出属于何种动物（图 4-30）。在乌斯台沟及其支沟岩画第八地点第 1 组，刻画着一只身躯似马，而尾巴和蹄子似虎的幻想动物（图 4-31）。

图 4-30　阿贵沟第五地点幻想动物

图 4-31　乌斯台沟第八地点幻想动物

在额勒斯台沟等地岩画第十四地点第 1 组，出现了一个图案化动物（图 4-32）。乌拉特后旗岩画第二十四地点，画面中间为一只奇异动物，头大，张嘴，蹑足而行（图 4-33）。

图 4-32　额勒斯台沟第十四地点幻想动物

图 4-33　乌拉特后旗第二十四地点幻想动物

四、兽面或人面形象

这种在岩画中出现的兽面或人面形象，进一步说明人们更加注重明确展示内在寓意目的。从后面章节中出土类型遗物情况来看，其代表着原始崇拜形象的成熟阶段，应该没有太大疑问。兽面和人面形象在阴山岩画中发现了很多，分布点也有多处，而且往往出现在具有重要位置意义的山体部位。

在磴口县和乌拉特后旗交界一带，哈日干那沟及其支沟岩画第五地点，在沟南口一巨大黑色岩石上刻画了一只龟。仔细观察，龟背部明显具有兽面或人面形态。这种图案可以认为是龟与人或兽的结合形式(图 4-34)。第六地点一块高大石头上，刻画着明显的人面像和一只动物（似马）（图 4-35)。

图 4-34　哈日干那沟第五地点龟与人或兽

图 4-35　哈日干那沟第六地点人面像与动物

在磴口县和乌拉特后旗交界一带，格尔敖包沟及其支沟岩画第二地点第 2 组，刻画了两个兽面形象(图 4-36)。第 4 组则左边刻画一人面像，右边刻一兽面像(图 4-37)。第 7 组在悬崖立壁上，刻画一图案化的十分狰狞的兽面像（图 4-38)。

图 4-36　格尔敖包沟第二地点兽面象

图 4-37　格尔敖包沟第二地点人面像和兽面像

在磴口县和乌拉特后旗交界一带，格尔熬包沟及其支沟岩画第四地点第 5 组，刻画两个面像，下面兽面像，尖额、八字眼、无嘴，上面兽面像有额纹，一张口大嘴（图 4-39）。

图 4-38　格尔熬包沟第二地点人兽面像

图 4-39　格尔熬包沟第四地点兽面像

托林沟及其附近支沟岩画第四地点第 6 组，画面左下角似乎是将人与鸟巧妙结合而成的图案（图 4-40）。第十九地点，刻画了一对兽面像，特点是弯长的眉毛，大大的圆眼，牙齿外漏，颇似兽面纹形象（图 4-41）。

图 4-40　托林沟第四地点似乎人与鸟图像

图 4-41　托林沟第十九地点兽面像

乌斯台沟及其支沟岩画第一地点第 5 组，在半山腰位置凿刻两个兽面像和一个无轮廓的人面像。兽面像为长方形，左边一个上面为太阳像（图 4-42）。

乌斯台沟及其支沟岩画第十八地点第 1 组，在一块石盘上，有一个兽面像，但无轮廓（图 4-43）。

图 4-42　乌斯台沟第一地点兽面像与人面像

图 4-43　乌斯台沟第十八地点兽面像

乌斯台沟及其支沟岩画第十九地点第 4 组，磨刻两个兽面像，左边也有些像人面（图 4-44）。

乌斯台沟及其支沟岩画第十九地点第 5 组，这是一幅很特别的人面像。构图是人面与兽形结合，同上面的龟形岩画很类似。此类构图说明，人面与动物有结合趋势，换句话说，人面应该有代表动物神的寓意。本图人面温和，是否说明比较平和的人面代表的是温顺动物，而兽面类的代表凶猛动物呢（图 4-45）？

图 4-44　乌斯台沟第十九地点兽面像

图 4-45　乌斯台沟第十九地点动物与人面

额勒斯台沟等地岩画第二地点第 4 组，位于山顶石壁上，刻画两个兽面像，似兽似人（图 4-46）。

额勒斯台沟等地岩画第七地点第 1 组，上部刻画两个人面像，下部刻画两个兽面像（图 4-47）。

图 4-46　额勒斯台沟第二地点兽面像

额勒斯台沟等地岩画第八地点，在高处刻画一个无轮廓兽面像（图 4-48）。

图 4-47　额勒斯台沟第七地点人面像和兽面像

图 4-48　额勒斯台沟第八地点兽面像

纵观阴山为代表的岩画可以看出，阴山岩画中体现出原始崇拜对象发展的各个阶段。早期崇拜对象的形象主要是一些具体的比较夸张的动物形象，其后则是一些不存在的幻想动物形象，而最重要的是后来出现的兽面或人面形象。当然人像则是比较成熟的神像了，这种历史演变过程非常明确。

第二节　出土文物所见中国原始崇拜对象的形象

考察中国原始崇拜对象的形象可以发现，除最早遗留在岩石上的岩画外，还可以在中国已经出土的大量文物中发现其踪迹。这些文物从质地上分石器、玉器、骨器、陶器、蚌器等。中国文明历史悠久，目前已经发现了自新石器时代以来数目众多的文化遗址，出土了数目巨大的文物遗存。依据前节的考察标准，我们发现，最能反映本论题的出土文物主要来自三大新石器文化，即仰韶文化、龙山文化和良渚文化。与阴山岩画反映古代狩猎和放牧为主的生活方式不同，这三大新石器文化所反映的是农业为主的生活方式。与岩画反映相同，这些遗址出土文物，也反映着古代人们依赖动物而形成的生活状态，既有物质生活状态，又有精神生活状态。

一、仰韶文化所反映的中国原始崇拜对象的形象

中国新石器时代著名的仰韶文化遗址出土了许多彩陶器物，这些器物既是仰韶文化生活器具，同时也是反映其精神面貌的重要礼器。反映仰韶文化的重要遗址包括大地湾、西安半坡、庙底沟、姜寨、北首领和福临堡等近百处，在这些遗址中，我们发现了许多反映其原始崇拜对象的典型器物。现以大地湾、西安半坡、姜寨等遗址为例，着重说明此类文化的原始崇拜对象形象。

（一）大地湾文化遗址

大地湾遗址包括前仰韶、仰韶和常山下层三个层次：其中大地湾第一期文化与磁山、裴李岗和北辛文化相当；大地湾第二期文化属于仰韶早期，接近半坡、姜寨和史家等文化。大地湾第三期文化属于仰韶中期，与西安半坡中期相当，而大地湾第四期则属于仰韶文化晚期。大地湾遗址发现有动物纹饰器物，其中主要发现于大地湾第二至第四期文化遗址中。

在大地湾第二期文化中，发现陶器 915 件，其中许多都绘制有精彩的动物图案[71]。这些图案，除了起装饰效果外，也是当时人们精神世界的客观性反映。如 76 件钵类器物中，A 型直口钵的 A 型 I 式 15 件器物中，有 6 件装饰鱼纹图案。37 件圆底盆器物中，属于 A 型叠唇盆的有 10 件，其中 I 式 3 件器物的腹部装饰写实性鱼纹（图 4-49）。

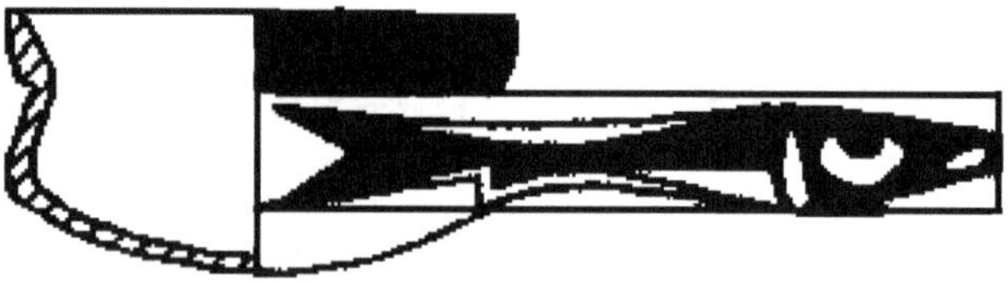

图 4-49　大地湾二期 I 式圆底盆陶器鱼纹

[71] 甘肃省文物考古研究所.《秦安大地湾-新石器遗址发掘报告》. 北京：文物出版社，2006 年.

II 式 5 件中，有 3 件腹部装饰鱼纹（图 4-50）。

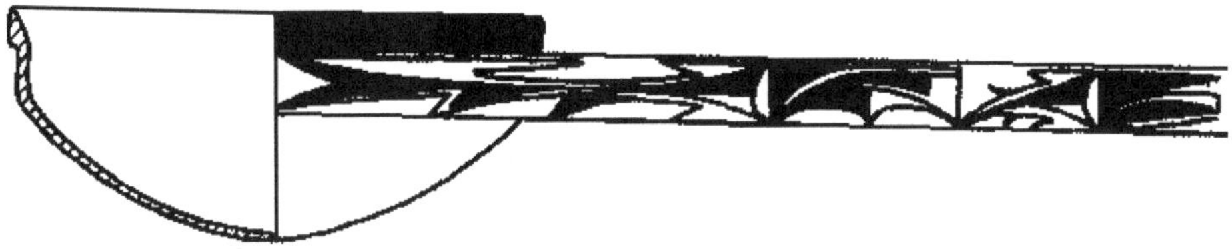

图 4-50　大地湾二期 II 式圆底盆陶器鱼纹

III 式 2 件，腹部均装饰鱼纹。此外，还有同类器物的彩陶片标本 6 片，也都有鱼纹存在（图 4-51）。

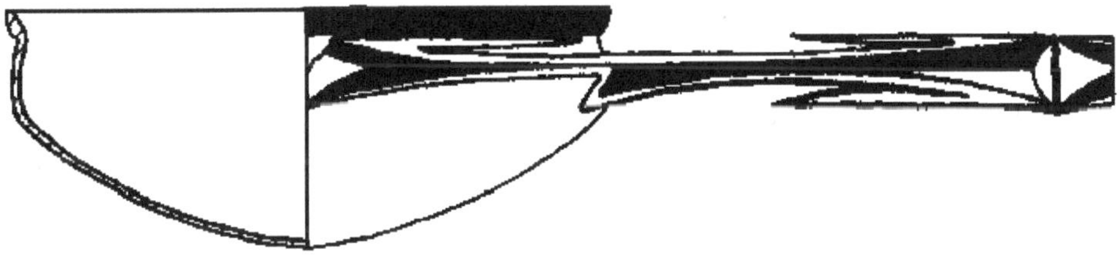

图 4-51　大地湾二期 III 式圆底盆陶器鱼纹

B 型圆卷沿盆 26 件，分为五式。其中 III 式 11 件，3 件存在写意性鱼纹图案（图 4-52）。

图 4-52　大地湾二期 III 式圆卷沿盆写意性鱼纹

IV 式 3 件，腹部均装饰写意性鱼纹（图 4-53）。

V 式 3 件，其中 2 件腹部装饰写意性鱼纹（图 4-54）。

大地湾陶器上的鱼纹图案，多数都绘于钵或盆类器物的腹部。早期鱼纹多写实，较晚期则多为变体鱼纹。

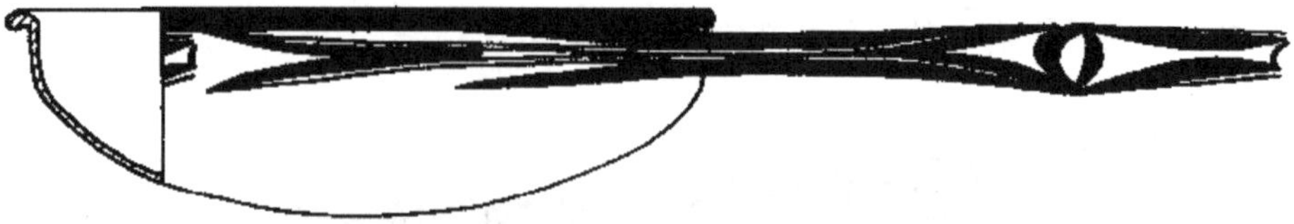

图 4-53　大地湾二期 IV 式圆卷沿盆写意性鱼纹

图 4-54　大地湾二期 V 式圆卷沿盆写意性鱼纹

除了鱼纹图案外，大地湾陶器上也有人面纹出现。在一些陶片上，存在由黑彩绘制的人面，五官俱全，眼睛一睁一闭（图 4-55）。此外，还发现有人头口陶瓶 1 件（图 4-56），陶塑人像 4 个（图 4-57）。在装饰品方面，发现了起束发作用的陶角 6 件，为仿动物角形（图 4-58）。

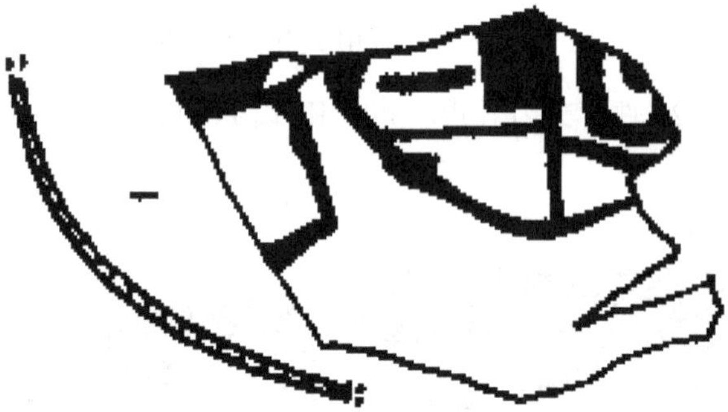

图 4-55　大地湾二期人面纹

大地湾第三期文化，鱼纹图案已经很少见，只发现了少量变体鱼纹，但却发现了数量较多的陶角，各类模仿牛、羊类角 48 件。大地湾第四期文化，发现了装饰有动物图案的陶壶 8 件，其中 A 型 III 式 1 件，上腹部绘有“四犬争鱼”图案（图 4-59）。B 型 I 式残器 1 件，上绘制有一蛙纹图案（图 4-60）。另外，也发现了陶角 46 件。

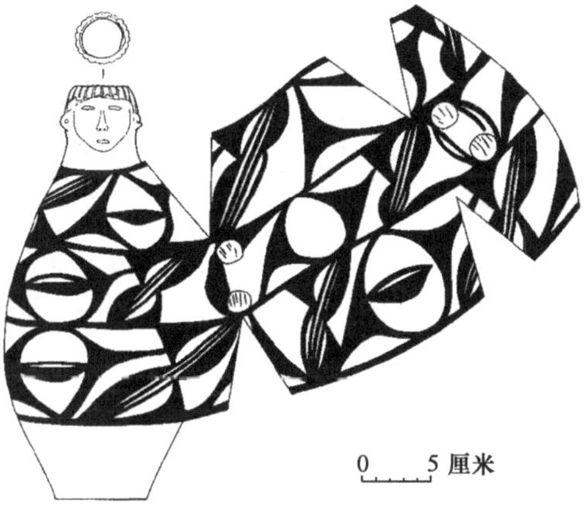

图 4-56　大地湾二期人头口陶瓶

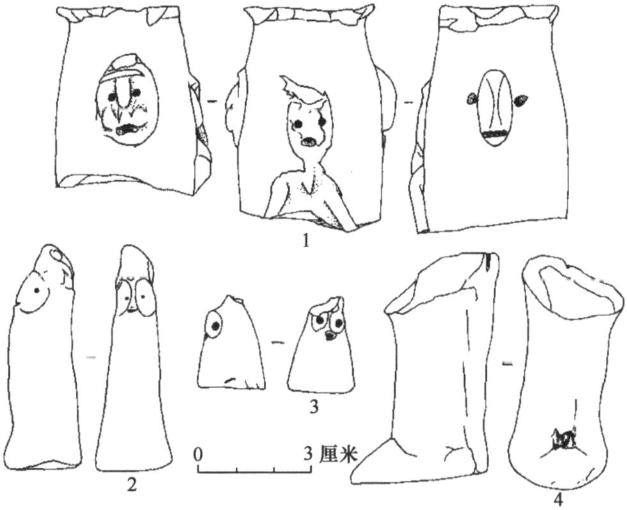

图 4-57　大地湾二期陶塑人像

图 4-58　大地湾二期陶角

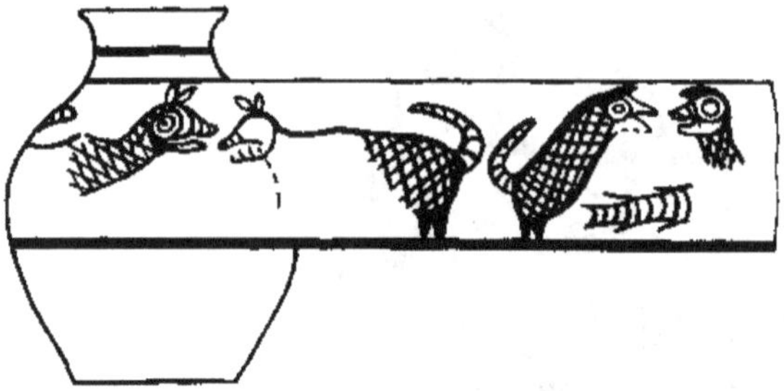

图 4-59　大地湾四期 A 型 III 式陶壶“四犬争鱼”图案

图 4-60　大地湾四期 B 型 I 式残器蛙纹图案

（二）西安半坡遗址

西安半坡是仰韶文化最重要的遗址，其文化类型被命名为仰韶文化半坡类型。半坡遗址发现生活用具中陶器约 1000 件，陶片达 50 余万片，各类装饰品 1900 件。在这些遗物中，有许多绘画动物纹样。其中在彩陶上的装饰花纹以鱼类花纹最多，此外，还有许多与之结合的人面纹存在[72]。

这些刻画鱼纹的彩陶器物主要是盆类，共分 10 型 22 式。在这些彩陶盆中，多在位于盆口沿及肩颈部分彩绘鱼纹或组合图案（图 4-61~图 4-64）。

图 4-61　半坡彩陶盆（P. 4665）

图 4-62　半坡彩陶盆（P. 4741）

陶片上也发现了 40 件鱼纹，这些陶片大多也应该是陶盆类器物的碎片（图 4-65）。

此外，有的大型盆，在口沿或内外表部位绘制人面形或人面和鱼纹。人面纹图案发现了 5 件（3 件整体器物，2 件碎片），其中 3 件为单独人面形，2 件人面

[72] 中国社会科学院考古研究所.《西安半坡-新石器遗址发掘报告》. 北京：文物出版社，1963 年.

与鱼纹组合形（图 4-66~图 4-68）。

图 4-63　半坡彩陶盆（P. 4740）

图 4-64　半坡彩陶盆上简化鱼纹

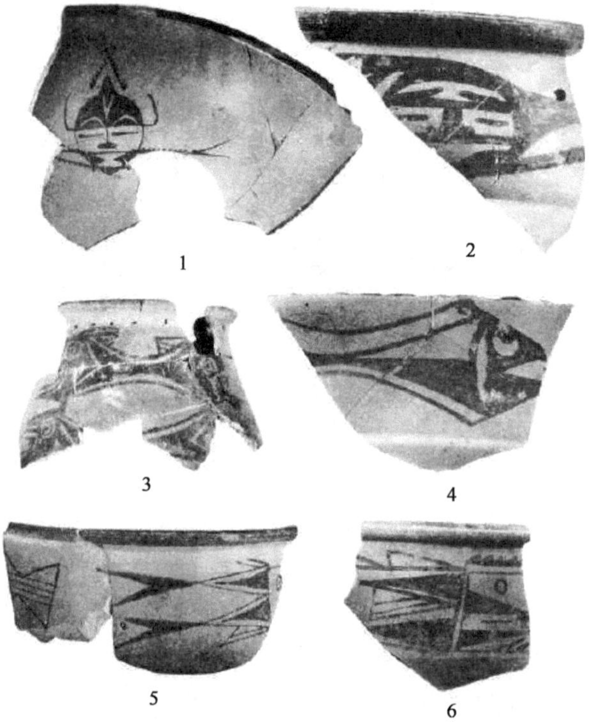

图 4-65　半坡陶片上的鱼纹

图 4-66　半坡彩陶盆（P. 1002）

图 4-67　半坡彩陶盆（P. 4666）

其他动物纹图案发现了 1 件，盆内表绘画了 4 只鹿纹（图 4-69）。另外，还发现有陶塑动物与人形器物，其中有陶塑鸟 5 件，兽形陶器盖 1 件，人头陶塑 1 件（图 4-70）。从动物纹饰比例来看，主要为鱼纹，占比最高。

图 4-68　半坡彩陶盆（P. 4691）

图 4-69　半坡彩陶盆（P. 4692）

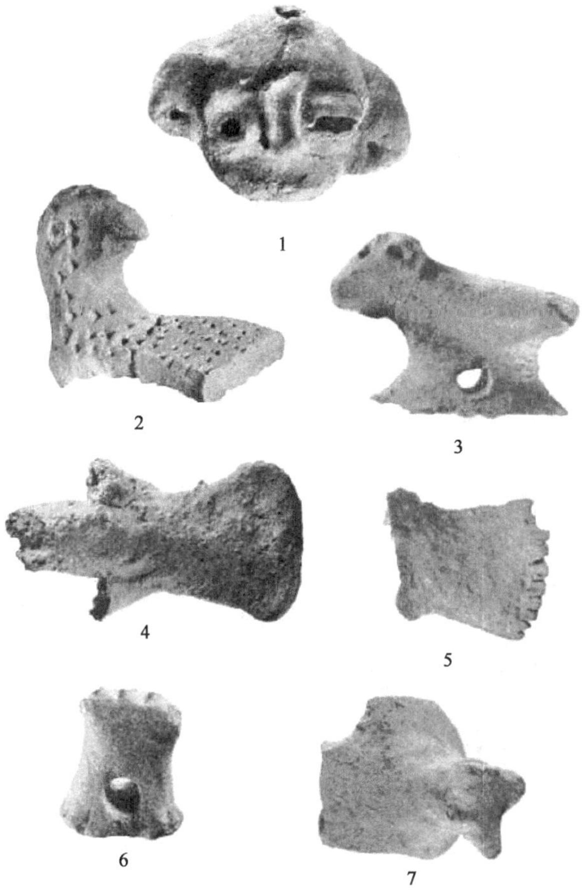

图 4-70　半坡陶塑人与动物

（三）姜寨遗址

姜寨是仰韶文化一处重要遗址，出土器物丰富。其文化可分为先后五期，各期文化遗物中，出现动物类纹饰的主要在第一和第二期文化遗址中。在第一期文化中，发现的陶器有 900 多件，碎片有 100 多万片。陶制容器有十三个类别，其中以盆、壶、瓶类上绘画动物纹样。在第二期文化中，发现的陶器有 1000 多件，还有大量碎片。类别与第一期基本一致，其中以盆、钵、葫芦瓶类上绘画动物纹样。在第三期文化中，发现的陶器多不完整，以碎片为主。从残片情况看，也有动物类纹样存在，只是无法进行整体辨识。在第四期文化中，发现的陶器有 100 多件，碎片有数万片。类别与前几期基本一致，其中刻画纹样中动物类很少出现。在第五期文化中，发现的陶器有 115 件。类别基本同以前几期，未见动物类纹饰。从纹饰情况看其与第一、第二期文化之间关系不连续。应该不属于同一部落[73]。

姜寨第一期文化深腹陶盆共发现 33 件，分十四式。其中在 IV、IX 和 XI 式中发现有刻画鱼纹或鱼纹与人面纹图案。标本 IV 式 T254W162：1“内绘对称的人面纹及两条鱼纹，人相眯眼，鱼游水状，形象异常生动”（图 4-71）。标本 T254W156：1 则“内壁彩绘两个对称的人面纹，一条小鱼，若人观鱼”（图 4-72）。

图 4-71　姜寨一期标本 T254W162：1 人面与鱼纹

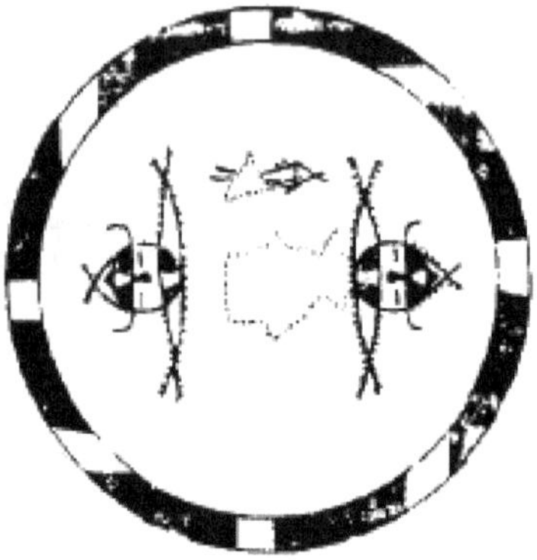

图 4-72　姜寨一期标本 T254W156：1 人面与鱼纹

[73] 西安半坡博物馆，陕西省考古研究所，临潼县博物馆.《姜寨-新石器遗址发掘报告》（上）. 北京：文物出版社，1988 年.

标本 XI 式 T276M159：2“内壁绘有五条小鱼，均作游水状”（图 4-73）。标本 XI 式 T16W63：1“内壁彩绘对称有青蛙二只，鱼四条，均作游水状”（图 4-74）。此外，在姜寨第一期彩陶片中，也发现了许多绘有动物纹样的陶片，其中绘有鱼纹的有 22 片。

图 4-73　姜寨一期标本 XI 式 T276M159：2 鱼纹

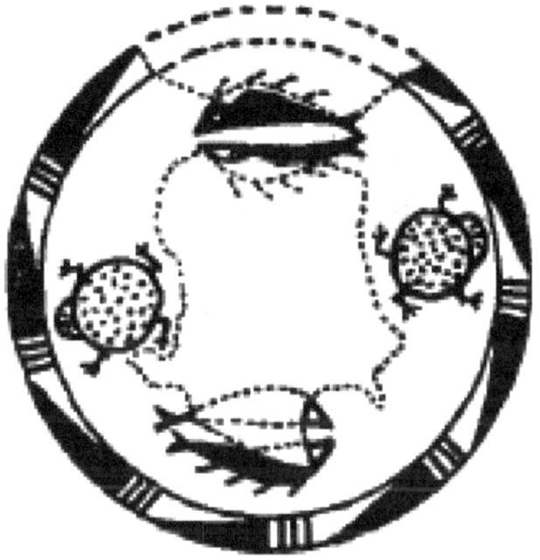

图 4-74　标本姜寨一期 XI 式 T16W63：1 蛙纹

在姜寨第二期文化中，同样发现了许多包括鱼纹、人面纹等动物纹饰器物。如一件 II 式敛口深腹钵标本 ZTH8⑤：2 器表面装饰两条变体鱼纹图案（图 4-75）。在 VII 式深腹陶盆标本 ZTH28M337：5 器表面装饰黑彩变体鱼纹图案（图 4-76）。

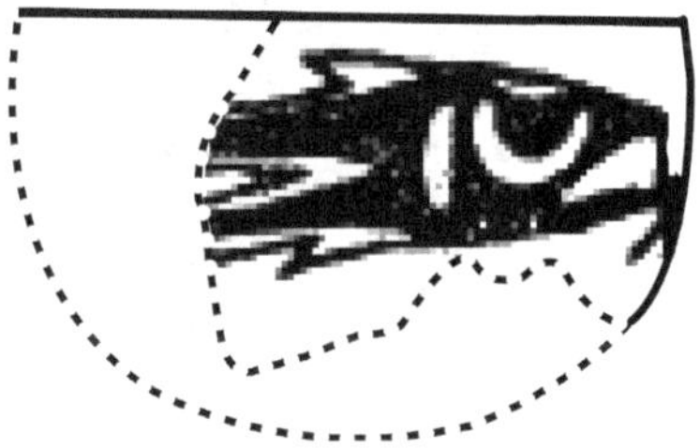

图 4-75　姜寨二期标本 II 式 ZTH8⑤：2 鱼纹

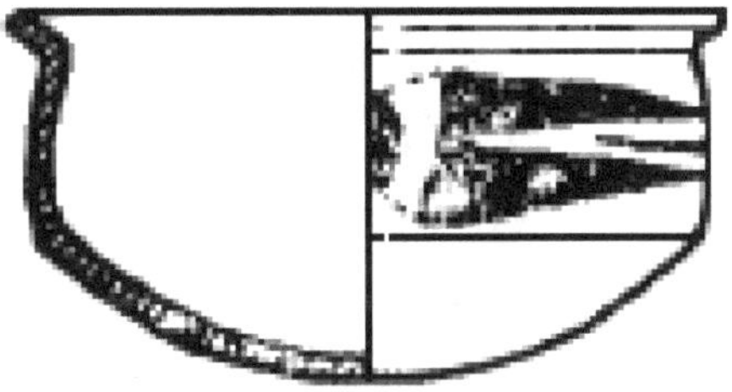

图 4-76　姜寨二期标本 VII 式 ZTH28M337：5 鱼纹

在出土的葫芦形陶瓶中，有 6 件绘画有鱼纹、鱼与人面纹、鸟纹等。如标本 II 式 ZTH8M168：3（图 4-77）和 ZTH12M238：4（图 4-78）腹部绘有变体鱼纹图案。

图 4-77　姜寨二期标本 II 式 ZTH8M168：3 鱼纹

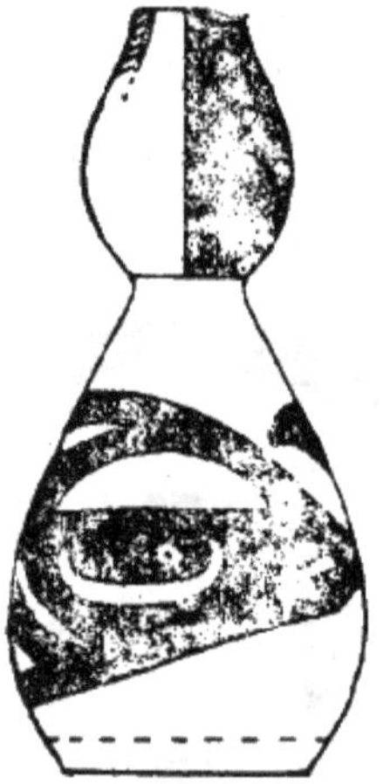

图 4-78　姜寨二期标本 II 式 ZTH12M238：4 鱼纹

再如 IV 式 ZTH14⑤：15，下腹部绘两组变体鱼纹图案（图 4-79），而 ZTH25⑤：4 下腹部绘黑彩变体鱼纹图案（图 4-80）。

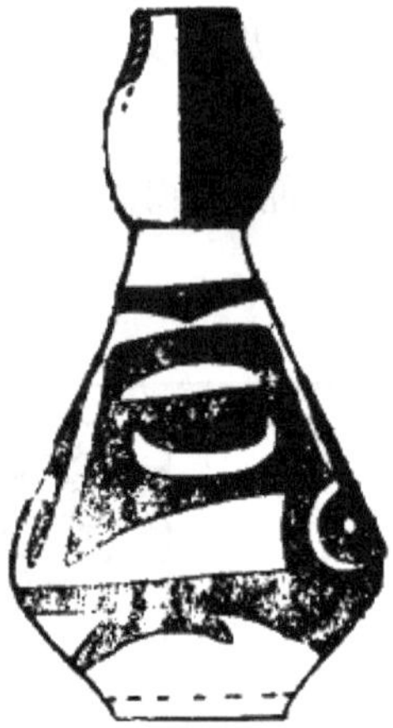

图 4-79　标本姜寨二期 IV 式 ZTH14⑤：15

图 4-80　标本姜寨二期 ZTH25⑤：4

姜寨第二期彩陶纹饰，除动物类图案鱼纹外，还包括人面纹、人面鱼纹、鸟纹、鱼鸟纹和猪纹等。

鱼鸟纹这类纹样多为基本抽象化的鱼、鸟图案，最有名的一件则是标本 IX 式 ZTH14H467：1，腹部绘有鸟纹两组，侧面绘有鱼纹和几何纹图案各一组，仔细辨认该器物图案还隐含着人面图案（图 4-81）。

图 4-81　姜寨二期标本 IX 式 ZTH14H467：1 鱼鸟图案

此类纹样还如 ZHT5M76：10（图 4-82）和 ZHT5M76：8（图 4-83），已经抽象得很难分辨。

图 4-82　姜寨二期标本 ZHT5M76：10 抽象化鱼鸟纹

图 4-83　姜寨二期标本 ZHT5M76：8 抽象化鱼鸟纹

已经发现的人面纹和人面鱼纹器物各 1 件，为尖底器残片和盆的残片。如人面纹标本 ZTH37H493：32 的尖底器残片，人面的耳朵两侧向外平伸后向上弯曲，曲端各连接一条小鱼；下颌两侧各有一条变体鱼纹（图 4-84）。另外一件盆的残片上有与之类似的人面，只是耳朵处无鱼纹（图 4-85）。

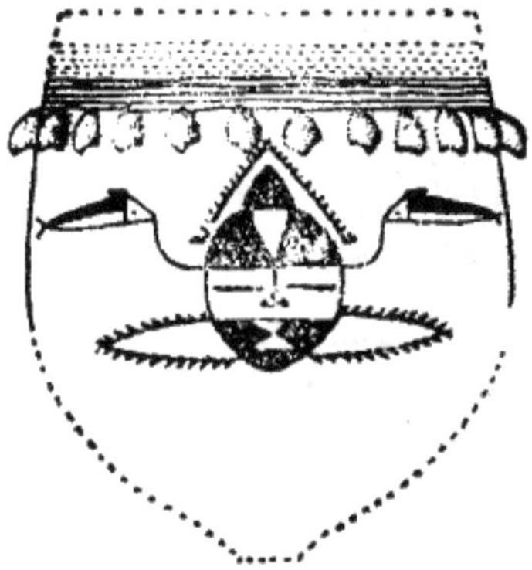

图 4-84　姜寨二期 ZTH37H493：32 人面鱼纹

图 4-85　姜寨二期陶盆残片人面纹

仰韶文化各遗址出土陶器上动物纹饰均以鱼为主要图案，其范围广，变化多样，有的与人纹图案结合，这充分说明鱼在仰韶文明中非同寻常的象征意义。归纳看来，学者对“人面鱼纹”的认识有如下一些典型的观点：①认为半坡的“人面鱼纹”包含着生动的生产斗争的意义；绘鱼纹和鹿纹可能是希望猎取更多的鱼和鹿；表现了爱美观念和强烈的审美意识的出现；是图腾信仰的标志。②半坡的“人面鱼纹”不是人面的图案，而是“水虫”形象的图案化，这种水虫很可能是龙虱或渔娘一类的东西。③人面的额部与颌部所绘的纹样，是纹身习俗的表现。④“人面鱼纹”反映了一种早已失传的神话。⑤“人面鱼纹”反映的是一种渔猎巫术仪式，体现了人们获取更多鱼的愿望。⑥半坡人可能奉鱼为图腾祖先，“人面鱼纹”是他们的图腾艺术。⑦人面即“飞头”——精灵，把人面与鱼、网绘在一起，意在人面促鱼入网。⑧“人面鱼纹”具有生殖旺盛的祝福意义。⑨“人面鱼纹”与天外来客有关。⑩“人面鱼纹”是“福”字的画面文字。综观这些观点，除少数具有合理内涵外，应该说大部分属于个人主观臆测。笔者比较赞同的是这种图案与某种信仰有关系，表现出某种原始人的宗教愿望。更进一步，笔者以为，这种“人面鱼纹”还可能具有另一种意义，那就是代表着一种自然神形象。

二、红山文化所反映的中国原始崇拜对象的形象

红山文化玉器主要出现在该文化晚期，距今5500~5000年。发现玉器的遗址有辽宁建平和凌源交界处的牛河梁遗址，阜新县胡头和福兴地，喀左县的东山嘴遗址，内蒙古巴林右旗那斯台和羊场、巴林左旗的葛家营子和尖山子、克什克腾旗的南台子、翁牛特旗三星他拉村、林西县的南沙窝子、宁城县打虎石水库等。红山文化遗址出土玉器中，动物纹饰与造型形象丰富，包括龙在内有鸟、兽、虫、鱼、龟。其种类丰富超过其他中原地区，应该是其接近游牧民族区域，受到游牧文化明显影响所致。红山文化区域发现的玉器，见诸正式发掘报告的数量有限，但收藏种类很多，本文选取的红山文化玉器图像皆来自《红山文化玉器》一书，在此一并说明[74]。

红山文化玉器与动物有关的可分为三大类，即造型为动物的装饰性玉器、造型中有动物元素（刻画或部分造型）玉器和人形与兽形结合类玉器。

（一）动物造型玉器

这类玉器中动物种类很多，其中主要包括龟、鸟、鱼、龙等（图4-86~图4-94）。从本节题目考虑，此类别玉器中的最初意向是崇拜动物形象，但在红山文化时期尤其是晚期阶段，其中许多单纯动物造型玉器应该主要起佩戴装饰作用，只有“龙”形玉器具有浓厚的精神崇拜意味。

图4-86　玉龟

图4-87　玉蝙蝠

[74] 张雪秋，张东中.《红山文化玉器》. 哈尔滨：黑龙江大学出版社，2010年.

图 4-88　玉鹰

图 4-89　玉鸟

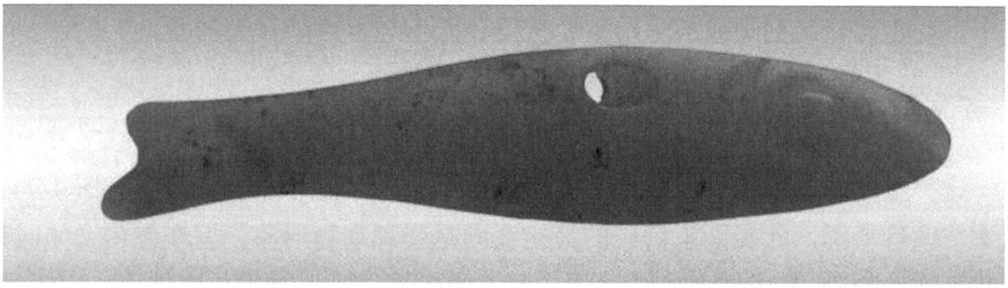

图 4-90　玉鱼形佩

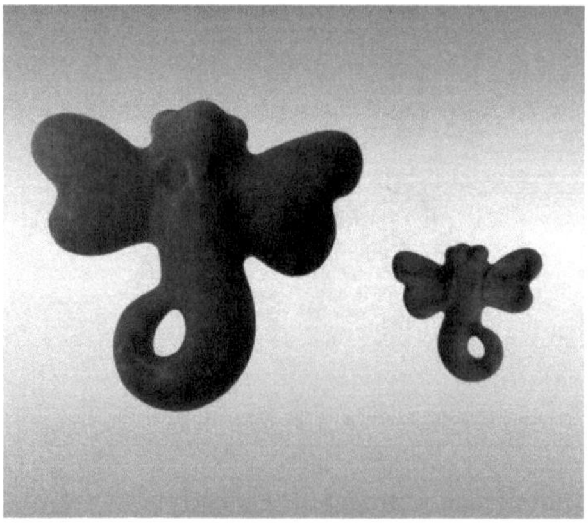

图 4-91　玉蜻蜓

图 4-92　玉蝉

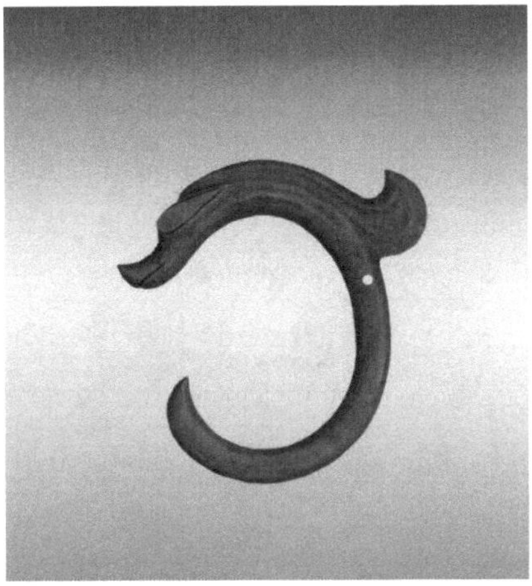

图 4-93　“C”形龙

图 4-94　玉猪龙

（二）玉动物造型器物

此类造型玉器虽然带有动物纹饰或部分造型，但其形制颇与后世的“六瑞”造型相似。如龙形式璜（图 4-95）、沟云形器或为琥（图 4-96），还有有名的璇玑形器（图 4-97，图 4-98）。从某种意义上说，以璜礼北方或是与龙造型有关，换句话说，就是由于龙与水相关才逐步形成以璜作为礼北方（五行属水）特定玉礼器。同样，西方以虎形玉器作为玉礼器具有类似的用意。

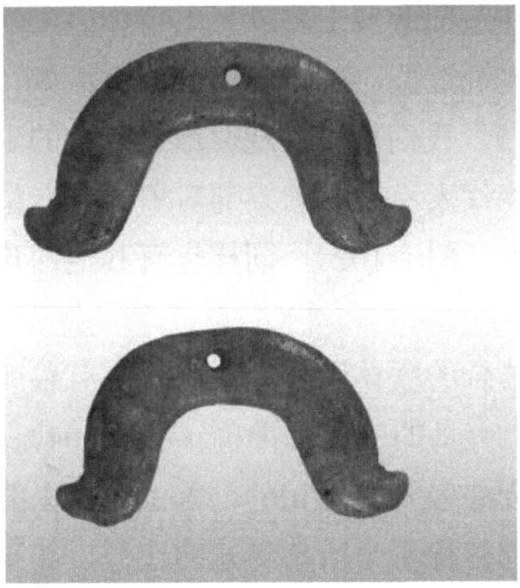

图 4-95　玉双龙形式璜

图 4-96　勾云形器（琥）

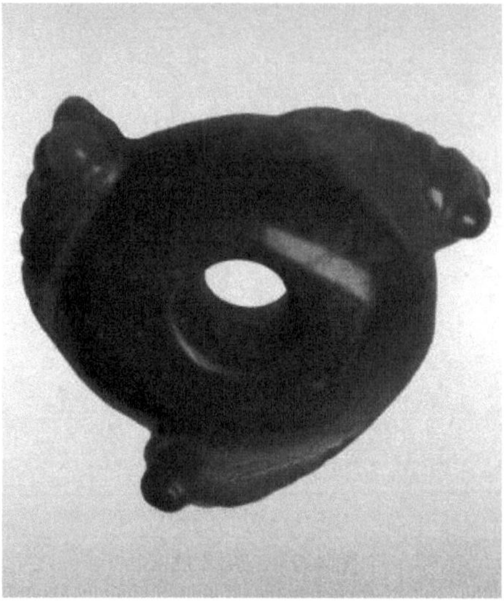

图 4-97　玛瑙蚕纹璇玑形器

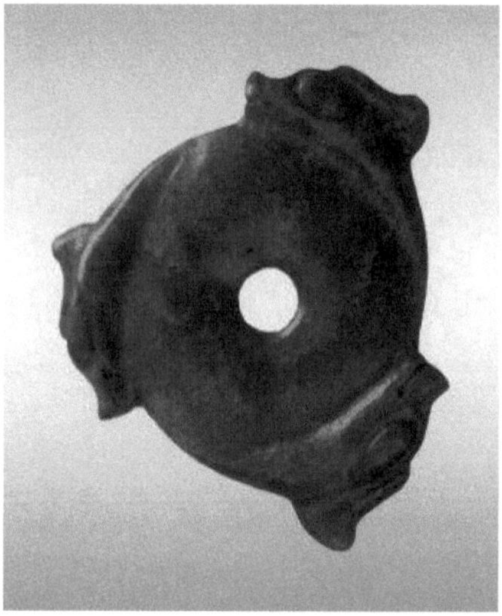

图 4-98　玉兽纹璇玑形器

（三）神（人）兽组合玉器

这里红山玉器从造型上看，主要是兽和人为主体，其体现的具体意义虽然难以认定，但其原始宗教崇拜意味深厚。神兽（人）类型红山玉器，作者认为均可视为神像类造型器。这类玉器最常见的造型是所谓“神兽”形象，其基本造型有二，头面清晰的兽形（图 4-99A）和头面不清晰的兽形（图 4-99B）。神兽或人的造型，其神性最主要体现在头部造型上，这种头部造型主要以大眼睛和巨大的角为特征。更为重要的是，此类神兽或人多成复合造型，其体现出的特点恰如《山海经》等文献描述一样（图 4-100，图 4-101）。我们可以发现，这些复合的玉器造型又各有特点，这种各有特点的造型，可能代表着不同的崇拜对象。如造型为牛面的神兽，为了增强其神性而雕成了四个角（图 4-102），同样也有其他四角造型的神兽（图 4-103）。

更为令人不解的是，许多造型都是上下结合的联体组合，形成兽上有兽或鸟或虫的联体，从而组合不同联体形式。如兽上有鸟的玉凤冠神兽（图 4-104）、玉鸟冠神兽（图 4-105），兽上有兽的玉上下复合神兽（图 4-106），兽上为昆虫的玉蝉冠神兽（图 4-107）。我们还可发现，下面神兽变更为所谓猪龙的造型，如玉鸟冠猪龙（图 4-108）。

A

B

图 4-99　玉抚膝蹲坐式神兽

图 4-100　玉角冠猎兽神人

图 4-101　玉兽首牛面鸟体复合型神兽

图 4-102　玉抚膝蹲坐式牛面神兽

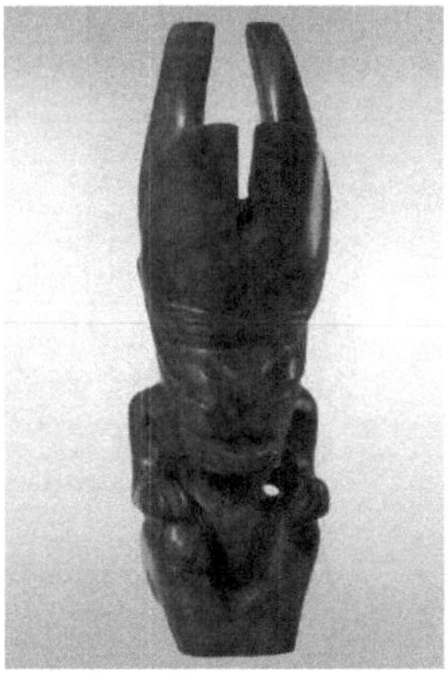

图 4-103　玉四角神兽

图 4-104　玉凤冠神兽

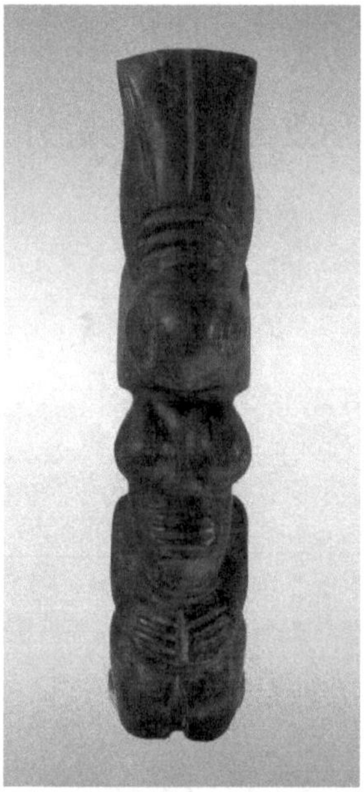

图 4-105　玉鸟冠神兽

图 4-106　玉上下复合神兽

图 4-107　玉蝉冠神兽

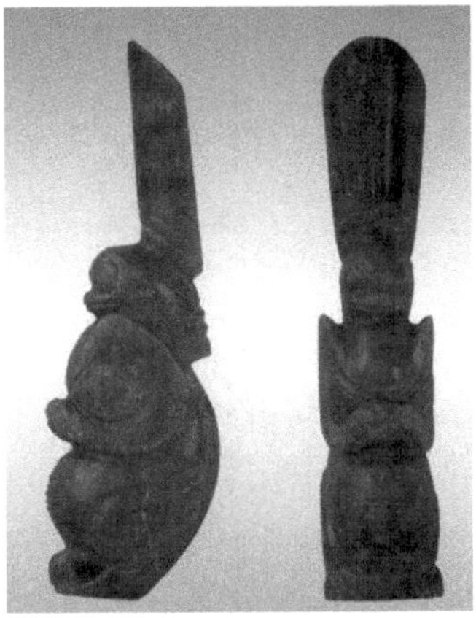

A

B

图 4-108　玉鸟冠猪龙

有关神人复合造型玉器，我们可以看到有人与鸟双重特征的器物，如玉鸟兽复合神器（图 4-109）和玉鸟神（图 4-110），这种器物鸟神崇拜信息明确。另外，更为明确的神人玉器也非常典型，如发现的玉裸体男人像（图 4-111）和玉袖手女神（图 4-112）。神人造型中，也有复合型造型，如人兽复合在一起的玉人兽复合型器（图 4-113）、玉猪龙腹神人（图 4-114），还有头顶鹰冠的玉鹰冠母神人（图 4-115）和头有三个高角的玉高冠人（图 4-116）。

图 4-109　玉鸟兽复合神器

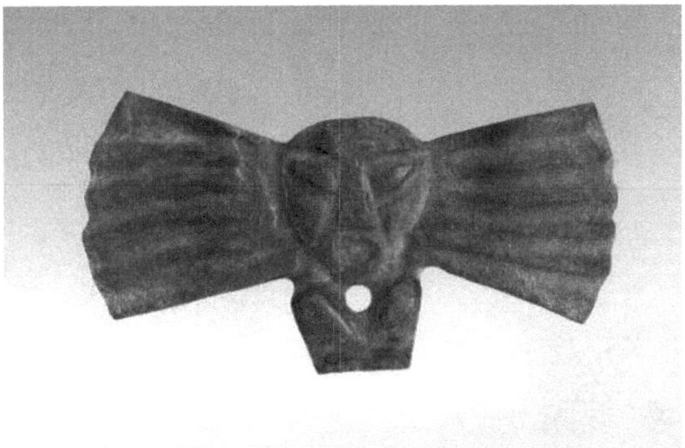

图 4-110　玉鸟神

图 4-111　玉裸体男人像

图 4-112　玉袖手女神

图 4-113　玉人兽复合型器

图 4-114　玉猪龙腹神人

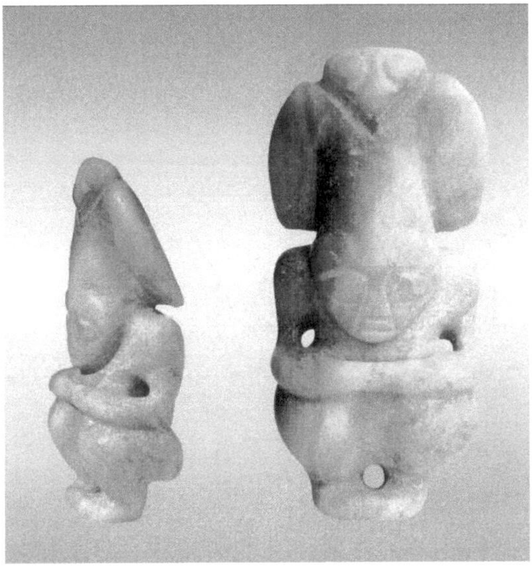

图 4-115　玉鹰冠母神人

图 4-116　玉高冠抚膝蹲坐式人

红山文化除去玉器外，还在牛河梁遗址女神庙中发现了泥塑动物像。这些泥塑形象主要有，发现于牛河梁女神庙的兽形（图 4-117）和鸟形泥塑（图 4-118）。此外，还有人形泥塑像发现，如牛河梁女神庙发现的女神像，个体不止一个[75]（图 4-119）。

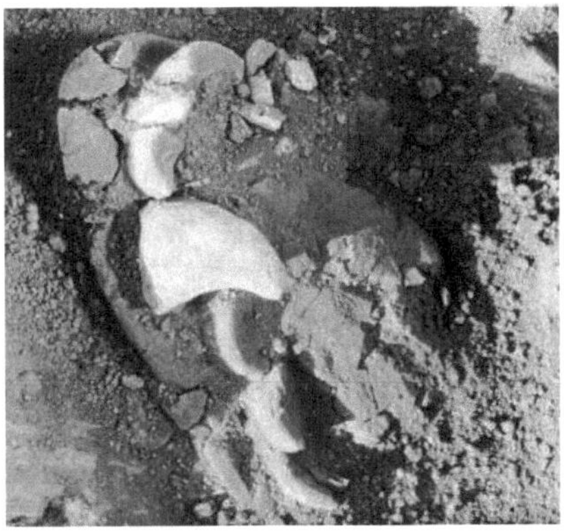

图 4-117　泥塑兽残迹

图 4-118　泥塑鸟残件

[75] 郭大顺.《红山文化》. 北京：文物出版社，2004 年.

图 4-119　女神像

关于红山文化动物造型玉器及泥塑的意义，张星德先生在《红山文化研究》一书中进行了比较全面的分析。概括起来看，他认为：红山文化玉器可以分为三类，即装饰类、动物崇拜类和礼仪类。熊、鸟与成排的大、小有别的女神像共同出土，应该不是神庙供奉的主要对象。考虑到同类器物在积石冢中被墓主人佩挂着，所以泥塑动物应该也不是祭祀的供品；从它们在神庙中也有出土的情况看，可能是一种在人（具有宗教神权的人）与神之间起上传下达作用的神性动物。那么动物形玉器应当具有相似的功用。张星德先生还综述了其他文化遗址出土的动物形器物情况，并结合了其他学者如王大有、张光直等的观点，均认为动物形器物是起沟通人神之间的使者的作用。其再进一步论述道：动物具有与神沟通的能力，我们相信是来自于人类向文明迈进进程中的上一个阶段——母系社会时期的图腾崇拜。认为随着父系社会出现，神的观念产生后，图腾圣物能使族人和其有着血缘的灵魂相沟通，它的沟通功能自然地被保留下来，在人与神的沟通中继续发挥重要信使和传递作用[76]。

笔者认为，红山文化众多动物类造型玉器，说明其有着丰富的原始动物崇拜内涵。单认为动物只是沟通人神之间的助手，则未必如此。我们看张星德先生在《红山文化研究》中，关于女神庙中动物泥塑像情况的描述：“红山文化居民在神

[76] 张星德.《红山文化研究》. 北京：中国社会科学出版社，2005 年.

圣的祭祀活动中，还倾其心血塑造了大量精致的泥塑形象。泥塑主要分人物像和动物像两种：其中在牛河梁女神庙发现的泥塑动物形象有两种，一为兽形（图4-117），一为鸟形（图 4-118）；前者的原型被认为是猪或熊。发掘所得虽都为残件，但已显示出庙内动物神是以兽与鸟为主要角色的。兽形残件分属两个个体，主室内发现的一个个体为兽头及其肢体上部。兽头有扁圆形的长吻，前端有两对称椭圆形鼻孔，吻上眼睛部分犹存。睛为泥塑，上下颚间獠牙毕露，体躯巨大，双足前伸，为四趾爪，侧二趾稍短。”从这种描述来看，在女神庙中出现的动物形象，当然不是祭祀品，这一点毋庸置疑。但是否就可以认为是沟通人神的助手，这里显然不能进行这种推断。第一，动物形象与女神形象在庙内究竟是如何摆放的，目前还没有明确的说法，而这是进行判断最重要的信息。第二，从塑像大小来看，动物与人大小之间不分主次。第三，动物像与女神像共处一室，其重要性不言而喻。第四，结合出土的玉器动物造型来看，动物在红山文化中明显具有非常重要的精神文化作用。所以，笔者认为，女神庙中的动物不是沟通人神的助手，而是人们崇拜的动物神或其代表的其他神灵形象。

三、良渚文化所反映的中国原始崇拜对象的形象

良渚文化遗址中所见有纹饰的玉器类型非常丰富，尤其是重要器物上都存在所谓“神人兽面”类纹饰。

（一）“神人兽面”纹玉器

这种纹饰典型是人、兽面和鸟纹组合形成，其中人与兽面结合在一起，而鸟纹则单独在其两侧（图 4-120）。神人兽面有时也以单独简化方式出现，呈神人面或兽面纹样（图 4-121）。有的器物上人面还可以分离开，形成比较抽象扭曲形式（图 4-122）。

在良渚文化遗址中具有上述纹饰的器物种类多种多样，这些种类的器物可以是玉半圆形饰（图 4-123）、玉锥形器（图 4-124）、玉柱形器（图 4-125）、玉琮（图4-126）、玉权杖（图 4-127）、玉琮式管（图 4-128）、玉龙纹管（图 4-129）、玉冠状器（图 4-130~图 132）、玉璜（图 4-133，图 4-134）、圆牌（图 4-135）、玉三叉形器（图 4-136）、玉牌饰（图 4-137）等。无论器物造型如何变化，其纹饰基本特征则是统一的，所反映的文化内涵非常稳定。

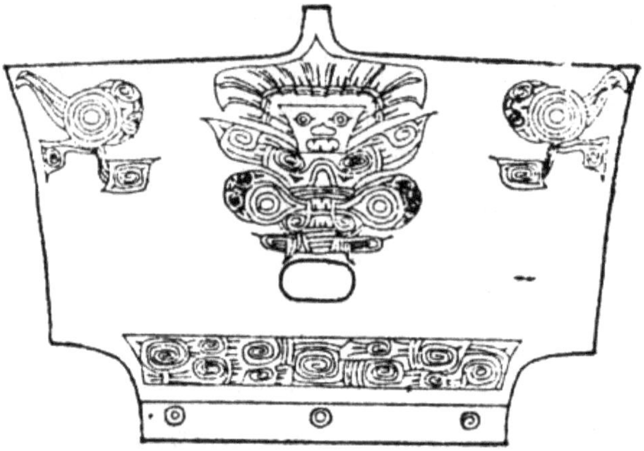

图 4-120 “神人兽面”与鸟纹整体图案（瑶山梯形冠）

图 4-121 典型“神人兽面”纹图案（反山玉琮）

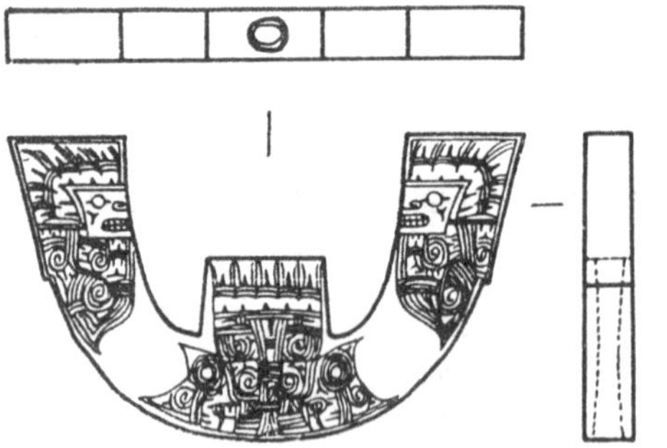

图 4-122 分离“神人兽面”纹图案（瑶山三叉形器）

图 4-123 玉半圆形饰（反山 M12）

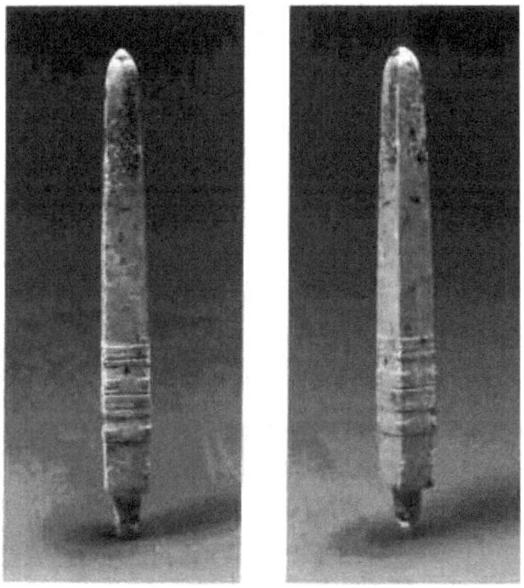

图 4-124　玉锥形器（反山 M12）

图 4-125　玉柱形器（反山 M12）

A　　B

图 4-126　玉琮（反山 M12）

图 4-127　玉权杖“瑁”立面与侧视（反山 M12）

图 4-128　玉琮式管（反山 M12）

图 4-129　玉龙纹管（反山 M12）

A

B

图 4-130　玉冠状器（反山M15 号）

图 4-131　玉冠状器（反山M17）

图 4-132　玉冠状器（反山M22）

图 4-133　玉璜（反山M16）

图 4-134　玉璜（反山M23）

图 4-135　圆牌（反山M22）

图 4-136　玉三叉形器（瑶山）

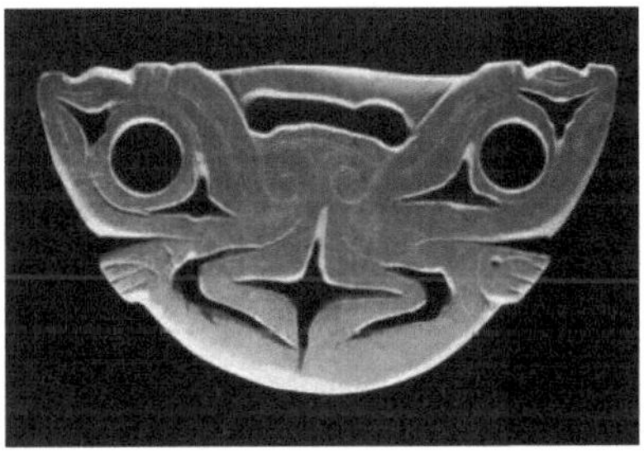

A

B

图 4-137　玉牌饰（瑶山）

（二）动物造型玉器

在良渚文化遗址中，除了上述神人兽面纹饰玉器外，还出现了一些动物种类造型的玉器。这类玉器随葬在墓中，可能有着某种不为我们所知的意义。这方面目前所见有玉鸟（图 4-138）、玉蝉（图 4-139）、玉龟（图 4-140）和玉鱼（图 4-141）等少数种类。

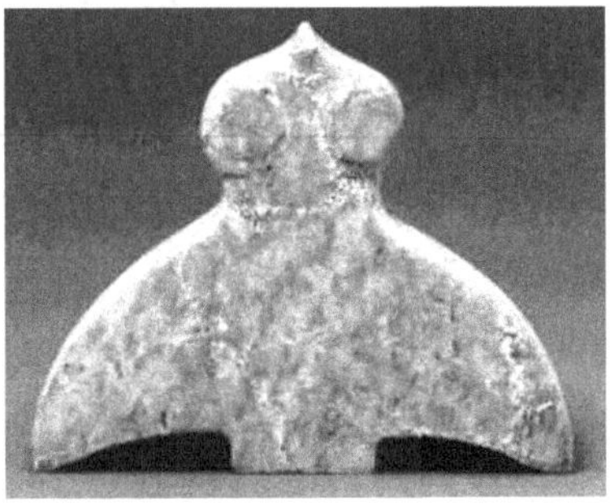

图 4-138　玉鸟（反山 M14）

图 4-139　玉蝉（反山 M14）

图 4-140　玉龟（反山 M17）

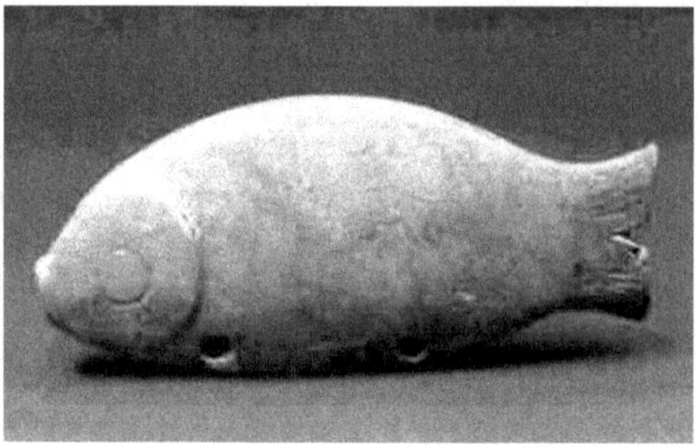

图 4-141　玉鱼（反山 M22）

（三）“神人兽面”纹含义

“神人兽面”纹究竟代表什么意义，目前学术界尚未能取得一致性意见。相关学者的观点非常多，与本文相关的主要集中在兽面动物原型、神人身份、神人与兽面之间的关系、图案原始宗教内涵等方面。

1. 兽面的动物原型

张明华、刘方复、汪遵国、陆思贤、尤仁德等学者主张兽面纹的动物原型是虎。如汪遵国认为：“如将兽头前腿联系起来观察，实际上是老虎张口露牙、弯腿伸爪的正面形象，从正面看弯曲的前腿当为侧面，这样伸出的尖长的爪甲就只露出三个了”[77]。张明华认为，良渚文化玉器上的兽面纹是老虎的形象，是虎形玉符[78]。陆思贤的观点认为，良渚文化的“神徽”，即有岁神的神格，“总体轮廓是跳跃式的虎面人形”[79]。

唐复年、王大有、王正书、殷志强、萧兵等则主张是猪。如唐复年认为：“从动物学的角度来看，神像兽形的巨齿獠牙，应是食肉类动物尖利的犬齿，并非虎所专有，古代动物中的所有食肉动物均有此特征，那时的猪也不例外，且其图像中的獠牙常封闭于上下唇内，显然就是犬齿。可能这种有獠牙的动物图像就是与人类生存关系密切的犬或猪之类的形象”[80]。而王大有更进一步认为：“它源于距今 6000~5000 年的崧泽文化陶器上的猪面形象，成熟于良渚文化，而且黄河流

[77] 汪遵国. 良渚文化神像的辨析.《中国文物报》，1991 年 4 月 28 日第 1 版.
[78] 张明华. 良渚玉符试探.《文物》，1990 年，第 12 期：第 32-36 页.
[79] 陆思贤. 在长江文化中见到的渔猎文明的曙光.《东南文化》，1993 年，第 3 期：第 22-31 页.
[80] 唐复年. 良渚文化玉器神人纹饰和有关诸问题.《故宫博物院院刊》，1993 年，第 3 期：第 76-85 页.

域及辽河流域都发现了这种豸面的玉琮，这是长江流域的豸韦部落及长江文化逐渐向北迁徙的结果”[81]。

李学勤、马承源、董楚平、林华东等主张是龙。如李学勤认为：“不管把图象看成神人的全身，或人、兽两个面孔，或戴有人面形冠饰的兽面，可能都是原设计者的目的。图象中的兽，即龙，本来是神话性的动物，是古人神秘信仰的体现，同时又是当时正在逐渐形成、增长的统治权力的象征”[82]。董楚平认为，羽冠象征鸟首，兽面象征龙身[83]。

邓淑平、刘斌、周泉南、赵国华、将蒋乐平、黄厚明等主张是鸟。其中黄厚明有非常详细的文章论述其鸟形象主张，其在系列文章中综述评判了各家动物原型观点，之后提出自己的主要观点。根据其发表的文章，黄厚明的主要观点可以概括叙述为：神人兽面纹图像中，上部神人面纹是鸟的人格化形象；兽面中的双眼代表日月，兽面口中的獠牙取法于鸟喙；神人兽面图像的下肢是两个对称的鸟连体形象[84]。

此外，还有人主张其他动物形象。如徐峰主张是龟，他认为兽面纹中的兽面是巫师通天的助手，并通过刻纹具有漩涡纹与龟背甲纹饰相似而主张兽面原型为龟[85]。还有周世荣则主张是鱼，“（兽面纹）为椭圆形重圈纹双眼、鱼嘴而不见兽角，故‘兽面纹’系‘鱼面纹’之误。良渚文化神徽其实是神人双手操鱼面的图形”[86]。

2. 神人与兽面之间关系

神人与兽面的关系，主要是两个方面，即神人与兽面是一体形象，还是神人与兽面是分体形象。主张人兽一体的有冯其庸等。冯其庸认为：“现在要思考的是这神人与兽面究竟是什么关系，为什么组合在一起？这里要说明的是这神人兽面虽然是两个头部或者说两个面孔，但却只有一个身子。这就是说，神人和兽面是合在一个身子上的，是一体”[87]。萧兵也认为：“‘兽面纹’在神人下半身的‘存在’是有目共睹、毫无疑义的。问题只在几乎所有的考古学家都不曾、不愿、也

---

[81] 王大有.《龙凤文化源流》. 北京：北京工艺美术出版社，1998 年.

[82] 李学勤. 良诸文化玉器与饕餮纹的演变.《东南文化》，1991 年，第 4 期：第 42-48 页.

[83] 董楚平. 良渚文化神像释义——兼与牟永抗先生商榷.《浙江学刊》，1997 年，第 6 期：第 100-103 页.

[84] 黄厚明. 良渚文化鸟人纹像的内涵和功能（上）.《民族艺术》，2005 年，第 1 期：第 44-51 页.

[85] 徐峰. 良渚文化玉琮及其相关纹饰的文化隐喻.《考古》，2012 年，第 2 期：第 84-94 页.

[86] 周世荣. 浅谈良渚文化玉璧的功能及其对中国货币文化的影响.《良渚文化玉璧专题学术讨论会论文》，1997 年：第 41-43 页.

[87] 冯其庸. 一个持续五千年的文化现象——良渚文化玉器上神人兽面图形的内涵及其衍变.《中国文化》，1991 年，第 2 期：第 105-110 页.

不敢承认‘兽面’的‘五官’同时也是神人某种不可或缺的器官，亦即它属一种‘兼体’的特种造型——所有的疑问和争论几乎都自此而来”[88]。

主张人兽分体的有董楚平、张明华等，董楚平认为：“良渚文化玉器上的神徽，通常称之为‘神人兽面纹’也不完全恰当，因为这起初始终把兽的前腿当作人的下肢的错误观察，看来称之为‘神人驭兽纹’或‘人兽组合纹’更为确切。”张明华在引述了张光直的兽面是“巫蹻”的观点后，进一步确认到：“巫师借助‘蹻’的脚力，上天入地与鬼神来往。良渚玉器上的兽面，张光直未说明是什么‘蹻’，但与原始巫术有直接渊源关系的中国古代道教历来就有龙、虎、鹿三蹻的说法。因此，我们可以依据前面的考证，将虎面玉符看作虎蹻的象征。”

3. 神人兽面的功能与作用

关于神人兽面的功能与作用，各家学者也颇多争议。如冯其庸认为：“这个凶猛而狰狞的兽面，是良渚人崇拜的图腾，它对内起保护作用，对外起威慑作用。至于上面那个神人，就是这个图腾的具有特定内涵的神灵。”

董楚平认为：“良渚文化神像的冠刻得那么大，那么精，难道真的只是为了介绍神的冠吗？神像于不显眼之处露出鸟爪，已暗示羽冠是象征鸟首。此神之形状既鸟首，又鸟爪，说明他是鸟神，是吴越地区传统的图腾神。”并进一步认为：“良渚文化的神像应释为人面、鸟首、龙身。良渚文化既崇拜鸟，又崇拜龙，两者的关系如何呢？根据太湖、钱塘江地区的历史文化背景，鸟应该是原生的信仰，是图腾；而龙是次生的信仰，是图腾以外的新神灵”[89]。

李学勤观点认为：“第一，将整个图象看作整体，也就是一个有两个面孔的人形。上方是戴羽冠的首部，其下为左右张开的双手，躯体有目有口，下方是踞坐的两足……第二，将图象看作上下两部分的重合。上方是人形的上半部，有戴羽冠的头和双手，下方是兽面，有卵圆形的目和突出獠牙的口，并有盘屈的前爪……第三，将图象看作以兽面为主，上面的人形是兽面的附属部分。人形的脸部作倒梯形，羽冠的轮廓也十分特殊，正好是良渚文化流行的一种玉冠的形状……以上说的三个层次的理解，在我看来彼此并不矛盾。这种图象所要表现的，正是人形与兽形（龙）的结合统一，如牟永抗所说是‘人兽合一’”[90]。

陆思贤则认为，这（神人兽面）是目前所见最典型的“人兽”图案，是多元

[88] 萧兵. 良渚文化玉器“神人兽面纹”新解.《东南文化》，1992 年，第 3、4 期：第 50-63 页.
[89] 董楚平. 良渚文化神像释义——兼与牟永抗先生商榷.《浙江学刊》，1997 年，第 6 期：第 100-103 页.
[90] 李学勤. 良诸文化玉器与饕餮纹的演变.《东南文化》，1991 年，第 4 期：第 42-48 页.

复合体的人格化神灵，它象征了天上飞的、水中游的、地上爬的，一切物类的精灵，而又突出人面与虎面，也可称为“人虎纹”图案，或简称“虎人”。

黄厚明观点认为，神人兽面表现的是良渚人的鸟祖形象。他认为：“那么，神像的含义到底应如何理解？笔者认为它是一种人格化的鸟神和日神结合而成的鸟祖形象……在前面的分析中我们可以看到，神像的构图包含着两个不同层次的复合：第一个层次，是指上、下部纹样的相互复合，其中包括完整复合和简化复合两种形式；第二个层次，是指上、下部纹样本身就是一种复合形式，其中，上部纹样是鸟、人图像的复合，下部纹样是鸟日（月）图像的复合。这种构图形式决定了我们对神像义涵的理解也应从两个层次上进行。首先，神像表现的是一个完整的鸟祖形象，其中，鸟的属性既体现在鸟祖的头部、上肢，也体现在鸟祖的躯体和下肢。这是神像意义的第一层次。其次，神像又是可以分解的，其中，上部的纹样表现的是一个人格化的鸟神形象，其意义指向等同于鸟祖；下部的纹样表现的是自然鸟神和日（月）神的复合形象，其造型已渗入人的因素。这是神像意义的第二层次”[91]。

笔者认为最值得大家重视的是卜工先生的观点，其在《历史选择中国模式》一书中对此有着比较有说服力的认识。卜工认为：“傩有特殊徽识，傩活动需要面具、道具和场地。傩舞者头戴面具，手持棍棒和盾牌，或‘执戈扬盾’，舞蹈过程中不断敲击，发出阵阵响声以驱赶恶鬼及灾疫，进而完成仪式。据此，可以推知更早的傩与这些基本要素不论在内容还是在形式方面都存在必然的联系。良渚玉器墓葬和其他出土遗迹现象的重要性正在于它充分地揭示出这种联系，可以将人们带回到那遥远的时代，身临其境地感受傩活动的氛围，遐想哪些被历史尘埃淹没已久的生动场面。因此，良渚特殊的纹样的实际意义就是傩徽”[92]。卜工先生的观点逻辑思维合理，许多问题能得到比较合适的解释，比较令人信服。

四、关于新石器器物动物形象的思考

仰韶文化陶器中，绘画动物纹样图案者占有的比例并不是非常高，大量器物上无绘画或为其他类型纹饰。这种情况说明，绘画动物纹饰应该具有某种特定内涵。同样，在良渚文化中，反映其文化特征的玉器上，刻画动物纹饰的比例也不是非常

[91] 黄厚明. 良渚文化鸟人纹像的内涵和功能（下）.《民族艺术》，2005 年，第 6 期：第 35-42 页.
[92] 卜工.《历史选择中国模式》. 北京：科学出版社，2009 年.

高，大量玉器上是没有纹饰的。从这些器物制作工艺看，无疑是当时最高级的器物，有些明显是非实用器物，换句话说这些器物已经具有礼器的作用。因此，礼器上的纹饰必然代表着某种象征性意义，这种象征性意义应该与三代时期青铜礼器上的纹饰一样。也就是说，三代礼器上纹饰意义是这些原始陶、玉礼器纹饰的延续。

仰韶文化的鱼纹与人面在一起，其作用应该与良渚文化的神人兽面鸟纹意义相同。鱼应该是其信仰的重要形象。良渚文化的鸟是否为天神意向？兽面为地神意向？而神人则无疑就是人神本身。或者我们可以看作神人所驱使的兽与鸟。则仰韶的图示与此雷同，鱼和鸟也是神人驱使的动物。这种驱使的动物，与神人在一起，自然也是具有神性的。这些动物形象，有的应该是动物神形象，有的可能代表其他神灵形象。如鱼既是鱼神，同时也是水神。鸟就是鸟神，也可能是太阳神等。在前面《山海经》中使四鸟讨论，曾有过论述。

第三节　古代文献所见中国原始自然崇拜对象的形象

如果对中国原始崇拜对象的形象进行文献学考察，我们同样会看到丰富的历史记载，尽管有些记载并不是正史中的记录。中国原始自然崇拜对象，从系统上可以分为天神、地祇两大类。这些神祇为人们奉祀是各有其具体形象的，这些形象也同样记录在浩如烟海的中国古籍之中。本节以《山海经》《搜神记》等古代文献为线索，讨论这些崇拜对象的具体形象，其关注点在其与动物之间的联系方面。

一、天神形象

天神方面，包括至上神的天神，天体神的日、月、星，气象神的风、雨、雷等。其中与动物形象有关的主要包括天体神日、月，气象神风、雨和雷。

（一）日神形象

何星亮在《中国自然神与自然崇拜》著述中，罗列了五种日神形象[93]，其中与动物有关的日神形象是鸟。鸟与太阳相关，除了上面章节所论诸多文物遗存中发现所见外，在古籍中同样有所反映。鸟作为日神形象，其主要原因除太阳的运

[93] 何星亮.《中国自然神与自然崇拜》. 上海：三联出版社，1992 年.

动与鸟一样都是在天上外，还有一个更重要的原因。在《山海经·大荒东经》中记载有："汤谷上有扶木，一日方至，一日方出，皆载于乌。"这种古文献记载，其实质是古人观察到太阳中存在黑子形象，而比附为鸟，并提出太阳运动的原因是由这个鸟来驮负的。日中有鸟，在《五经通义》中也明确提出："日中有三足乌。"在中国传统文化中，神与其所利用的脚力之间往往具有同格意义。一般情况下，神与脚力同时出现在一个形象中，而有时也以神的脚力来代表神的形象。以此来考察，上面章节所述的新石器时代出土玉器上的图案，此类形象是比较普遍的，如良渚玉器上的神人及其兽面纹样，即有神人与兽面同时存在的形象（图 4-121）。日神崇拜是中国古代主要自然崇拜形式，是古代人们对光明的向往心理的外在形式。《广雅》曰："日名朱明，一名耀灵，一名东君，一名大明，亦名阳乌"，已经道明了这种文化心理。

（二）月神形象

在中国传统文化中，与月神形象有关的动物形象是蟾蜍和玉兔。目前认为最早记述月与蟾蜍有关的文献是楚辞，屈原的《天问》中有句："夜光何德，死而又育？厥利维何，而顾菟在腹"[94]。著名学者闻一多先生认为"顾菟"二字即是蟾蜍之音。此外，作为人形象的月神嫦娥（姮娥），也与蟾蜍有关。晋代干宝《搜神记》卷十四中，也有关于嫦娥的记载："……嫦娥遂托身于月，是为蟾蜍。"那么，为什么月神形象要用兔子和蟾蜍或嫦娥来代表？其实月神的动物形象选择，无论是蟾蜍还是兔子，都是受阴阳五行思想影响的结果。汉代张衡《灵宪》曰："月者阴精之宗，积而成兽，象蜍兔。"又曰："羿请不死之药於西王母，姮娥窃之奔月宫，姮娥，羿妻也，服药得仙。奔入月中为月精"[95]。其实，这种"阴精"就是月亮上面的阴影区，也就是现代科学观察证明的所谓"月海"形象。但无论如何，存在活着动物或人神的月亮，作为古人心中寄托美好理想的对象，即使在今天也同样令人遐想，这也许就是文化的力量。

（三）雷神形象

雷神是中国古代最重要的天神，其崇拜历史非常久远。雷神的形象也有

[94] 游国恩.《天问纂义：楚辞注疏长编第二编》. 北京：中华书局，1982 年.
[95] 张衡撰.《灵宪》. 见（唐）瞿昙悉达撰.《开元占经》卷一. 载《四库数术丛书》（文渊阁本）. 上海：上海古籍出版社，1993 年.

多种形式，其中与动物形象有关的是龙（蛇）雷鸟和雷兽。《山海经·海内经》：“雷泽中有雷神，龙身而人头，鼓其腹则雷。”在中国古代传说中黄帝与蚩尤的战争，黄帝曾经利用一种海里的“夔牛”之皮作鼓，其“声闻五百里，以危天下”。

雷神另一种动物类形式是豕首鳞身。《酉阳杂俎·前集》卷八：“贞元年中，宣州忽大雷雨，一物坠地，猪首，手足各两指，执一赤蛇啮之。”《太平广记》卷三十九引《录异记·徐俐》：“（雷神）身二丈余，黑色，面如猪首，角五六尺……”。雷神还有一个动物形式则为猴子，《搜神记》卷十二：“（雷神）……唇如丹，目如镜，毛角长三寸余。状似六畜，头似猕猴。”而这些动物形式的雷神，最终也都由人形所取代。雷作为最重要的自然现象，其在人们心目中的影响是巨大的。在《易经》中，雷作为八卦之一的震卦，是后天八卦的首位卦，所谓“帝出乎震”。而且在道教系统中，雷神也是天部神中最主要的神灵。

（四）风神形象

与动物有关的风神形象有几种，其中鸟类作为风神形象主要是凤鸟及传说中的飞廉。《风俗通》曰：“飞廉，风伯也，风师，箕星也。”兽类中，犬是风神的动物形象。在《山海经》中记载的一种名为山猝的怪物，具有风神的特征。如在《山海经·北山经》中有：“有兽焉，其状如犬而人面，善投，见人则笑，其名曰山猝，其行如风，见则天下大风。”翻译成现在意义就是这种怪兽行动迅疾，会带来大风。犬作为风神形象的原因，目前还无法直接予以说明。从考古发现而言，犬作为牺牲在古代是很普遍的现象，或许犬作为祭祀风神的特别牺牲而最终成为其形象，不得而知。《十洲记》曰：“炎州，在南海中，上有风生兽，似豹，青色，状如狸，以铁椎锻其头，数十下乃死，张其口向风，须臾而起。”这则后起的动物风神形象，似乎并不比《山海经》中的明确。

（五）雨（水）神形象

中国自古以来以农业为主，因此，在各种自然崇拜现象中，关于雨水的崇拜特别重要而普遍。有研究认为，雨神是比雷神后出现的自然神形式，原来控制雨水的神是雷神。雨神则是由于其在农业生产中的重要性而分化出来的。这种认识可能也并非完全正确，因为雨神的最主要形象是龙，考古学证实其出现的历史非常久远，如西水坡发现的蚌塑龙[96]（参见第七章图 7-12）、地面卵石龙[97]等。因此，说雨神比雷神晚似乎有些勉强。在中国最重要的经典《易经》中，水与雷一样也是基本的八卦之一。而且在五行顺序中，水居于首位，即天一生水（太一生水）。龙作为控制水的动物形象，出现在黄帝征战蚩尤传说当中。《山海经·大荒北经》记载说："蚩尤作兵伐黄帝，黄帝乃令应龙攻之冀州之野。应龙蓄水。"另外，《遁甲开山图》记载曰："绛北有阳石山，中有神龙池。黄帝时，遣云阳先生养龙于此，为历代养龙之处。国有水旱不时，即祀祠请雨。"这说明，龙作为一种动物是可以人工饲养的。祭龙求雨是中国民间十分普遍的现象，直到今天还有遗存习俗，反映古代人们是把龙当作雨水之神来崇拜的。

另外作为水神形象的动物则是猪。要说明猪是水神形象，不象龙那么容易让人联想接受，因此还需要做一番特别说明。其实已经有多位学者对此问题进行了多方面疏证。学者多认为古文献中所称的封豨就是猪，如《淮南子·本经篇》："禽封豨于桑林。"高诱注："封豨，大豕，楚人谓猪为豨也。"闻一多引用古代文献进行的研究认为，猪和雨水、沟渎等有关联，证明河神就是封豨。在《山海经》中，同样存在以猪形象为主的神灵，也应该是与水有关的神灵。如《山海经·海外西经》："并封在巫咸东，其状如彘，前后皆有首，黑。"蠪蚳："有兽焉，其状如彘而有角，其音如号……食之不眯。"

学者认为，古代以猪为水神是观察到猪与下雨之间有行为学相关性，即猪由于夏季暴雨前闷热而常浴于水中。其实，猪与水有关最重要的文化原因乃是猪的体色。猪一般体色为黑色，而阴阳五行学说中的水色正是黑色，由此二者对应，猪于是就在十二地支配位中代表北方的水位之一的"亥"，"亥"之甲骨文正是代表猪义的"豕"字。正因为猪为水神主要是文化理论方面产生的，所以才不如龙那么著名。

除去龙、猪水神形象外，还有一种与雨水有关的动物，那就是蛤蟆。历史上蛤蟆也有作为祈雨对象的记载，如《焦氏易林》中有文曰："蛤蟆群坐，从天请雨，应时则下，得其愿所。"蛤蟆属于两栖动物，与水关系密切，其习性确实与气象关系很大。一般在暴雨前其鸣声很大，可以预示天气变化。因此，蛤蟆作为雨神代表是具有其现实基础的。

[96] 濮阳市文物管理委员会，濮阳市博物馆，文物工作队. 河南濮阳西水坡遗址发掘简报.《华夏考古》，1988 年，第 1 期：第 1-4 页.
[97] 杜振明，于新超. 辽宁发现龙形堆石.《新华社每日电讯》，1994 年 10 月 13 日.

二、地祇形象

地祇方面，包括山神、土地、水神、火神、石神等，其中与动物形象相关的主要有山神、水神、火神和石神。

（一）山神形象

山神是中国古代最重要的地祇，其观念反映了古代人们对山的依赖与崇敬。山神最早的形象是山体本身，随后则主要以动物形象为主。

《山海经》中有关于远古山神形象及其祭祀礼仪的明确记载，这些被称为山神的形象多为半人半兽。在《山海经》中，山系不同，其山神形象也不同。归纳整个《山海经》中山神形象，我们发现，山神形象还存在一些特点，即山神形象因山的重要性而祭祀礼仪有差异，即存在等级现象。以下是《山海经》中各山系山神具体形象，这些形象反映着古老的信仰观念。

1.《南山经》山神形象

南山经“凡鹊山之首，自招摇之山，以至箕尾之山，凡十山，二千九百五十里。其神状皆鸟身而龙首”（图 4-142），南次二经“凡南次二经之首，自柜山至于漆吴之山，凡十七山，七千二百里。其神状皆龙身而鸟首”（图 4-143），南次三经“凡南次三经之首……其神皆龙身而人面”（图 4-144）。

图 4-142　南山经之首山神

图 4-143　南次二经之首山神

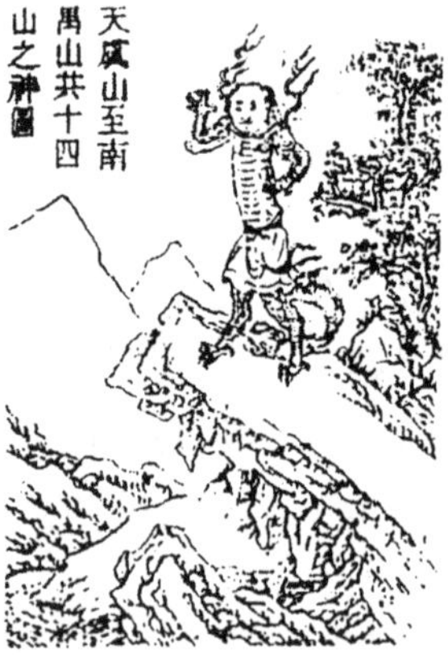

图 4-144　南次三经之首山神

2.《西山经》山神形象

西山经首没有说明山神形象，其山神为羭山之神，“凡西经之首……羭山，神也”（图 4-145），西次二经“凡西次二经之首……其十神者，皆人面而马身。其七神者皆人面而牛身，四足而一臂，操杖以行，是为飞兽之神”（图 4-146，图 4-147），西次三经“凡西次三经之首……其神状皆羊身人面”（图 4-148）。

图 4-145　西山经首羭山神

图 4-146　西次二经之首十神

图 4-147　西次二经之首七神

图 4-148　西次三经之首山神

3.《北山经》山神形象

北山经中的北次四经没有说明具体形象。北山经“凡北山经之首……其神皆人面蛇身”（图 4-149）。北次二经“凡北次二经之首……其神皆蛇身人面”（图 4-150）。北次三经“凡北次三经之首……其神状皆马身而人面者廿神……其十四神状皆彘身而载玉……其十神状皆彘身而八足蛇尾”（图 4-151~图 4-153）。

图 4-149　北山经之首山神

图 4-150　北次二经之首山神

图 4-151　北次三经之首廿神

图 4-152　北次三经之首十四神

图 4-153　北次三经之首十神

4.《东山经》山神形象

东山经“凡东山经之首……其神状皆人身龙首”（图 4-154），东次二经“凡东次二经之首……其神状皆兽身人面载觡”（图 4-155），东次三经“凡东次三经之首……其神状皆人身而羊角”（图 4-156）。

图 4-154　东山经之首山神

图 4-155　东次二经之首山神

图 4-156　东次三经之首山神

5.《中山经》山神形象

中山经中有九座山系山神有具体形象，还有的山系中没有具体山神形象。中山经中次二经“凡济山之首……其神状皆人面而鸟身”（图 4-157）。中次四经“凡厘山之首……其神状皆人面而兽身”（图 4-158）。

图 4-157　中山经济山之首山神

图 4-158　中山经厘山之首山神

中次七经“凡苦山之首……其十六神者，皆豕身而人面。苦山、太室、少室，皆冢也。其神状皆人面而三首”（图 4-159，图 4-160）。

图 4-159　中山经苦山之首十六神

图 4-160　中山经苦山、太室、少室山神

中次八经“凡荆山之首……其神状皆鸟身而人面”（图 4-161）。中次九经“凡岷山之首……其神状皆马身而龙首”（图 4-162）。

图 4-161　中山经荆山之首山神

图 4-162　中山经岷山之首山神

中次十经“凡首阳山之首……其神状皆龙身而人面”（图 4-163）。中次十一经“凡荆山之首……其神状皆彘身而人首”（图 4-164）。中次十二经“凡洞庭山之首……其神状皆鸟身而龙首”（图 4-165）。

图 4-163　中山经首阳山之首山神

图 4-164　中山经荆山之首山神

图 4-165　中山经洞庭山之首山神

有关《山海经》中山神形象情况归纳如表 4-1 所示。通过表 4-1 中列举山神形象我们可以看出，中国远古山神形象是由动物及人的形象组合而成的。按照《山海经》中的文字叙述，我们这里将不同组合的山神形象划分为人、人和动物、动物和人及动物和动物等 4 种类型。《山海经》中山神的这种复合形象是有其深刻内涵的，透过山神的影子，我们似乎感觉到这些山神与原始先民之间的那种依赖情怀。尤其是那些直接有人的形象的山神更是如此。如南次三山系列诸神皆“龙身而人面”、西次二经山系列皆“人面马身”和“人面牛身”、西次三经山系皆“羊身人面”等。至于为什么会形成这种现象，其深刻的内在原因有待我们进一步考察。

表 4-1　《山海经》中各山系山神形象

地理位置	山神形象	原型动物	组合类型
《南山经》			
鹊山之首	鸟身龙首	鸟、龙	动+动
南次二山之首	龙身鸟首	鸟、龙	动+动
南次三山之首	龙身人面	龙	动+人
《西山经》			
西次二经	人面马身	马	人+动
	人面牛身	牛	人+动
西次三经之首	羊身人面	羊	动+人
《北山经》			
北山经之首	人面蛇身	蛇	人+动
北次二经之首	蛇身人面	蛇	动+人
北次三经之首	马身人面	马	动+人
	彘身而载玉	猪	动+石
	彘身而八足蛇尾	猪	动+动
《东山经》			
东山经之首	人身龙首	龙	人+动
东次二经之首	兽身人面载觡	兽	动+人
东次三经之首	人身羊角	羊	人+动
《中山经》			
凡济山之首	人面鸟身	鸟	人+动
凡厘山之首	人面兽身	兽	人+动
凡苦山之首	豕身人面	猪	动+人
	人面三首		人
凡荆山之首	鸟身人面	鸟	动+人
凡岷山之首	马身龙首	马、龙	动+人
凡首阳山之首	龙身人面	龙	动+人
凡荆山之首	彘身人首	猪	动+人
凡洞庭山之首	鸟身龙首	鸟、龙	动+动

此外，《山海经》中还记载了许多有名字的山神，这些山神形象也都与动物有关。具体情况见表 4-2。

表 4-2 《山海经》中的其他有名称山神形象

地理位置	神名	神的形象	原型动物	组合类型
钟山	鼓	人面龙身	龙	人+动
槐江山	英招	马身人面，虎纹鸟翼	牛	人+动
昆仑丘	陆吾	虎身而九尾，人面虎爪	虎	动+人
嬴母山	长乘	状如人而豹尾	豹	人+动
玉山	西王母	状如人而豹尾、虎齿	虎、豹	人+动
天山	帝江	状如黄囊，六足四翼，混敦无面目	鸟	动+人
泑山	蓐收	人面、虎爪、白尾	虎	人+动
刚山	身魄	人面兽身一足一手	兽	人+动
崦嵫山	孰湖	马身鸟翼人面蛇尾	马、鸟、蛇	人+动
发鸠山	精卫	文首白喙，赤足	鸟	动+人
青要山	魋武罗	人面豹文	豹	人+动
和山	泰逢	如人虎尾	虎	人+动
骄山	蟲围	人面羊角虎爪	羊、虎	人+动
光山	计蒙	人身龙首	龙	人+动

结合表 4-1 和表 4-2 山神形象，可以发现，山神形象随着时代发展而富于变化，目前比较明确的山神形象多记载于各类地方志类文献中。与《山海经》不同的是，近代记载的山神形象多为虎或熊类等猛兽形象。如东北地区的山神形象是老虎，这些在各地方志中有明确记载。如《海城县志》："……或曰，山中居民称虎为山神爷，而立庙祀之"[98]。《义县志》："山中居民或畏虎，遂称虎为山神爷，而立庙祀之。庙亦若土地庙，然平原崇奉者较寡"[99]。《双城县志》："山中居民最畏虎，遂称虎为山神爷，而立庙祀之"[100]。《宝清县志》："山中居民最畏虎，遂称虎为山神爷，故立庙祀之"[101]。

（二）水神形象

与雨神相同的是，作为水神最主要的动物形象为龙，其情况已如上述。除龙形象外，还有许多陆地上的水神形象。如《山海经·海内北经》："从极之渊深三百

[98] 杨金庚.《海城县志》. 银川：宁夏人民出版社，2007 年.
[99] 王鹤龄，等.《义县志》. 民国 20（1931）年.
[100] 张鼐铭.《双城县志》. 民国 15（1925）年.
[101] 齐耀珷，等修. 韩大光.《宝清县志》（铅印本）. 民国 25（1936）年.

仞，维冰夷恒都焉，冰夷人面，乘两龙。一曰忠极之渊”（图 4-166）。《大荒东经》：“东海之渚中，有神，人面鸟身，珥两黄蛇，践两黄蛇，名曰禺虢。黄帝生禺虢，禺虢生禺京。禺京处北海，禺虢处东海，是惟海神。”《海外东经》：“朝阳之谷，神曰天吴，是为水伯。在虹虹北两水间。其为兽也，八首人面，八足八尾，皆青黄”（图 4-167）。在《尚书·中候》曰：“伯禹曰：臣观河伯，面长人首鱼身，出水曰：吾河精也，授臣河图”。

图 4-166　河神冰夷

图 4-167　水神“天吴”

（三）方向神形象

在中国文化中，东南西北中即五方，其每个方向都与一个五行对应，同时也与一个代表五行的神对应，而这五位方向神人又都由古代传说帝王人物对应。五位方向神形象也同样有具体的动物形象，这些内容在古籍《山海经》、《礼记·月令》、《吕氏春秋》等有明确记载。

1. 东方神形象

《山海经·海外东经》：“东方巨芒，鸟身人面，乘两龙。”《礼记·月令》：“孟春之月。日在营室。昏参中，旦尾中。其日甲乙，其帝太皞，其神句芒。其虫鳞”（图 4-168）。

2. 南方神形象

火神也是古代人们重要祭祀对象，其形象也有与动物相关的。炎帝《史记正义》引《帝王世纪》：“神农氏，姜姓也。母有蟜氏……感生炎帝。人首牛身，长于姜水。有圣德，以火德王，故号炎帝。”祝融，《山海经·海外南经》：“南方祝融，兽身人面，乘两龙。”郭璞注曰：“火神也。”《礼记·月令》：“孟夏之月。日在毕。昏翼中，旦婺女。其日丙丁，其帝炎帝，其神祝融。其虫羽”（图 4-169）。

图 4-168　东方句芒

图 4-169　南方祝融

3. 西方神形象

《山海经·海外西经》：“西方蓐收，左耳有蛇，乘两龙。”代表西方的神还有著名的西王母，其形象与动物也有关系。《山海经·西山经》：“西王母其状如人，豹尾虎齿而善啸，蓬发戴胜，是司天之厉及五残。"《礼记·月令》："孟秋之月。日在翼。昏建星中，旦毕中。其日庚辛。其帝少皞，其神蓐收。其虫毛"（图4-170）。

图4-170　西方蓐收

4. 北方神形象

《山海经·海外北经》："北方禺强，人面鸟身，珥两青蛇，践两青蛇"（图4-171）。《礼记·月令》："孟冬之月。日在尾，昏危中，旦七星中。其日壬癸。其帝颛顼，其神玄冥。其虫介。"《山海经》曰："剡山有兽焉，名曰合窳，见则天下大水，其上有水焉，甚寒而清，帝台之浆水也。"

图4-171　北方禺强

5. 中央神形象

中央作为一个方位，应该要比四方位置观念要晚。考察《山海经》中的记载，虽然已经有中山系统，但并没有中央神形象出现。但在《礼记·月令》中却记载有："中央土。其日戊己。其帝黄帝，其神后土，其虫倮。"中央土神为黄帝。

关于方向观念，笔者认为其形成和发展大致是：先有左右位置或东西观念，左右位置观念是以人体为坐标，区分为左右。东西方向则是一个地理方向观念，其形成是对太阳升起和落下观察的结果。上述左右或东西方向观念是早期人们的二分方向观念产物。其后，人们观念上发展出了四方观念，在人体出现了前后左右，地理上对应出现了东南西北观念。此后，人们又有了八方观念，就是所谓的八卦方位。这些方位或方向，都是平面方位或方向观念。

随着人们抽象思维的进一步深入，又产生了所谓的五方观念，即加上自身或观察坐标地所在为第五个方位，这种观念则是更抽象的观念。另外更抽象的六方、七方观念也出现了，这种观念已经是立体方向观念了。上面这些方向神形象的出现与否，反映着这些方位观念产生的顺序。我们在以前的著作中曾经论述过所谓的"神巫双兽"图案，认为那种图案反映的动物崇拜其内涵则是神权（皇权）形象[1]。其实，这种图案也是某种方向神的体现，即左右分开的两个动物，也代表着左右或东西方向神。如果认可这一观点，则二分方向观念至少在西水坡遗址时代（约 6000 年前）就已经存在。到了四方观念时代，动物作为方向神出现的则是在二分方向之上的增加，即加上所谓的鸟和龟。

三、人神形象

（一）伏羲形象

伏羲也称包牺，其作为中华文明开创者自古至今受到人们的敬仰，是中华民族的人文始祖。《易》曰："古者庖牺氏之王天下也，仰则观象於天，俯则观法於地，观鸟兽之文，与地之宜，近取诸身，远取诸物，於是始作八卦，以通神明之德，以类万物之情，作结绳而为网罟，以佃以渔，盖取诸离。"关于伏羲的形象，正史中并没有明确记载。但在其他非正史古籍中却有提及，如《帝王世纪》记载曰："太昊帝包牺氏，风姓也，蛇身人首"（图 4-172）。晋代人王嘉的《拾遗记》也有文曰："禹凿龙关之山，亦谓之龙门。至一空岩，深数十里……有兽如豕，衔夜明之珠，其光如烛……又见一神，蛇身人面。禹因与语……蛇身之神，即羲皇也。”这里借大禹梦中所见而言伏羲神的形象，其动物形象亦是蛇身[102]。

（二）女娲形象

女娲是中国传说时代一位重要的人神，其传说在《淮南子》曰：“往古之时，四极废，九州裂，天不兼覆，地不周载，猛兽食精民。精，善也。鸷鸟攫老弱，於是女娲炼五色石，以补苍天，断鳌足，以立四方极，鳌，大龟也。苍天神，四极正，淫水涸，冀州平，狡虫死，精民生，背方州，抱圆天。”也就是女娲曾经重建了古时的天地秩序，从而造福人民。关于女娲神的形象，在《帝王世纪》有记载曰：“帝女娲氏，亦风姓也，承包牺制度，亦蛇身人首，一曰女希，是为女皇”（图 4-172）。说明其形象与伏羲是一样的，所以后世画像中常将二者并在一处，共同作为中国文化的开端神像。

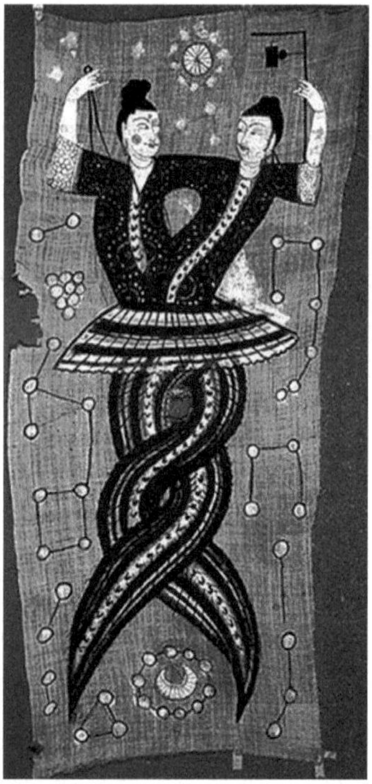

图 4-172　伏羲女娲像

[102] 马玉堃，李玲.《中国古代生物文化概论》. 哈尔滨：东北林业大学出版社，2005 年.

（三）神农形象

神农是中国远古时代的“三皇”之一，《易经》曰：“神农氏作，斫木为耜，揉木为耒，耒耨之利，以教天下，盖取诸益，日中为市，致天下之货，交易而退，各得其所，盖取诸噬嗑。”有关神农的形象，在《艺文类聚》引《帝王世纪》中记载曰：“炎帝神农氏，姜姓也，人身牛首，长於姜水，有圣德，都陈，作五弦之琴，始教天下种穀，故号神农氏。”从其形象而言，明显与伏羲女娲有别，似乎说明他们不是同一氏族部落人物（图 4-173，图 4-174）。

图 4-173　现代神农雕像

图 4-174　汉画像石中的牛首神人像

（四）黄帝形象

黄帝是中华民族共同的祖先，是所谓的“五帝”之首。《史记·五帝本纪》记载曰：“黄帝者，少典之子，姓公孙，名曰轩辕。生而神灵，弱而能言，幼而徇齐，长而敦敏，成而聪明。”并没有关于其形象文字记录。有关黄帝的形象，在《山海经·海外西经》有记载曰：“轩辕之国在此穷山之际，其不寿者八百岁。在女子国北。人面蛇身，尾交首上”（图 4-175）。从这里的记载来看，黄帝形象与伏羲的形象是一致的，间接说明黄帝与伏羲可能来源于同一氏族。

图 4-175　黄帝形象

（五）《山海经》中“使四鸟”等涉及形象

在中国最重要的非正史典籍《山海经》中，记载着许多所谓“使四鸟”的国家，但关于如何理解这些记载的原意，目前学术界还没有一个公认的意见。这些“使四鸟”的记载集中体现在《大荒经》中，具体情况摘记于下。

《山海经·大荒东经》：“有蒍国，黍食，使四鸟：虎、豹、熊、罴。”“有中荣之国。帝俊生中荣，中荣人食兽、木实，使四鸟：虎、豹、熊、罴。”“有司幽之国。帝俊生晏龙，晏龙生司幽，司幽生思士，不妻；思女，不夫。食黍，食兽，是使四鸟。”“有白民之国。帝俊生帝鸿，帝鸿生白民，白民销姓，黍食，使四鸟：虎、豹、熊、罴。”“有黑齿之国。帝俊生黑齿，姜姓，黍食，使四鸟。”“有招摇山，融水出焉。有国曰玄股，黍食，使四鸟。”

《山海经·大荒南经》：“大荒之中，有不庭之山，荣水出焉。有人三身，帝俊妻娥皇，生此三身之国，姚姓，黍食，使四鸟。”“海中有张弘之国，食鱼，使四鸟。”

《山海经·大荒西经》：“西北海之外，赤水之西，有先民之国，食谷，使四鸟。”

《山海经·大荒北经》：“有叔歜（chù）国，颛顼之子，黍食，使四鸟：虎、豹、熊、罴。”“有北齐之国，姜姓，使虎、豹、熊、罴。”“有毛民之国，依姓，食黍，使四鸟。”

上述这些文字所涉及国家多与帝俊有关，学者公认观点认为，帝俊也就是帝舜。史籍中有关舜的记载中，如《尚书·舜典》有："帝曰：'畴若予上下草木鸟兽？'佥（qiān）曰：'益哉。'帝曰：'俞，咨益，汝作朕虞。'益拜稽首，让于朱、虎、熊、罴。帝曰：'俞，往哉，汝谐。'"又如《史记·五帝本纪》有："舜曰：'谁能驯予上下草木鸟兽？'皆曰益可。于是以益为朕虞。益拜稽首，让于诸臣朱、虎、熊、罴。舜曰：'往矣，汝谐。'遂以朱、虎、熊、罴为佐。"上述两段主要就是说舜选择能驯服野兽的官员，以其驯服野兽为人们服务。因此，所谓的"佐"就是辅佐之意，故上面《山海经》中的这些记载说的也是这种作用，而非有些学者认为的"使四鸟"是控制周边其他以"四鸟"为标志的族群。

更进一步说，所谓"使四鸟"，作者认为也并不是通常意义上的如使用牛马那样，其真实的"佐"还应该有另外含义。考察《山海经》其他文字，与"使四鸟"类似，在《山海经》中也记载有许多神巫，他们都手里操蛇（"龙"）或其他动物，如《海外西经》："巫咸国在女丑北，右手操青蛇，左手操赤蛇，在登葆山，群巫所从上下也。"《海外北经》："搏父国在聂耳东。其为人大，右手操青蛇，左手操黄蛇。"《海外东经》："雨师妾在其北。其为人黑。两手各操一蛇，左耳有青蛇，右耳有赤蛇。""黑齿国在其北。为人黑，食稻啖蛇，一赤一青在其旁。一曰在竖亥北，为人黑首，食稻使蛇，其一蛇赤。"《大荒北经》："大荒之中有山，名曰成都载天。有人珥两黄蛇，把两黄蛇，名曰夸父。"还有许多操其他动物的记载，如《海外南经》："长臂国在其东。捕鱼水中，两手各操一鱼。"《海外西经》："女祭女戚在其北，居两水间，戚操鱼　（黄鳝），祭操俎。"《海外东经》："君子国在其北，衣冠带剑，食兽，使二大虎在其旁，其人好让不争。""玄股之国在其北。其为人衣鱼食鸥，使两鸟夹之。"《大荒东经》："有人曰王亥，两手操鸟，方食其头"等。这些记载表明，能驱使毒蛇猛兽的人不是常人，也就是神人。这些动物其实是其体现超人能力的标志符号，而古籍中的这些描述，也就是古时各氏族国所崇拜的具体人神形象。如此，则上面的"使四鸟"与"操蛇"等记载，其实就是远古时代各部落国所崇拜的国家首领或神巫形象，持此种认识应该距离《山海经》原意不远。

第五章　动物作为中国早期文明的符号标志

关于动物与中国古代人们的标志符号，主要思考问题是：为什么要大量采用动物形象作为族群和个体标志符号？答案似乎与古代人们最早取得衣物的原料主要为兽皮有关。这方面的证据可以在岩画中发现，也可以在古籍记载中找到，甚至还可以在当代民族遗俗中发现其痕迹。穿着衣物最主要的原因有两点，一是为了御寒，二是起到遮挡作用。在此基础上，衣物才发展为人群或个体的标志符号。所谓的传说中的各类人兽形象，某些应该是衣物装饰性的形象表述的结果，久而久之就成了今天我们看到各种奇怪的形象了。那里来的图腾，无非是人们所衣动物之皮而形成的形象，这种形象为特定族群采取为标志而成为某种固定意识而已。中国古代人们的动物标志符号还表现在时间和空间两方面。这方面的表现主要是利用具体动物表示时间，如利用具体动物记载年月日等；利用动物季节习性表示季节，以此来指示农时。此外，利用动物表示空间主要是通过所谓“四灵”形式，即东南西北分别以不同的动物分类代表来体现。

第一节　动物与早期中国人自身和群体标志

一、关于“人面蛇身”形象的再思考

前面在论述原始崇拜对象的形象问题时，曾论及史籍记载有关崇拜对象的动物形象，如伏羲、女娲、神农、黄帝等。其中伏羲、女娲和黄帝都是“人面蛇身”，而炎帝神农则是“牛首人身”形象。这里不妨假设这些形象都是真实存在过的，那么他们在当时是以什么样具体样式存在呢？或者说是真长成那样，还是用现代语言化装成那样呢？答案显然是后者，即是通过适当装束形成那种形象。

为什么那样装束自己？其原因与古代服饰材料来源有关。

《吕氏春秋·特君览》有关于远古人类生活状况的记载，尽管也不是写作者亲见，但那时社会比现在更接近原始社会，所记情况应该有说服力。其文曰：“昔太

古尝无君矣，其民众生群处，知母不知父，无亲戚兄弟夫妻男女之别，无上下长幼之道，无进退揖让之礼，无衣服履带、宫室蓄积之便，无器械舟车城廊险阻之备。”整个文段几乎是在说远古社会乃是一片混沌。我们只关心的是“无衣服履带”这句。《礼记·礼运》亦有记载曰：“昔者，先王未有宫室，冬则居营窟，未有火化，食草木之食，鸟兽之肉，饮其血茹其毛。未有丝麻，衣其羽皮……后圣有作，治其麻丝，以为布帛。”《后汉书·舆服志》也说：“上古穴居而野处，衣毛而冒衣，未有制度，后世圣人，易之以丝麻，观翚翟之文，荣华之色，乃染帛以效之，始作五色成以为服，见鸟兽有冠角髯胡之制，遂作冠冕缨蕤以为饰。”

王逸的《机赋说》记载说：“古者衣皮即服装也，特衣裳未辨，羲、炎以来，裳衣已分，至黄帝而衮等，大力非谓始衣服也。”就是说，古代围裹皮毛作为服装，自从伏羲和炎帝开始区分上下衣服，到黄帝时才制定出君主礼服，有等级的衣服形成。

在《易经·系辞》中也有论述，曰：“黄帝尧舜氏作衣裳而天下治，乾坤之象不可颠倒，使人知尊卑，上下不可乱，则民志定，天下治矣。”

从上面古籍中我们可知，从无服装到伏羲时代开始围裹穿着，到黄帝时代则形成了冕服制度，再到帝舜时代产生了十二章服制度，至此，服装的形制和功能趋于完整。也就是说，服装从出现到完善，从最初的防御功用，到体现尊卑礼制形式，经历了漫长的历史过程。这种制度的定型完善，其对应的历史阶段大致为从夏商至西周时代。

在上面引述古代文献记载中，我们看到了服装的礼制标志作用，现在回到“人面蛇身”的话题。笔者认为，“人面蛇身”等形象出现的时代，从服装角度而言，当在三代以前。从取得服装材料角度考虑，当在丝麻出现以前，换句话说，就是围裹兽皮时期。如果笔者分析不错的话，伏羲围裹的兽皮应该是蟒皮。由于远古时代过于久远，这些围裹的服装因材质原因，我们在出土遗址中已经见不到实物了。

因为时代久远，现在的人们研究不明白《山海经》中的某些记载。我们上面的分析，可以解释《山海经》中的某些记载。这些记载主要包括两大部分，一是《五藏山经》部分的山神形象，二是《海经》部分的相关记载。有关山神的形象部分，前面章节已经总结，并从别的角度进行了分析。过去人们只是知道这些山神的形象，但想不明白为何山神以此类形象出现，于是提出了多种多样的学说。在此，笔者不想费笔墨综述其他学者的观点，只说一说个人的一些观点。《五藏山经》

中众山神的形象，就是其所在山系部落崇拜对象的远古着装形象，我们今天看到的不过是其后世记载而已。由于巨大的时代隔阂，我们无法理解经文中作者记载的原意，才生出诸多猜测。举几个例子。

《南山经》中鹊山之首，山神是“鸟身而龙首”，南次二山之首，山神是“龙身鸟首”，南次三山之首，山神是“龙身而人面”。这种记载表明，南山系的三个山神都着龙皮装，区别是一个衣服（身）为鸟皮（羽毛）而首（冠）为龙皮；另一个反过来装饰，第三个则未提冠之有无（人面可能意味着无冠）。其余如《西山经》中西次二经，10 个山神是“人面马身”，7 个是“人面牛身”；西次三经之首，山神是“羊身人面”。《北山经》中北山经之首，山神是“人面蛇身”，北次二经之首，山神是“蛇身人面”等都是如此，只是所着兽皮不同。有趣的是，北次三经之首的山神中，有 14 个不但着猪皮（彘身），而且还戴着玉器。其他山神大家自己可以去看原文，这里不再一一列举。

我们现在来看《海经》中的有关记载：在《海外南经》中有记载曰：“羽民国在其东南，其为人长，身生羽。一曰在比翼鸟东南，其为人长颊。”“毕方鸟在其东，青水西，其为鸟人面一脚。一曰在二八神东。”“厌火国在其国南，兽身黑色。生火出其口中。一曰在讙硃东。”在《海外西经》有：“轩辕之国在此穷山之际，其不寿者八百岁。在女子国北。人面蛇身，尾交首上。”在《海外东经》中：“玄股之国在其北。其为人衣鱼食鸥，使两鸟夹之。”《海内南经》中：“氐人国在建木西，其为人人面而鱼身，无足。”

从上面这些记载看，同样也都是其方国人（神）装饰的描写。其中最明确的就是后面两条，即《海外东经》的“玄股之国”和《海内南经》的“氐人国”，都是穿着鱼皮的国度。而《海外西经》的“轩辕之国”就是黄帝所在国，其“人面蛇身”形象亦如上面的分析。

通过本节所述，远古人神的动物形象，都不过是其围裹时代以兽皮装饰的特征性描述。根本不是什么祖先来源于动物，更不是所谓的图腾之说的证据。我们需要通过客观理性的分析，还原历史的真相，而不能生搬硬套所谓国外的各种理论，胡乱对历史进行不正确的分析，贻害万方。

二、中国古代礼制服装上的动物形式

古代以动物表示等级最早可以到黄帝时代，尽管那时可能没有作为单独标志。

黄帝时代就形成的冕服制度，到帝舜时代产生了十二章服制度，再到周代礼制的完善并记载成文，服装成为古代尊卑的最重要标志之一。动物在这种服装制度上的表现形式，主要是通过特定图案绘制来体现等级的。

（一）十二章上的动物

在《尚书》中就记载了十二章之图。即在皇帝冕服的外衣上绘制日、月、星辰、山、龙、华虫，在黄裳上绣水藻、宗彝、火、粉米、黼、黻。《周礼》记载规定，帝王大臣等在参加重要礼仪活动时，要着“冕服”。这种冕服由玄衣和裳组成，上衣下裳分别以十二种图案来装饰，即所谓十二章服。但周代具体采用时是天子绘九章，其日、月、星辰则绘制在旗帜上。其余公、侯、伯、子、男、士大夫、诸侯、卿大夫等相应是九、七、五、三、一等章。

在十二章服图案中，动物形象出现为龙、华虫单独两种。此外在日中出现鸟形，月中出现兔形，宗彝中出现虎、猴两形。总共出现六类动物形象，占全部十二章图案之半，比例很大，动物形象的重要性不言而喻（图 5-1）。

图 5-1　十二章图案

（二）唐代官员服饰上的动物

学术界现在比较认同的以动物代表官员等级始于唐代，清代沈自南的《艺林汇考》：“武德元年，高祖召其诸卫将军，每至十月一日，皆服缺胯袄子，织成紫瑞兽袄子。左右武卫将军服豹文袄子，左右诩卫将军服瑞鹰文袄子，其七品以上陪位散员官等皆服绿无文绫袄子。”到了武则天时期，则在官服上以成对的禽或兽为纹饰：“左右监门卫将军等饰以对狮子，左右卫饰以麒麟，左右武威卫饰以对虎，左右豹韬卫饰以豹，左右鹰扬卫饰以鹰，左右玉铃卫饰以对鹘，左右金吾卫饰以对豸，诸王饰以盘龙及鹿，宰相饰以凤池，尚书饰以对雁”[103]。

（三）明代官员服饰上的动物

明代洪武二十六年之后，朝廷规定各级官员等级通过官服前胸上“补子”图案来区分。规定为文官以鸟图案，武官以兽图案为标志，具体图案花样分为四类。

公、侯、驸马和伯级别动物纹饰是麒麟和白泽（图 5-2）。

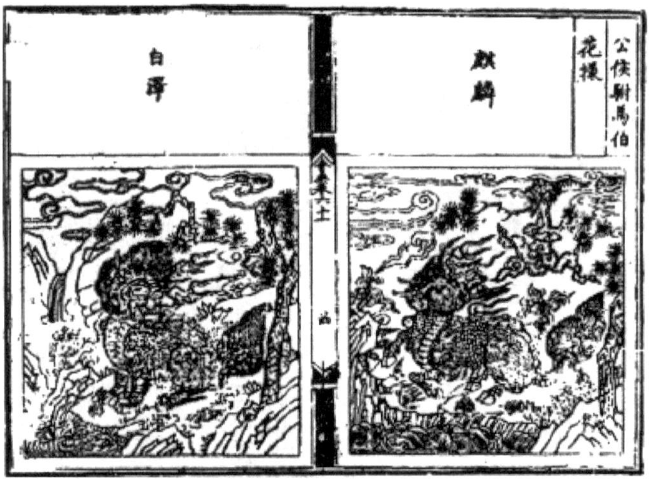

图 5-2　明代公、侯、驸马和伯服饰动物标志

文官类一品官为仙鹤、二品官锦鸡、三品官孔雀、四品官云雁、五品官白鹇、六品官鹭鸶、七品官鸂鶒、八品官黄鹂、九品官练鹊（图 5-3）。

[103] 刘昫撰. 二十四史《旧唐书》卷四十五，志第一百二十五. 北京：中华书局，1997 年.

图 5-3　明代文官服饰动物标志

武官类一品、二品官为狮子，三品、四品官为虎、豹，五品官熊、罴，六品、七品官彪，八品官犀牛，九品官海马（图 5-4）。

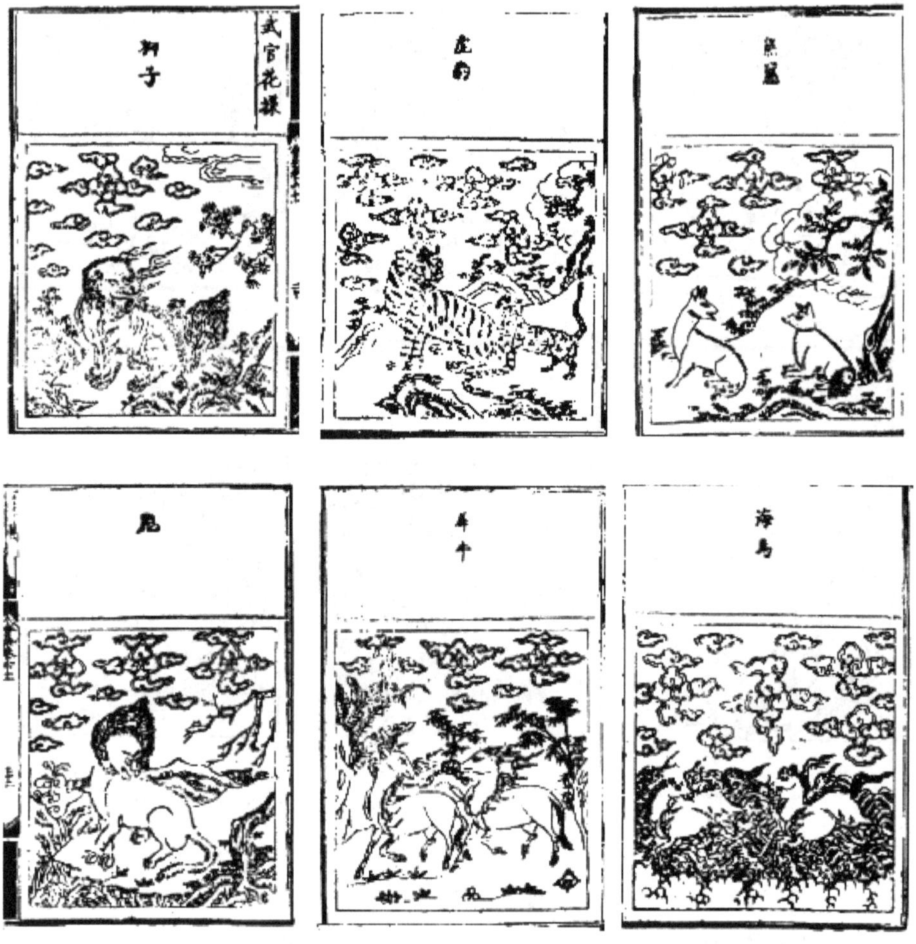

图 5-4　明代武官服饰动物标志

风宪官（即法官）类有特别的动物图案作为标志，即獬，这是一种非现实动物形象（图 5-5）。

（四）清代官员服饰上的动物

清代的文武官员因袭明代，也用补服标志官阶大小，而且纹样也只小有差异。

如文官：一品官仙鹤、二品官红腹锦鸡、三品官绿孔雀、四品官雁、五品官白鹇、六品官鹭鸶、七品官鸂鶒、八品官鹌鹑、九品官练鹊（图 5-6）。武官：一品官麒麟、二品官狮子、三品官豹、四品官虎、五品官熊、六品官彪、七品官和八品官犀牛、九品官海马。

图 5-5　明代风宪官服饰动物标志

可以说，利用动物表示朝廷职位等级是历朝都沿用的传统，与礼制祭祀仪式中动物体现等级完全一致，只是所用动物类别有异而已。

三、特殊的标志——古代文身现象

在中国古代，人们还通过所谓的文身来起到自身标志作用。文身要用针扎入皮肤，刺成图案后再以自然染料糅入皮肤使之着色。在古代，文身也称为黥面、黥记、黥首、扎青、点墨、刺青、刺文、刺字、涅面、绣面等。文身本质上属于人体装饰的一种，其实就是把人体当成了某种形式的艺术品。人体装饰出现于旧石器时代晚期，按装饰手段可以分成三种形式，即绘身、文身和坠物。有学者认为，中国人文身大约是在新石器时代开始的。文身具有宗教、社会和艺术等方面的含义。文身这种装饰艺术，由于其恒久性而往往成为人体和部落的形象标志。

图 5-6 清朝文官服饰动物标志

考古发现和古代文献均已证实，文身在古代是非常普遍的现象。出土文物中的文身证据有，西安半坡遗址的彩陶盆内壁所画人面鱼纹图案，其中的人面被认为是文面的形象。甘肃宁定马家窑文化半山类型人头盖纽，其额面部均布有花纹。在新石器时代的岩画中，学者同样发现了文面和文身的证据。如内蒙古白岔河双合岩画中的两个人面上刻画有纹样（图 5-7）。商代《饕餮食人卣》上所刻的人物作断发文身之像（图 5-8）。古代文献中也多记载有有关文身的情况，如《山海经·海内南经》：“伯虑国、离耳国、雕题国、北朐国皆在郁水南。郁水出湘陵南海。”经文里的雕题国之人就是文身的，“雕”是画的意思，“题”指的额面部分，就是在头面部分绘画。据学者考证，雕题国在海南省中南部，是今彝族的先民。《礼记·王制》：“中国戎夷五方之民，皆有性也，不可推移。东方曰夷，被发文身，有不火食者矣。南方曰蛮，雕题交趾，有不火食者矣。西方曰戎，被发衣皮，有不粒食者矣。北方曰狄，衣羽毛穴居，有不火食者矣。”也明确提到东方与南方国民有文身现象，说明文身在国别民族标志上有重要作用。

图 5-7　内蒙古白岔河双合岩画中的人面像

图 5-8　《饕餮食人卣》所刻断发文身人物像

在古代文身图案中，动物纹样占有很大的比例，起着重要的作用（表 5-1）。动物类文身图样中，蛇纹及其变形纹样是一类比较重要的文身图案。蛇纹主要以百步蛇的身上三角形斑纹为主，并进而演化成曲折线纹、半圆形纹、叉纹、网纹及菱形纹等（图 5-9）。

表 5-1　古代文献所载以动物为纹样的古代文身

古籍名称	原文	解释
《淮南子·原道训》	九疑之南，陆事寡而水事众，于是民人被发文身以象鳞虫	文成象鳞虫一类的图案
《隋书·琉球国传》	……妇人以墨黥手，为虫蛇之文	台湾女人文手，图案多为虫蛇
《梁书·诸夷传》	文身国在倭国东北七千余里，人体有文如兽，其额上有文三，文直者贵，文小者贱	文身为兽类图案
《后汉书·南蛮传》	哀牢夷种人，皆刻画其身，像龙文，衣首尾	龙形纹样
《峒溪纤志》	哀牢夷，其人有数种……有刺面者，曰绣面蛮；刺足者，曰花脚蛮 八百媳妇，刺花鸟于眉目间以为饰	花鸟纹样
《桂海虞衡志》	绣面乃其吉礼。（黎）女年将及笄，置酒会亲属，女伴自施针笔，涅为极细虫蛾花卉……	昆虫、花卉纹样
《隋书·琉球传》	妇人以墨黥手，为虫蛇之文	昆虫、蛇纹样

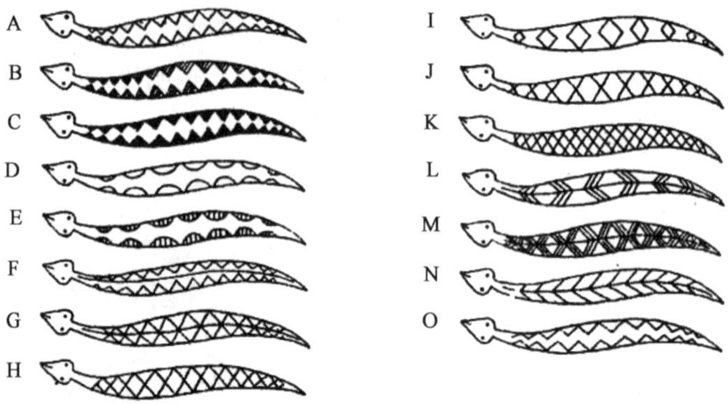

图 5-9　文身图案中的蛇斑纹图形

关于动物纹样的意义，许多研究者有不同的观点。归纳起来文身作用主要包括：一是作为种族的标记符号。这里文身是同族成员之间相互识别的主要特征，在诸如大型集体活动中起辨识作用。在战争中，这种识别作用更为明显。二是作为部族内部等级身份的标志。部族首领、族内有威望的长者、有功人员等，一般刻画比较特殊的纹样以示区别。三是作为宗教性标记。不同民族所文的图案千差万别，之所以选择不同的图案与该民族的历史文化、宗教传说等息息相关。所选择纹样一般是这种文化背景的代表符号。从资料上看，我国流行的与动物相关的纹样主要有龙、鸟、兽、鱼类等图案。其中以动物所占比例较大。如黎族文身包括昆虫、鱼和花卉；彝族在两腿和肚脐部刺各种动物，而在胸背部刺虎和龙。四是作为避邪的符。古人多认为某些图案纹样具有驱避魔患的作用，如虎纹就是因为具有避邪功能而在各族中皆有应用。笔者认为，文身的最初作用就是为了标记族群成员，其他的功用是在此基础上发展而来。除起巫术作用的文身外，其他各类文身，都可看为是某种形式的标记。

第二节　动物与早期中国人时空系统标志

一、利用动物表示时间

（一）利用动物记载年月日

1. 中国古代十二生肖与干支计时体系

干支的基本概念：何谓干支？蔡邕《独断》曰：“干，乾也，其名有十，亦曰十母。”《论衡》：“甲乙有干支。”《广雅》说：“甲乙为乾，乾者，日之神也。”《黄极经世》说：“十干，天也，十二支，地也。”这些论述说明干支就是天地，天就是乾，也就是数乾，乾是日的神，十干就是十日，十日为甲乙丙丁戊己庚辛壬癸。支者，《独断》曰：“支，枝也，其名十有二，亦曰十二子。”《尔雅·释天》：“岁阳者，甲乙丙丁戊己庚辛壬癸，十干是也。岁阴者，子丑寅卯辰巳午未申酉戌亥，十二支是也。”也就是说，干支是天干地支的简称，干支其实是古代记录日月运行周期的，干支之间的互相配合便形成了所谓的六十甲子干支历法。干支历法是中国古代最古老的历法之一，在阴虚甲古文中就有完整的干支历法文字图表发现。

干支的原始含义：干支原是取意于树木的，干和支这两个字本意就是指树木的主干和支干而言。日月运行规律与树木的干支发生联系，其中折射出的动植物文化内涵非常明显。为什么要用树木干支来说明日月运行呢？其历史文化原因可以在古代神话中找到答案。古代传说，天上十日是有帝俊的妻子生出来的，《山海经·大荒南经》：“东南海之外，甘水之间，有羲和之国。有女子名曰羲和，方日浴于甘渊。羲和者，帝俊之妻，生十日。”羲和所生的十日，每天从扶桑数上轮流照耀天下。《山海经·海外东经》：“谒谷上有扶桑，十日所浴……九日居下枝，一日居上枝。”《山海经·大荒东经》：“汤谷上有木，一日方至，一日方出……皆载于乌。”支与月发生关系同样可以在山海经中找到线索，《山海经·大荒西经》：“有女子方浴月，帝俊妻常羲，生月十有二，此始浴之。”此外，《山海经·海内经》：“炎帝之妻……共工生后土，后土生噎鸣，噎鸣生岁十有二。”这说明古代用十二支来表年也有古老来源。学者对此研究，认为天干地支是判别时节的两种方法。天干属于阳历，地支属于阴历。天干就是一年分为 10 个月，地支就是农历月名，并且认为天干与地支配合使用记年月是殷代出现的[104]。

干支计时体系：所谓干支计时体系，就是利用天干与地支，两相配合记录年、月、日、时。其配合具体形式就是六十干支周期表，具体见表 5-2。

表 5-2　六十干支周期表

甲子	乙丑	丙寅	丁卯	戊辰	己巳	庚午	辛未	壬申	癸酉
甲戌	乙亥	丙子	丁丑	戊寅	己卯	庚辰	辛巳	壬午	癸未
甲申	乙酉	丙戌	丁亥	戊子	己丑	庚寅	辛卯	壬辰	癸巳
甲午	乙未	丙申	丁酉	戊戌	己亥	庚子	辛丑	壬寅	癸卯
甲辰	乙巳	丙午	丁未	戊申	己酉	庚戌	辛亥	壬子	癸丑
甲寅	乙卯	丙辰	丁巳	戊午	己未	庚申	辛酉	壬戌	癸亥

[104] 陈久金，杨怡.《中国古代的天文与历法》. 北京：商务印书馆，1998 年.

十二生肖与干支对应关系：中国古代记载时间，动物作为记载标志，莫过于十二生肖。十二生肖对于中国人来说再熟悉不过了，没有人不知道自己的生肖是什么。所谓十二生肖是指以干支历法记录年份，每年所属地支所配的动物种类就是该年的生肖。由于干支历法以十二个地支作为循环基数，每个地支配备一种动物，所以就产生了十二生肖。十二生肖究竟是如何产生、何时产生的问题，目前尚没有明确的研究结果。由于古代干支历法是与天文直接相关的，笔者认为十二生肖应该与古代天文有密切的渊源关系。中国古代很早就已经开始观测星象了，通过对星象的精确观测，制订了非常先进的历法。观察星象首先要把整个天空中的星星按照一定的方位进行分区，确定其相应的坐标位置。中国古老的星象观测系统将整个天区分成三垣二十八星宿。三垣是指天区中央星宿的划分区域，由北向南包括紫微垣、太微垣和天市垣。整个天区四周的星宿则分成东西南北四个区域，每个区域包括七个星宿，共二十八个星宿。随着星象观察的逐步发展，衍生出了以星象来进行各种预测的占星术。在中国历史上，占星术是非常重要的预测技术。二十八星宿在占星术系统中起着主要作用，为了形象化便于观察和应用，每个星宿都配以一种动物形象作为其代表。十二生肖有可能就是这种占星术的变相遗留。在《演禽通纂》一书中有三十六禽歌，其内容就是记载与十二支对应的三十六种动物。今引述如下：寅山虎狸豹，卯林兔狐貉；辰岗龙蛟鲸，巳汤蛇鳝蚓；午火马鹿獐，未野羊鹰犴；申砧猴猿猱，酉刀鸡鸟雉；戌坡豺狼狗，亥江猪貐熊；子湖鼠蝠燕，丑田牛獬龟。该书还有二十八宿名例，同样将每个星宿配合一种特定动物。其中所配动物是上述三十六种动物的部分种类。引述于下：角木蛟，亢金龙，氐土貉，房日兔，心月狐，尾火虎，箕水豹，斗木獬，牛金牛，女土蝠，虚日鼠，危月燕，室火猪，壁水貐，奎木狼，娄金狗，胃土雉，昴日鸡，毕月乌，嘴火猴，参水猿，井木犴，鬼金羊，柳土獐，星日马，张月鹿，翼火蛇，轸水蚓。《演禽通纂》共两卷，不著撰人，是一部以演禽方法推测人禄命的书。相传出于黄帝七元之说，唐代有都利聿斯经本梵书五卷，可能渊于西域。二十八宿名称配上述动物在明池本理所撰《禽星易见》一书中也有记述。

清《御定星历考原》对十二辰禽象进行的考究认为，十二辰禽象历史当可以上溯到西周时代，并且认为二十八宿禽象导源于十二辰禽象："十二辰禽象子鼠丑牛寅虎卯兔辰龙巳蛇午马未羊申猴酉鸡戌狗亥猪其说相沿已久，莫知其所自来。虽于经典无见，然以传记子史考之，则不独宋以后也。如韩愈毛颖传谓，食于卯地祭张员外文谓虎取去而来寅。其徵则唐时有之矣。管辂传推东方朔龙蛇之占以为变化相推会于辰巳，又谯周谓司马为典午则汉晋有之矣。溯而上之，晋师三豕渡河，而孔子以为巳亥，盖干支相配乙亥为一豕，丁亥为二豕，至己亥则三豕也。陈敬仲筮者言：当昌于姜姓之国，而释春秋者谓：观之六四纳得辛未，辛为巽为长女为羊，羊加女为姜，则是周时又已有之也。至于二十八宿禽象则近代方有之意者，因十二辰所取而附会其说耳。”这段考证说明，十二辰禽象历史至少远在周朝就已经出现了。并且认为三十六禽象是其衍生的。

《御定星历考原》还对二十八宿禽象进一步做了配属解释：“十二辰以子午卯酉为四中宫，故一宫各管三象。子宫女虚危，虚星居中故为鼠之本象；女为蝠危为燕，则取其似鼠者以配之也。卯宫氐房心，房星居中故为兔之本象，氐为貉心为狐，则取其似兔者以配之也；午宫柳星张，星居中故为马之本象，柳为獐张为鹿，则取其似马者以配之也；酉宫胃昴毕，昴星居中故为鸡之本象，胃为雉毕为乌，则取其似鸡者以配之也；其余寅申巳亥辰戌丑未八宫则各管两象，而以近中宫者为主。辰宫亢近中宫故为龙之本象，角居其旁则取蛟为龙之类以配之；寅宫尾近中宫故为虎之本象，箕居其旁则取豹为虎之类以配之；丑宫牛近中宫故为牛之本象，斗居其旁则取獬为牛之类以配之；亥宫室近中宫故为猪之本象，壁居其旁则取貐为猪之类以配之；戌宫娄近中宫故为狗之本象，奎居其旁则取狼为狗之类以配之；申宫觜近中宫故为猴之本象，参居其旁则取猿为猴之类以配之；未宫鬼近中宫故为羊之本象，井居其旁则取犴为羊之类以配之；巳宫翼近中宫故为蛇之本象，轸居其旁则取蚓为蛇之类以配之也。”

然而为何十二辰必须配属特定动物？其最原始含义目前尚无法考证。但是研究古代中国与西方天文学之间的某些相应之处，我们能从中受到一些有意的启发。中国古代是采用岁星纪年方法，来说明日月五星的运行和节气的变化，这种方法被称为“十二次”（按由西而东的方向，将黄道附近一周分为十二等份，称为“十二次”）。该法首次出现于《左传》和《国语》两书。十二次名称如下：星纪、玄枵、娵訾、降娄、大梁、实沈、鹑首、鹑火、鹑尾、寿星、大火、析木。有意思的是西方古代天文中也有黄道十二宫的类似划分。其黄道十二宫具体名称是摩羯、宝瓶、双鱼、白羊、金牛、双子、巨蟹、狮子、室女、天秤、天蝎、人马。干支与十二次、西方十二宫、十二生肖和二十八星宿之间的对应关系见表5-3。观察西方黄道十二宫名称也可以看出，有许多也是以动物来命名的，其中所选用的动物同样是常见动物种类，如牛、羊、马等。而其他选用动物则与中国有着明显的差异，表现出不同的民族动物文化底蕴。上述引文证据说明，十二生肖与古代天文历法有着甚深渊源，或许是早期历史上利用特定动物作为记录时间的一种方法，这样做比起用抽象的十二地支或岁星纪年方法更为简洁明了，尤其是在民间更是如此。十二生肖中的牛、马、羊、鸡、狗和猪是中国传统家畜，而鼠、兔、蛇、猴也是人们常见的动物种类，至于虎和龙则是中国最为重要的崇拜动物形象。古代天文历法和由此产生出的占星学在古代的发展，以及由占星学衍生出的其他预测方法的流行，导致了十二禽象的进一步普及，并最终形成了现代流行的十二生肖动物文化现象。

表 5-3　十二次与西方十二宫及干支十二生肖和二十八星宿之间的对应关系

十二次	干支次序	十二生肖	黄道十二宫	二十八宿
星纪	丑	牛	摩羯	斗、牛、女
玄枵	子	鼠	宝瓶	女、虚、危
娵訾	亥	猪	双鱼	危、室、壁、奎
降娄	戌	狗	白羊	奎、娄、胃
大梁	酉	鸡	金牛	胃、昂、毕
实沈	申	猴	双子	毕、觜、参、井
鹑首	未	羊	巨蟹	井、鬼、柳
鹑火	午	马	狮子	柳、星、张
鹑尾	巳	蛇	室女	张、翼、轸
寿星	辰	龙	天秤	轸、角、亢、氐
大火	卯	兔	天蝎	氐、房、心、尾
析木	寅	虎	人马	尾、箕、斗

尽管有诸多学者研究，对十二生肖与干支来源提出了多种解释，但迄今也没有十分令人满意的公认结论。干支计时最早的历史，人们已经无法确知，各种史籍中的记载也都是后代的推测。笔者认为，干支计时体系是远古观天科技的结果，其表现形式在没有文字的时代，只能借用植物（干）和动物（支）形象来表示。至于为什么采用十和十二体系，那只能是远古观察的数理结果，也说明远古人们的天文科技知识比我们想象的要发达得多。

2. 彝族动物十月历法计时体系

在利用动物记载时间方面，中国古代除了汉民族外，其他少数民族中同样有这种情况出现。在可考证的民族文化中，利用动物记载时间最明确的是彝族，具体体现是其所谓的十月历法体系。

关于彝族历法的发现，最早是由云南大学历史系江应梁教授完成的，其发表的《凉山彝族奴隶制度》一文对此有明确的阐述:“大小凉山中统一地行使着一种历法,非阳历也非阴历,是把一年划分为十个月,每个月固定为三十六日,用十二支来计日,十二支的名称及排列次序与汉历相同,但没有十干。所以,只单纯地呼为鼠、牛、虎、兔、龙、蛇、马、羊、猴、鸡、狗、猪,每轮转三周、便是一个月,每轮转三十周、便是一年,计三百六十日。三十周转完后,另有五日不属于任何一周,称为过年日……”[105]。这种历法其实是以太阳为主的记载时间方法,属于太阳历法。

在彝族历法体系中,十二种动物构成计时体系的基础,即利用十二种动物循环表示年、月、日和时。这种动物计时体系与天干地支的对应关系与汉族历法完全一致。有趣的是,彝族历法计时周期也有与干支表类似的情形存在,差异只是用十二种动物代替地支,以“公母五行”代替天干形式。所谓“公母”指的阴阳,五行与汉族差异只是用铁表示金,即为木、火、土、铁、水。这样十二种动物与公母五行配合,也恰好为六十周期。具体如表 5-4 所示。

表 5-4 彝族六十周期轮回表

鼠	牛	虎	兔	龙	蛇	马	羊	猴	鸡	狗	猪
1 木公	2 木母	3 火公	4 火母	5 土公	6 土母	7 铁公	8 铁母	9 水公	10 水母	11 木公	12 木母
13 火公	14 火母	15 土公	16 土母	17 铁公	18 铁母	19 水公	20 水母	21 木公	22 木母	23 火公	24 火母
25 土公	26 土母	27 铁公	28 铁母	29 水公	30 水母	31 木公	32 木母	33 火公	34 火母	35 土公	36 土母
37 铁公	38 铁母	39 水公	40 水母	41 木公	42 木母	43 火公	44 火母	45 土公	46 土母	47 铁公	48 铁母
49 水公	50 水母	51 木公	52 木母	53 火公	54 火母	55 土公	56 土母	57 铁公	58 铁母	59 水公	60 水母

有学者考证,彝族历法与夏小正属于同一体制,即都是十月历。并从彝族也存在八卦等其他方面考虑,认为其与汉族有同源关系[106]。彝族这种动物计时体系说明,远古时期确实存在过利用动物单独计时体系。笔者观点认为:种种迹象表明,动物计时体系应该比干支体系还要古老,干支体系可能是对动物计时系统的符号式描述,这方面研究还有待进一步深入。

[105] 江应梁.《梁山彝族奴隶制度》. 广州:广州新华印书馆,1948 年.
[106] 刘尧汉,陈久金,卢央. 彝夏太阳历五千年—从彝族十月太阳历看《夏小正》原貌.《云南社会科学》,1983 年,第 2 期:第 71-79 页.

（二）利用动物表示季节

在中国古代，人们往往通过观察动植物的习性变化来记载气候，形成所谓物候历。如果给物候下一个科学定义就是：物候是研究自然界中的动物、植物的活动变化和环境条件（气候、水文、土壤等）的季节变化的周期性相应关系。物候历现象是中国人的动物文化现象之一，对了解中国人的历史文化有重要作用。与上述干支记载时间体系不同，物候历其实是古人观察地的体现，是以地上动植物来反映时间变化的体系。而且，物候历体系对古代人们文化程度不高的情况下，对指导人们生产活动具有更现实的意义。

1. 古籍记载所见动物物候

中国历史上较早记载物候现象的当属《诗经》等。在《左传·昭公十七年》中也有“……风鸟氏历正也，玄鸟氏司分者也，伯赵氏司至者也”的记载。说明几千年前就有观察记载物候现象的特定氏族，利用风、玄、伯赵等鸟的迁移来确定历法中节气时间。同样利用“青鸟氏司启者也，丹鸟氏司闭者也”来观察记载立春、立夏、立秋和立冬的节气时间。在传说为夏代资料整理成的《夏小正》，则是古代最早的月令物候学，该书记录了大量的动植物物候现象。此外，《管子》中也列有四季及其相应的物候。《吕氏春秋·月令》是我国历史上比较系统的关于十二个月的物候记载。此外，《礼记》、《淮南子》等都有月令方面的相似物候记载。

《诗经·豳风·七月》是记载古代陕西一带的物候，豳是陕西的古称。郭郛按照十月历形式解释了《诗经·豳风·七月》记述的物候现象，选介于下。

一月：无动物活动，故缺。

二月：“有鸣苍庚”——黄鹂鸣叫。

“爰求柔桑”——采摘嫩桑叶养蚕。

“采蘩”——采摘嫩艾蒿做幼蚕代饲料。

三月：“蚕月条桑”——用嫩桑枝条上叶养蚕。

四月：“四月莠葽”——狗尾草等禾谷类开始抽穗。

五月：“五月鸣蜩”——蝉鸣叫。

“五月斯螽动股”——螽斯、蝗虫跳跃。

六月：“六月莎鸡振羽”——纺织娘鸣叫。

七月：“七月流火”——大火（火星）即荧惑星，黄昏时西落。

“七月（蟋蟀）在野”——蟋蟀在田野活动。

“七月鸣䴗”——伯劳鸣叫。

“七月亨葵及菽”——烹葵菜和煮大豆吃。

“七月食瓜”——食甜瓜。

八月：“八月萑苇”——芦苇开花。

“八月剥枣”——打枣吃。

“八月断壶”——采下葫芦。

“八月（蟋蟀）在宇”——蟋蟀到屋檐下活动（鸣叫）。

“八月载绩”——开始纺织活动。

“八月其穫”——收获庄稼。

九月：“九月叔苴”——拾麻（大麻）子。

“九月（蟋蟀）在户”——蟋蟀在室内活动（鸣叫）。

“九月筑场圃”——平整堆积谷物的场地和围起种蔬菜的园子。

“九月肃霜”——地上露水结成霜，肃霜是大雁，九月向南迁飞。

十月：“十月蟋蟀入我床下”——蟋蟀到床下活动。

“十月纳禾稼”——收获谷物。

“（十月）穹塞薰鼠”——堵塞室内空洞，用烟火薰老鼠，

“十月陨萚”——树上枝叶脱落。

“十月涤场”——将场地收拾干净。

年节：“一之日觱发”——年节第一天吹奏号角。

“一之日于貉，取彼狐狸，为公子裘”——年节第一天猎貉、狐狸，为首领们做皮衣服（狩猎节）。

“二日之栗烈”—年节第二天，栗（古代类似芦笙乐器）吹奏更热烈，

“二之日其同，载缵武功，言私其豵，（其）献豜于公”——第二天继续狩猎，演习武备，打到小野猪归自己，打到打野猪归公。

“二之日凿冰冲冲”——大家高高兴兴敲冰块，丁丁东东。

“三之日纳于凌阴”——年节第三天将冰储在冰窖内。

“三之日于耜”——年节第三日整理农具耜（农事节）。

“四之日其蚤，献羔祭韭”——年节第四天清晨，祭祀节开始，献羊羔、韭菜。

“四之日举趾”——舞蹈活动。

（引自郭郛《中国古代动物学史》第339~344页）

《夏小正》是戴德所著《大戴礼记》中的一章内容，据认为是夏族的遗留记载，其中包括大量古代动物物候现象，今将郭郛对其所做解释选录于下。

正月：“启蛰”——动物活动，人们农牧生产活动开始。

“雁北乡”——雁向北方迁飞。

“雉震雊”——雉振动翼曲颈鸣叫求偶。

“鱼陟负冰”——鱼上升游近冰面。

“田鼠出”——田鼠出洞穴活动。

“獭祭鱼”——獭捕鱼陈列岸边。

“鹰则为鸠”——鹰向北迁飞，杜鹃、布谷鸟（鸠）飞来。

“鸡孵粥”——鸡孵伏鸡卵并鬻（育）养幼雏。

二月：“初俊羔”——开始接生羊羔。

“帮助厥母粥”——帮助母羊育羔。

“绥多女士”——鼓励男女相会以达婚配。

“祭鲔”——捕鲟用于祭祀。

“昆小虫坻”——昆虫幼虫孵化后聚在一起（成坻）。

“蚳来降”——白蚁或蚂蚁出现和活动、性飞。

“燕乃睇”——燕飞来寻筑巢场所。

“剥鱓”——捕鼍剥皮蒙鼓。

“有鸣仓庚”——黄鹂鸣叫。

三月：“咢羊”——一雄羊为主，众雌羊随从的分群活动；收集羊毛，或制革一咢。

“瞉则鸣”——蝼蛄鸣叫。

“摄桑……，妾子始蚕”——采桑，妇女和儿童养蚕。

“执养宫事”——妇女长时间操作的功事。

“田鼠化为鴽”——田鼠到农家附近活动，而鴽（鹌鹑）经过田野从南向北迁移。

“鸣鸠”——布谷鸣叫，或斑鸠叫。

四月：“鸣札”——麦蚻（春蝉）鸣。

“鸣蜮”——青蛙鸣。

“执陟”——栓絷种马（骘）。

“功驹”——雄幼马去势（骟）。

五月："浮游有殷"——蜉蝣羽化成群飞翔。

"良蜩鸣"——蜋蜩鸣。

"匽之兴，五日翕，望乃伏"——蝘（蝉、蜩）鸣。蝉从地下爬出，开始在物体或树枝上附着，翅尚未展，蜕壳后乃成蝉形，这一群体约 5 日内完成爬出、上树、蜕壳过程。十五日后这一蝉群死；或蝘——变色蜥蜴有十五日（望）周期体色变化。

"鸠为鹰"——杜鹃和布谷向南方迁飞，鹰随后迁飞向南方分布。

"唐蜩鸣"——唐蜩鸣。

"颁马"——将雌马方开在群体中饲养，拴住有性爬跨的幼驹。

六月："鹰始挚"——幼鹰学习飞翔、捕猎物、挚同鸷。

七月："狸子肇肆"——狸子（豹猫）成长并捕猎。

"爽死"——有人认为是"鹈司"之误，爽是鹈鸠，鹰，于秋日主司其时之事。幼鹰习飞和捕食，有人认为爽是薞（夏枯草之属）"夏枯草立夏即枯"，"阙疑可也"；夏枯草枯死，或禾谷类枯黄。

"寒蝉鸣"——寒蝉鸣。

八月："丹鸟羞白鸟"——当是"丹鸟羞，白鸟养"，丹鸟是尚未生羽毛的幼鸟，体红，须亲鸟哺食（馐）；白鸟是出壳时已生毛的幼鸟，体白，能自寻食物（养）。

"鹿（人）从"——有人认为是"鹿从"，"牝牡交尾之期，群相追逐。"有人认为是"虞人从"，可能是"鹿从"，雄鹿角斗后，统率雌群。

"驾为鼠"——鹌鹑从北向南迁移，田鼠从田舍迁到山边野地。

九月："遰鸿雁"——鸿雁从北方向南迁飞。

"陟玄鸟"——燕子由北向南迁飞。

"蛰熊、罴、豹"——熊（狗熊）罴（棕熊）入树洞、山洞等冬眠，豹不冬眠，常隐伏树间，古人以为蛰伏。

"貉、鼬鼪则穴"——貉、鼬（黄鼬），有的版本全句作"貉、鼶、鼬则穴"，打洞居住。

"王始裘"——君王穿毛皮衣服。

"雀入海为蛤"——鸟蛤斧足发达，收缩时跳跃到空中，生活在浅海沙滩，体长 54 毫米。当跳跃时远望如麻雀。内陆生活的人误以为雀入海所变，实系鸟蛤本身的跳跃活动像雀的飞行。

十月："豺祭兽"——豺成群攻击中小型兽类，有时不一定将猎物全部吃光，放在一边。

"黑鸟浴"——黑鸟是乌鸦，冬季结群飞翔觅食，鸦阵飞行时受气流影响或高或低，好像在水中洗浴的样子。

"雉入淮为蜃"——蜃是河蚌和帆蚌等古称，盛产于淮河流域，肉白嫩可食，古人误以为蜃是雉入淮水而成，可能是受"雀入海为蛤"的启发联想所致。

"王狩"——君王狩猎。

"陈筋革"——剥制兽类的角、筋、皮并制成革（去毛）。

"啬人不从"——啬人指管理农产收敛的官吏，农事未完成，不得从君王冬狩。

"陨麋角"——麋鹿角脱落。

"鸣弋"——弋是鸢，"鸢鸣则风，这里作鸢飞鸣叫解释；鸣弋犹言鸣弦（弓弦），弋者以生丝系矢而射，谓猎禽也"。弋是以绳系箭而射，猎鸟活动。

"玄驹贲"——黝黑色的小马奔走，为了献马；玄驹是蚂蚁，贲可能是坟，地上有小土堆突起，蚂蚁开始活动。

"纳卵蒜"——"卵蒜"作"民算"解，"将人民的数目报告于最高统治者，故有交纳民数之举；""卵算"作"卯算"解，卯可写成"㐅"，似卵，甲骨文解释卯为用牲法，"纳卯算"可解释为：向首领报告可屠宰牲畜数目。

"虞人入梁"——管理渔事的官吏上报捕鱼和到现场捕鱼。

（引自郭郛《中国古代动物学史》第345~351页）

《吕氏春秋·月令》则是以后历代有关物候的范本，与前面不同之处是这里的物候为十二月历，其内容则与前面的大同小异。

一月（孟春之月）

东风解冻——东风吹拂，冰化解。

蛰虫始振——越冬动物开始活动。

鱼上冰（鱼上负冰）——鱼从底层向冰层游动。

獭祭鱼——水獭捕鱼，有时陈列岸边。

候雁北（鸿雁来）——雁向北迁飞。

二月（仲春之月）

桃李华（桃始华）——桃、李开始开花。

仓庚鸣——黄鹂鸣叫。

鹰化为鸠——鹰类自中原向北方迁飞，杜鹃（鸠、布谷）自南方向中原迁飞到鹰活动的场所。

玄鸟至——燕子自南方飞至中原地区。

三月（季春之月）

田鼠化为䳺——田鼠到农家附近活动，鹌鹑（䳺）从南方经中原向北迁移，在北方繁殖。

四月（孟夏之月）

蝼、蝈鸣——蝼蛄、蛙鸣叫。

丘蚓出——蚯蚓从土中出来。

五月（仲夏之月）

小暑至——小暑（7 月 6~8 日）。

螳螂生——螳螂孵化。

䴗（伯劳）始鸣。

反舌（百舌、乌鸫）无声——乌鸫停止鸣叫。

鹿角解——梅花鹿角脱落。

蝉（知了、柞蝉）始鸣——知了鸣叫。

半夏生——半夏出芽。

木堇（木槿）荣（朝开暮落的花）——木槿开花。

六月（季夏之月）

凉风始至——温风至。

蟋蟀居宇——蟋蟀到人居处活动。

鹰乃学习——幼鹰渐长，试飞和捕猎物。

腐草化为萤——萤科中一些种类如萤幼虫生活在潮湿的腐草附近，化蛹后羽化成萤，古人误以为萤乃腐草所化。

七月（孟秋之月）

凉风至——秋风吹来。

白露降——早晨有露水。

寒蜩鸣——寒蝉鸣叫。

鹰乃祭鸟——鹰捕捉大型鸟类。

八月（仲秋之月）

候雁（鸿、雁）来——鸿雁南飞。

玄鸟（雁）归——燕子飞去。

群鸟养羞（群鸟翔）——寒气将至，群鸟养进（生长）其毛羽御寒。

日夜分——秋分，日夜相等长短（9 月 22~24 日）。

雷乃（开始）收声——不闻雷声

蛰虫俯（坯、倍）户——昆虫入室藏伏入蛰。

九月（季秋之月）

候雁（鸿雁）来宾——又一批种类雁南飞。

爵（雀）入大水为蛤——鸟蛤在海滩跳跃，古人误认为麻雀化为蛤。

菊有黄花——菊开花。

豺则祭兽戮禽——豺成群追捕野兽禽鸟。

霜始降——霜降（10 月 23~24 日）。

草木黄落——草木枯黄。

蛰虫咸俯在穴——动物蛰伏在洞穴内。

十月（孟冬之月）

水始冰——水面结冰

地始冻——地表冻结

雉入大水为蜃——《夏小正》、《左转》均列：雉入淮为蜃，雉是雉（野鸡），蜃是河蚌和帆蚌等古称，蜃肉白嫩鲜美，为淮河流域盛产，古人误以为蜃是雉所化。捕蚌。

虹藏不见——雨后无虹。

立冬——进入寒冷冬天（11 月 7~8 日）。

天气上腾，地气下降，天地不通，闭而成冬——冬季来临。

十一月（仲冬之月）

冰益壮——冰加厚。

地始坼（裂）——地表冻裂。

鹖鴠（鳱鴠）不鸣——橙足鼯鼠不鸣叫。

虎始交——虎开始交配。

芸（芸台、芸薹、塌棵菜）始生——芸台生长。

荔（蠡实、马蔺）挺（莛，有苞的菜）——马蔺苞出。

蚯蚓结——蚯蚓类如环毛蚓冬季成团。

麋角解——麋角脱落。

水泉动——冰解冻，有小流出。

十二月（季冬之月）

雁北乡——雁自南方越冬地向北方迁飞。

鹊始巢——鹊开始筑巢。

雉雊——雄雉晨弯颈鸣叫求偶。

鸡乳——鸡孵卵。

征鸟厉疾——飞鸟飞得高而又迅速。

水泽复（水泽腹坚）——春水较多，又成沼泽。

（引自郭郛《中国古代动物学史》第 352~356 页，略有删节）

2. 动物物候中所利用的动物情况分析

总结《诗经·豳风·七月》、《夏小正》、《吕氏春秋·月令》、《礼记·月令》、《淮南子·月令》及《左传》等古代记载物候的文献，用于记录物候的动物种类是非常丰富的。粗略估计有 52 种之多，其中包括哺乳动物 15 种、两栖类 1 种、鸟类 18 种、昆虫 16 种、其他 2 种。从种类数量上看，所利用的动物类别以哺乳动物、鸟类和昆虫为主，其他类动物非常少。反映出古代人对动物熟知和掌握的范围和程度。各种类在几种主要古代物候文献中的具体应用情况详见表 5-5。

表 5-5　古代物候文献中包含的动物种类

动物类别	动物名称	文献
哺乳类	貉、狐狸、野猪、羔羊	《诗经·豳风·七月》
	田鼠、獭、鹿、熊、罴、豹、鼬、鼶、豺、麇、狸子	《夏小正》
	獭、田鼠、鹿、豺、虎、麋	《吕氏春秋·月令》
两栖类	无	《诗经·豳风·七月》
	蜮	《夏小正》
	无	《吕氏春秋·月令》
爬行类	无	
鸟类	苍庚、鵙、肃霜	《诗经·豳风·七月》
	大雁、雉、鹰、鸠、燕、仓庚、驾、爽、鸢、玄鸟、雀、黑鸟	《夏小正》
	大雁、苍庚、鹰、鸠、玄鸟、鵙、鴽、反舌、爵、雉、鵙、鹊、鸡	《吕氏春秋·月令》
昆虫类	蜩、斯螽、莎鸡、蟋蟀	《诗经·豳风·七月》
	蚳、縠、札、浮游、良蜩、蝘、唐蜩、蝉、蚕	《夏小正》
	虫、蝼、蝈、螳螂、蝉、蟋蟀、萤、蜩	《吕氏春秋·月令》
其他	蛤、蜃	《夏小正》
	蚯蚓、蜃	《吕氏春秋·月令》

二、利用动物表示空间

（一）动物与中国传统宇宙模式

1. 动物是三分世界宇宙模式各界的代表

中国古代有关宇宙的模式是三层立体结构，即处于最高层的是神的王国，称为天界，也称上界；居中是以人等生活的地界，也称中界；最下面的则是以水为介质的冥界，也称下界。动物在此类神话宇宙模式中，具有三方面的象征性功能，即动物作为三界中天、地二界的支撑性物体，作为三界之间互相沟通的媒介和三界的象征性代表。

在远古人类所建立的神话模式中，上界及天界代表着光明、永生的神界，是人们的理想世界。由于人没有翅膀，不能直接进入上方空间的神天世界，同时与人类似的兽类等陆生动物也无此功能，唯独鸟具有翅膀，可以飞入高空。理所当然地成为了上界的代表。鸟虽然有翅膀，可飞入高空，但并非所有的鸟均具有代表天界的资格，那些飞行能力不强的鸟，人们并未赋予其天界代表的资格，而只有那些鹰鹞之类有非常强飞行的能力者才具有这种资格，甚至需要创造出神鸟来进一步强化和象征。

地界是人及陆生动物生活的世界，人自然是其王者，所有人是地界当然的代表之一，此外，一些主要的陆生兽类也作为地界的代表动物。而居于地界之下的常是下界（水界），作为幽冥世界，陆生动物和鸟类当然无法作为其代表，于是鱼类作为下界的典型代表是自然而言的了。另外，龟、蛇等爬行动物也是下界的代表性动物形象。其主要原因在于，蛇、龟的穴居性质，也就是二者作为爬行性动物却可以钻入地下的缘故。而且在古人动物分类系统中，龟蛇是同鱼鳖分类在一起的。在湖南长沙马王堆一号汉墓出土的西汉帛画中，我们便可看到这种经过装饰性夸张的神话宇宙世界模式。在出土的画面中，天神世界处在画面的上方，其标志为位于中央的最高天神和两旁的日、月及龙、凤等不死的神兽。人间世界处在画面的中央，大地明显为一方盘之状，其上有人、一般动物及人类生活场面。而地下世界处在画面的下方，虽然没有在大地之下画出海水，但却出现了鱼鳖之类的典型海生动物。方盘状的大地恰由阴间神兼海神的巨人两臂托起，而巨人脚下则是两只巨大的水生动物形象。限于帛画的尺幅，除了天圆一项未能得到展现之外，神话宇宙观中另外两大特征即地方和地载于水均得到了确凿的验证[107]。

我们发现，远古人们根据生物的不同习性而将上、中、下三界的代表编排给不同种类的动物。有时为了强化甚至人为地加以夸张，创造出本来不存在的动物来代表。这些代表又逐渐演化成各种部落的图腾形象。在三界神话宇宙中，各种动物依据其相应的特征而分别与之对应的，其具体对应关系是：天界（上界）由其代表动物鸟类（特别是飞行能力强者）和龙等来表示；地界（中界）由其代表动物人和兽等陆生动物表示；而水界（下界）则自然由代表动物鱼和爬行动物（蛇、龟）等来表示。后面我们还会看到，这些不同性质的动物是如何与不同性质的四方时空相联系的。

2. 动物作为天、地二界支持性物体

在古代神话宇宙模式中，动物还有一个重要作用是作为天界、地界的支持物体，起到稳定上、中界的作用。这一点在许多民族神话中均有表现。在远古没有像现代科学那样解释天地自然现象的理论体系，作为天、地的稳定体系的平衡性维持，则是通过具体支持物体来解释的。这类支持物体，可以是高山或者是神奇性的动物。许多古代神话都有这方面的叙述，如我国彝族史诗《梅葛》，就有如下明确的叙述。

天补好了，
地补好了。
打雷时天不会垮，
地震时地不会塌；
可是补好的天还在摆，
补好的地还在摇；
因为没有撑天的柱，
没有撑地的柱；
要找撑天的柱，
要找撑地的柱。
格滋天神说：
“水里面有鱼，
世间的东西要算鱼最大：

[107] 叶舒宪.《中国神话哲学》. 上海：上海人民出版社，2000 年.

公鱼三千斤，
母鱼七百斤；
捉公鱼去！
捉母鱼去！
公鱼捉来撑地角，
母鱼捉来撑地边。”

公鱼不眨眼，
大地不会动，
母鱼不翻身，
大地不会摇，
地的四角撑起来，
大地稳实了[108]。

在这已经艺术化了的神话中，大地的四角（边）很明显是由鱼支撑起来的。而拉祜族民间史诗《牡帕密帕》中描述的同类表象是下面这样的。

厄莎搓下脚手汗，
做了四棵柱子：
金柱子，
银柱子，
铜柱子，
铁柱子。
又做了四条大鱼：
大金鱼，
大银鱼，
大铜鱼，
大铁鱼。
柱子明晃晃，
大鱼光灿灿。

柱子支在鱼背上，

[108] 云南省民族民间文学楚雄调查队.《梅葛：彝族民间史诗》. 昆明：云南人民出版社，1978 年.

再架四棵天梁，
再架四棵地梁，
天椽放在天梁上，
地椽放在地梁上，
从此天地分开了，
厄莎心里好喜欢[109]。

其神话情景是非常类似的。同样为人所知的《女娲补天》中的“断鳌足以立四极”也是如此。

由于地是负载水界之上的，故同样需要有支持物来维持。地负载于水上观念的形成完全可以从理性观察的角度去理解。大家现在已经熟识地球表面70%以上都是海洋，陆地所占是很小的部分。这种现象，古代的人同样会观察到，陆地为茫茫大海所限定。同样，地下有水的观念可以通过地下涌泉现象，通过掘土取水的现象，以及天降水入地下等观察而引发联想。在此基础上，产生地漂浮于水上的观念是完全合理的。由此我们还可以解释古人所谓的“天圆地方”的观念：天圆其实是说明天的形象为圆，也就是说，当人们站在旷野观天时，呈现在脑海中天的形态是覆盖于地表上的一个圆形（以观测者为中心点所观察到的是一个圆面或半球形）。地方者其实是指漂浮于水上的陆地整体形态的概括，方的观念并不是完全意义上的几何概念，而是与天的圆相对而言的非圆形态。特别要说明的是，古人的地并非是指现代的“地球”的整体概念，而只是相当于现代的大陆而已，否则就不会有下界水的宇宙观念了。这一点也可以从创世类神话中得到明确的佐证。中国的别称有九州、神州等，州字的意义就是指水中的陆地。《说文》：“昔尧遭洪水，民居水中高土，故曰九州。”可见中国其实就是漂浮于水上的陆地。

3. 动物在三界中的媒介作用

动物不仅是天、地、水所组成的上、中、下三界宇宙系统的代表，同时这些动物还具有在三界之间互通的作用，起到某种媒介沟通的作用。这方面的例证非常多，在湖南长沙马王堆一号汉墓出土的西汉帛画中，我们同样可看到，代表天神世界处在画面上方的龙凤等不死的神兽，地下世界出现的鱼鳖之类的典型海生动物等，都具有某些沟通三界联系的作用。

中国古代的瑞器——琮也是具有某种神秘力量的，其上刻画有某些特定的动

[109] 刘辉豪.《牡帕密帕：拉祜族民间史诗》. 昆明：云南人民出版社，1979年.

物图案，在一些学者看来也是寓意人们凭借以通天的媒介。有人以为琮是古代巫师用来通神的工具，其上的方、圆表示地和天，中间的穿孔表示天地之间的沟通。在许多琮上有动物图像，表示巫师通过天地柱在动物的协助下沟通天地，因此，可以说琮是中国古代宇宙观与通天行为的很好的象征物[110]。

道教典籍《太上登真三矫灵应经》中有各种作法召唤龙、虎等动物的方法，这些动物也是一种媒介。如叙述道人作法召唤龙、虎等动物的方式，其中讲到如何召唤白虎一段："凡用虎矫者，先当斋戒七日，于庚寅日夜半子时立坛，下方上圆，地方一丈二凡天圆三尺，用灰为界，道上安灯七盏，香一炉，鹿脯七分，白茆草一捏，安排了当，然后焚香告祝……"[111]。其实动物的通神作用是原始动物崇拜非常重要的心理基础。以这种动物在三界系统中媒介观念来看，远古礼器上的各种动物象形图案就不难理解，正是通过刻画这种图案来加强礼器的神圣作用。

（二）利用动物表示四方方位

中国古代另一个与动物有关文化现象是"四方神兽"问题，这种现象其实就是利用动物代表方位。谈到四方神兽，首先还是要提及中国古代天文学。大家现在都知道，古代天文学观测要对天区进行划分。其中星宿就是古代人观测天体运行的坐标体系，所谓宿就是场所、住所的意思。更具体地说，中国古人选择确定黄道附近的二十八个星座作为观察日月五星运行的坐标，即形成了所谓的二十八星宿。二十八星宿体系最早见于甘德的《天文星占》和石申的《天文》两书，时间约在公元前四世纪。此两部书已佚，但在《汉书·天文志》中留有甘氏和石氏的二十八星宿的星表。从出土文物来看，湖北随县擂鼓墩一号墓出土的一件漆箱，箱盖上面绘画龙虎及二十八星宿名称围绕着一个大"斗"字的图案（图 5-10）。此墓年代在公元前 430 年左右，因此把二十八星宿及四象记载的可靠年代上溯到了公元前 5 世纪。

为了观测方便，人们又按照东南西北四个方向把二十八星宿进一步分成四组，每组各包括七个星宿，形成所谓的四天宫。而且又给每个组配属一个特殊的动物名称，即青龙、白虎、朱雀和玄武，四方神兽就是指此四种配属动物而言。二十八星宿、四天宫与四方神兽之间的对应关系见表 5-6。

[110] 张光直.《考古学专题六讲》. 北京：文物出版社，1986 年：第 10 页.
[111] 李一珉.《道藏》. 北京：文物出版社，1998 年.

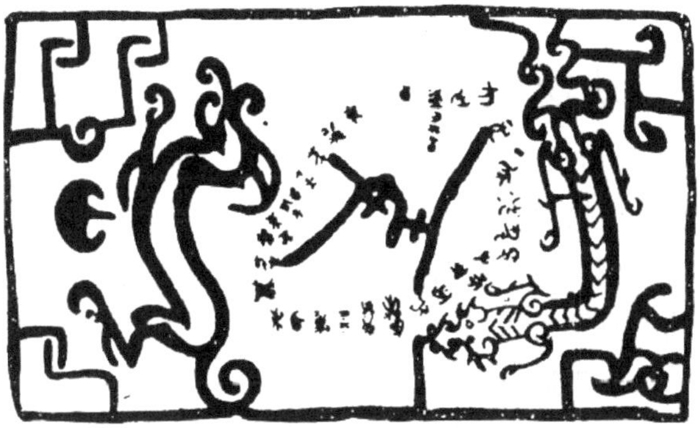

图 5-10　湖北随县擂鼓墩一号墓漆箱盖上的二十八星宿

表 5-6　二十八星宿、四天宫、四方神兽对应表

四天宫	二十八星宿名称	四方神兽
东方七宿	角亢氐房心尾箕	青龙
北方七宿	斗牛女虚危室壁	玄武
西方七宿	奎娄胃昂毕觜参	白虎
南方七宿	井鬼柳星张翼轸	朱雀

然而，上述四方神兽与天文之间的配属关系已经非常有系统，不可能是最原始的配属形式。换句话说，反映四方神兽与四方的关系应该有更早期的形式存在。考察战国时期的楚辞，我们可以看到这方面的诗句。如“左朱雀之茇茇兮，右苍龙之躍躍”（九辩），“飞朱鸟使先驱兮，驾太一之象舆；苍龙蚴虬于左骖兮，白虎骋而为右騑”（惜誓）。在“九辩”里，朱雀是配属在左方而苍龙则配属在右方。而在“惜誓”里，苍龙配属在左方，白虎配属在右方。朱鸟与朱雀是同一所指，配属在前方。从中可以发现，龙的位置可以是左和右，鸟的位置可以是左和前。可见在屈原的时代四方神兽还没有与四方建立固定的配属。如果这里描绘的前进方向是由北向南的话，则与四方对应关系就成了朱（鸟）雀配属在东或南方，苍龙配属再东（西）方，白虎配属在西（东）方，除了没有反映北方的玄武外，其余与天文五行中四灵兽配属的方向都有反映。可见在战国时代就已经有四方神兽配属关系了，只是配属还不固定。至于现在所知道的这种固定配属是如何确定的，则因无据可考而只能推测，也许是在五行观念极盛的汉代才最后形成。其实可以认为，四方神兽观念是与原始神话宇宙观念相一致的，是这种神话观念在后世天文理论中的明确反映。

第三节　动物在中国人四方时空中的象征作用

中国古代独特的生命哲学观念认识体现在时空方面，同样有其明确的特点。把四方时空看成为代表生命所处的不同状态，是理解神话时代原始思维认识的关键所在。人们对四方时空的意识是与太阳周期性运行密切相关的，太阳运动模式表现为日和年周期。这种日年周期运动，在日周期来讲太阳每天都从东方升起在西方落下；在年周期而言，则表现为四季寒暑气候变化。太阳的运动模式，如果以生命现象来看待，则太阳就同样可以有生死，而在古人来看，太阳的生死变化与大地上万物的生死变化是一致的。而且大地上万物的生死是由太阳决定的，从而太阳也就是以其循环运动而贯通上中下、海陆空三界的死而复生的象征。在四方时空动物象征体系中，太阳在东方的升起也可以看成生命诞生，从时间上看以日周期则对应于早晨，以年周期看则对应于春季。相反太阳在西方的落山则看成是生命的终结，从时间上看日周期则对应于夜晚，年周期则对应于冬季。四方时空中的生物文化内容主要有颜色、动物种属、五行属性等几个问题。

一、东方时空

中国人最早的时空观念起源于何时没有确切的证据可考证，记载中在《尚书·尧典》有：“乃命羲和，钦若昊天，历象日、月、星辰，敬授民时。分命羲仲，宅嵎夷，曰旸谷，寅宾出日，平秩东作。日中，星鸟，以殷仲春。厥民析，鸟兽孳尾。申命羲叔，宅南交，平秩南讹，敬致。日永，星火，以正仲夏。厥民因，鸟兽希革。分命和仲，宅西，曰昧谷，寅饯纳日，平秩西成，宵中，星虚，以殷仲秋。厥民夷，鸟兽毛毨。申命和叔，宅朔方，曰幽都，平在朔易。日短，星昴，以正仲冬。厥民隩，鸟兽氄毛。帝曰：‘咨，汝羲暨和，期三百有六旬有六日，以闰月定四时，成岁。允厘百工，庶绩咸熙。’”这是非常明显的古代时空坐标体系，也是中国古代的基本历法体系。应该说这种体系出现在《尚书·尧典》已经是非常成型的了，其形成过程应该经历了比较漫长的认识过程。在这里自然生物的生命过程与季节时间的对应关系是非常具体明确的，就是东方春天时的鸟兽孳尾，主生的意义十分明显。

在《山海经》中，东南西北四个方向分别有不同的神人存在，而且记载的四方神的形象也都具有本身的形象特征。其中与东方对应的神人是句芒。句芒作为生命之神有明确的文献记载，《墨子·明鬼下》有一则传说："昔者郑穆公，当昼日中处乎庙，有神入门而左，鸟身，素服三绝，面状正方。郑穆公见之，乃恐惧奔。神曰：'无惧，帝享女明德，使予赐女寿，十年有九；使若国家蕃昌，子孙茂，毋失郑。'穆公再拜稽首，曰：'敢问神名？'曰：'予为句芒。'"在这里句芒神具有主生作用是非常明确的。此外还有的传说认为句芒是东面扶桑国的属神，其所代表的意义就更加明显了。《淮南子·时则训》有："东方之极，自碣石山，过朝鲜，贯大人之国，东至日出之次，榑木之地，青土树木之野，太皞、句芒之所司者，万二千里。"是说句芒乃东方为一地区性的神。学者丁山先生从语音学对句芒的形象做了比较有说服力的阐述，他认为："句芒，当然是东方大神。句芒的造像特征是，'鸟身，素服，玄纯。'假定将'素服'的服字通假为腹，那么它就成为黑身白肚子的鸟，活象玄燕子了。诗商颂所谓'天命玄鸟，将而生商'，商祖玄鸟，故可确定为句芒的化身，即礼记月令所谓'仲春，玄鸟至，至之日，以太牢祠于高禖'，高禖当然也是句芒的语转[112]。"虽然作者不同意玄鸟是燕子，但是其对句芒的认识是有一定道理的。从另一层面上说，玄鸟的来临其实是象征太阳能量在春天的回归，而这种回归是生育万物的根本。而鸟作为太阳的使者代表太阳来地上化生万物，是当然的使命，因此，与东方有关的神人具有鸟的形态特征不是偶然的，这是原始太阳崇拜的曲折反映。《尚书大传·鸿范》有："东方之极，自碣石东至日出榑木之野，帝太皞神句芒司之。"太皞者，太阳也。说得再明白不过了。从这里我们看到，太阳和鸟的形象在原始思维中主生的象征作用，而且这种作用又是与万物复苏的东方和春天相关的。

二、南方时空

在《山海经》中，与南方有关的神人是祝融。从方向上看，南是东的继续；从季节时间上看，南同样是春天的继续，是春天发展的顶峰。说南方是东方在时间和空间上的继续，是因为人们的认识过程也是先有东西方向之后才有南北方向的。古汉语学家王力先生认为，在商和西周以前，一年只分为春秋两个时段，这也是春秋称谓年的本质所在。只是随着历法的逐步详细之后才有增加南北方向的。因此，从这层意义上说，南方的神人形象与东方具有相通的地方就是自然的了，

[112] 丁山.《中国古代宗教与神话考》. 上海：龙门联合书局，1961 年.

事实上也的确如此。古代有关帝神的记载，其名称都明显反映出与热、火有关，如《山海经·大荒西经》："颛顼生老童，老童生祝融，祝融生太子长琴。"祝融是重黎，帝喾高辛氏时为火官。《山海经·海内经》："炎帝之妻，赤水之子听訞生炎居，炎居生节并，节并生戏器，戏器生祝融。"此外与南方有关的神还有炎帝和丹朱。学者的研究表明，炎帝、祝融、丹朱等都是与太阳有关的神，这从名称中的炎、朱、融等表示火、热的意义中已经非常明白不过。而从另一个侧面看，这些神可以认为是一个神，只是名称不同而已。《白虎通·五行》中的文字也直接说明了这点："时为夏，夏之言大也……阳度极也。其帝炎帝者，太阳也。其神祝融者，属续，其精为鸟，离为鸾。"这里不但说明了这种神的属性，还直接提到了其为鸟的形象特征。而《山海经》提到的祝融形象却是"兽身人面"，并没有说明其具有鸟的特征。其实这里的兽身作者认为不能简单地认为属于哺乳动物，鸟在许多古文献中也常可以称为兽。如《淮南子·天文训》："东方木也，其帝太皞，其佐句芒……其兽苍龙……南方火也，其帝炎帝，其佐朱明……其兽朱鸟……"在此把五方动物都称为兽。另外，在《山海经》中却有称兽为鸟之处，如中容国、四幽国、白民国、黑齿国、三身国等与帝俊有关的国。《大荒东经》："有中容之国。帝俊生中容，中容人食兽、木实，使四鸟：豹、虎、熊、罴。"……"有白民之国。帝俊生帝鸿，帝鸿生白民。白民销姓，黍食，使四鸟：豹、虎、熊、罴。"……《大荒南经》："……生此三身之国，姚姓，黍食，使四鸟……"可见，在古代鸟兽动物称谓是可以互换的。

正因为南方是太阳力量最为强盛之处，所以在以崇拜太阳为主的远古社会，南方在人们的心理地位也是最高的。而太阳的这种崇高的地位也同样与光明正大、公平等社会价值相联系，是社会正价值观念形成的自然心理基础。由此则古代的帝王要面南背北，象征其向往光明和公平执政。同样社会上最原始的商业贸易行为与太阳方位有关，那就是在日中的正午进行交易。这种传说在《史记补·三皇本纪》和《潜夫论·五德志》有炎帝作市的记载，而关于祝融作市的传说则在《世本·作篇》中有记载。把市场的创造者定位为与南方和太阳象征的神明，其本身就具有揭示交易的公开和公正性基本要求。直到商品极度发达的今天，这种交易的内在本质仍然是维持世界发展的根本价值观念。

回到生命发展上来看，万物由春天之生到南方就达到了其发展的最高阶段。生命力在夏天达到了最旺盛之处，繁荣兴盛是夏的最显著特点。然而盛之极则其另一面也就开始了，那就是与之相反的季节的到来。

三、西方时空

从生命观念上看，与东方和南方相反，西方和北方是生命衰老和死亡的时空方向。这从与之相关的方向神的动物形象是一致的，文献记载中反映的事实也对此有明确地验证。秋天对动植物生命的摧残，是人们对这一季节内动植物之凋零和死亡的长期观察后认识到的。而这种衰老和死亡的原因是与天气的冷暖相一致的，由此人们自然会认为太阳的能量在此时已经大为减弱。与此对应的另一面，寒冷却得以逐步加强，这种认识便是与阳对应的观念阴产生的基础。也由此出现了与太阳崇拜对应的对太阴即月的崇拜，而对月的崇拜是与刑杀死亡相联系的。这种崇拜关系在神话中是隐晦的，因为人们的心理总是好生恶死的。于是与月有关的神话总是以其相反的形式出现的，而且总是带有一点抹不去的忧郁色彩。

与西方相关也有不同的神存在，在《山海经》中，西方神是蓐收。《山海经·海外西经》："西方蓐收，左耳有蛇，乘两龙。"郭璞注："金神也，人面、虎爪、白毛，执钺。"对蓐收的形貌的这一解释在先秦文献中也有，《国语·晋语二》："虢公梦在庙，有神，人面白手虎爪，执钺立于西阿。公惧而走。神曰：'无走。帝命曰：使晋袭于尔门。'公拜稽首。觉，召史占之。对曰：'如君之言则蓐收也，天之刑神也，天事官成。'公使囚之，且使国人贺梦……以其族适晋，六年，虢乃亡。"这种解释与前面《墨子·明鬼下》中对东方句芒神形象描述在结构上如出一辙。由于蓐收神同秋天、西方所具有的内在联系，传说中也被说成是西极之国的属神（《淮南子·时则训》）或司入日之神（《山海经·西次三经》）。

与西方象征衰落死亡有关的动物形象无疑是虎，同时还有与之有牵累的兔子，而虎和兔子实际上又间接地同月亮发生联系。如果说太阳是生命的象征，那么相反月亮则是死亡的象征。月亮崇拜其实就是死亡崇拜的一种变通形式，是对太阳崇拜的补充形式。这样象征死亡的西方空间与象征死亡的月亮及虎、兔子等就自然结合在一起了。上面说的西方神蓐收具有虎的特征，还有一位与西方和死亡有关神，那就是有名的西王母。由于各种分歧矛盾的记载，西王母是古今争议最多、身份和性质最不明确的神话人物。西王母神话的空间定位在西方，这一点几乎没有争议。《山海经·西山经》有明确记载："西三百五十里曰玉山，是西王母所居也。"由于西方属阴、配秋的神话认同，西王母又是太阴之神即月神，同时还是主刑杀的秋神、凶神。关于西王母的月神身份，自古就有证据。《吴越春秋·勾践阴谋外传》云："立东郊以祭阳，名曰东皇公。立西郊以祭阴，名曰西王母。"《轩辕黄帝传》言："时有神西王母，太阴之精，天帝之女。"可为月神确证。此外，还可以从下述事实得到说明：西王母曾被视为月神，西北边鄙的汉语命名中常出现像"月氏"、"大月氏"、"禺氏"（北方之神禺强之姓）、"鬼侯"（又称九侯，周初居住在华夏族西北的九国）、"鬼方"等。与月神的特征相关联，西王母还兼刑神的身份。最能代表刑杀的动物形象莫过于老虎，于是与西方有关的神就都带有虎的形象特征，西王母也是这样。《山海经·西山经》："西王母其状如人，豹尾虎齿而善啸，蓬发戴胜，是司天之厉及五残。"郭璞注："胜，玉胜也。主知灾厉五刑残杀之气也。"《山海经·大荒西经》也有类似的描绘："有人，戴胜，虎齿，有豹尾，穴处，名曰西王母。"到后来《鸿苞轩辕黄帝纪》则又将西王母描绘为"人身虎首，豹尾蓬头，戴胜颢然，白首善啸"。在西王母身上我们看到月、虎的统一象征性质。月神与阴间联系，主管阳界中的刑杀，因而有死之意。虎食人之性亦使它代表死亡，同阴间有了关系。虎与月的关系，在神话中是以兔为中介的。月兔神话起源甚早，而虎在楚语中又叫於菟。闻一多先生曾引用了丰富的训诂学材料证明虎与兔的同一性关系，最形象的材料莫过于"虪"字，在造字者的心目中，虎和兔这两种不同的动物是可以合为一体的。今汤炳正先生更进一步指出，《天问》中所问及的月兔神话实质上本为月虎神话之衍变，何新先生也对此做了多方面的申论，兹不赘述。由此在象征植物之死（秋收）、动物之死（狩猎）、人之死（刑杀）的神话观念是都统合在西方这一"阳衰阴盛"的原型性时空背景中，而西王母、蓐收、蚩尤等刑神、厉神又都同月、虎等发生直接的联系，是作为代表杀的形象出现的。

地处西方的太阴神在秋季到来时行使刑杀之功能，正符合阳衰阴盛的宇宙规律。正如树木与禽兽需"以时"杀伐，对人的刑杀也有规定时间，那便是阳衰阴盛之时。春夏为德，秋冬为刑。先德后刑以养生。三时成功，一时刑杀，天地之道也。这就明确了之所以要在秋季进行刑杀的哲理根据，而这种哲理实质上还是神话哲学的产物。正因为中国的西方神代表着宇宙运行的必然法则，所以尽管她与死亡相联系，却仍然被视为维护自然秩序和社会秩序的保障，是威严而公正的化身。刑的存在是为了使人畏威，从而慕德。与虎威的特征相对应，中国古代掌管狩猎的官员亦以虎为名——驺虞。贾谊《礼篇》云："驺者，天子之囿也，虞者，囿之司兽者也。"《周礼·太宰》中叫虞衡，《礼记·檀弓》中叫虞人，《月令》中叫野虞。其所以同虎相关，从虞字的字形可知，因为田猎即对兽类的刑杀，也是需要威的。杀兽要假借虎的名号，杀人亦复如此，实际上还是突出"威"。即是帝王宫廷的武卫，像虎士、虎臣、虎贲，亦皆以虎字为名，身着虎皮衣挎，腰间用虎皮系着刀兵。还有帝王出猎，前有蒙虎皮的皮轩车，后有身披虎皮的猎手。猎手上身穿斑纹虎皮衣，下身穿白色虎文挎。凡此种种伪装，皆以虎皮逞其凶猛。由此意义引申出虎也是古代军事权利的象征。

除西王母外，上古神话中还有几位处在同一原型性时空背景中的刑神、厉神或战神，他们也多少具有虎豹之类猛兽的特征。如同在昆仑神山充当武卫、战神的开明兽和陆吾，皆为虎身人面之神。有的学者认为刑杀必用刑具，刑具多用金属制造而成，这也许就是西方与金相配的一个原因。在这里，我们自然又想到了古神话中造金属兵器的蚩尤，在此可指出蚩尤与西方、金、五刑等的联系。“蚩尤者，炎帝之后，与少昊治西方之金。”《遁甲开山图》说的是蚩尤与西方之金的关系。《世本·作篇》也有类似的传说，“蚩尤以金作兵器”。蚩尤不光是兵的制造者，还是五刑的首创者，这就使他同司天之刑的西王母和蓐收在功能上彼此认同了。作为刑神的蚩尤，在汉武梁祠石刻造型中为豹尾虎爪头戴弓，手执剑戟，足踏矛与弓，一副凶神恶煞的样子。生命在秋天衰老和死亡，其后就要进入另一个隐藏不见的状态，那就是北方冬季的到来。

四、北方时空

与东、南、西三方一样，掌管北方神称为颛顼，他的辅佐神为玄冥。《山海经·海外北经》：“北方禺强，人面鸟身，珥两青蛇，践两赤蛇。”《山海经·大荒北经》：“北海之渎中，有神，人面鸟身，珥两青蛇，践两赤蛇。名曰禺强。”但在后世有关北方的神基本都以颛顼为名，如《淮南子·天文训》：“北方水也，其帝颛顼，其佐玄冥……其兽玄武。”从语音上看，禺强与颛顼是非常相近的，可以认为是同一个神。从北方神的形象特征上，我们发现比其他三个方向神要复杂，动物包括鸟、蛇和玄武。从后世出土文物形象上看，玄武多绘成龟与蛇的组合形象。因此可以认为北方神的动物形象是包含鸟和爬行动物在内的组合动物形象。这样就产生了一个问题，为什么东南西方都是单一动物形象，而唯独北方是组合形象？要回答这个问题首先需要研究清楚由北方空间所象征的意义。北方作为象征生命终结的西方的延续，无疑具有与死亡有关的象征意义，因此它同黑暗、寒冷、冬季、阴间地狱都有着密切联系。从“颛”字意义就可以发现，颛具有蒙的意思，如《韵会》所注：“颛，蒙也。”从这个意义不难联想到上古神话中北方地狱的别称“蒙谷”。由此可以认为颛顼是古神话中的阴间地狱之神，相当于后代的阎王。从语义看，幽暗不明引申为蒙昧无知，也就是心理分析所说的无意识状态。从无意识状态到意识状态，也就是从幽到明，从隐到显，从睡眠状态到清醒状态。语言中表达这种转化的词常为隐喻词，如开悟、启蒙等。在这里，我们看到了黑暗不明状态与无意识状态、睡眠状态之间的象征认同基础。从这一层次就会理解秋收冬藏的意思，其实就是冬天属于隐藏的季节，也就是北方为万物隐藏的方向。隐藏对于生命来说既可以是死亡的形式，也可以是冬眠的形式。上面论述宇宙空间观念时说到大地环水，地下为水的古代认识模式。由此代表阴间的北方就与浩漫大水及四海相通，所以颛顼也身兼水神的功能。至于玄冥作为水神是与颛顼性质相同的，无需赘述。冬季是阴极盛，阳极衰的季节，当此季节，动植物或冬眠或藏伏，大地上呈现出一片无生命的荒凉景象，这正是冬天具有死亡意义的原因。因此与这种象征意义相一致的爬行动物自然应该成为代表北方神的形象特征，而爬行动物最典型常见的无外乎龟和蛇，这就是玄武动物组合的根本内涵所在。

另外，作为自然生命周期的终结和万物藏伏的冬季同死亡相联系，但作为新的自然生命周期的准备和万物复苏之基础的冬季，又同生命的孕育相联系。因此，与北方有关的神话常是以死而复生为其主题的。这一点就体现在颛顼这位神秘的北方冬神的传说中。《山海经·大荒西经》说：“有氐人之国……有鱼偏枯，名曰鱼妇。颛顼死即复苏。风道北来，天乃大水泉，蛇乃化为鱼，是为鱼妇，颛顼死即复苏。”多数学者认为这段文字是对生命死亡与复活之间转化的神话描述。如丁山认为“鱼妇”就是鱼凫，颛项死即复苏的神话，盖即象征草木冬枯春生，昆虫冬蛰春蠕的寓言。袁珂先生的理解是，当大风从北方吹来，地下的泉水因为风吹而溢出地面时，蛇就变化为鱼，死了的颛顼趁机附在鱼身上复活。复活的颛顼半身为鱼半身为人，叫做“鱼妇”，大约是说鱼做了他的妻子，救活了他的性命。陆上生物死后下阴间，在阴间获得另一种生命形态，往往采取陆生动物变形为水生动物的形式。偏枯的鱼妇兼有陆生动物和水生动物的双重特征，因而是阴间大水与阳界陆地之间的神话中介物，也是生与死之间交互作用的神秘媒介。可见，不同种类的生物之间相互变形是生命超越生死之限获得无限延续的象征。从阳世过渡到阴间，是同从西方进入北方，从陆地进入大水具有象征认同关系的。说的是从阳界到阴间的空间转换，这正是爬行动物化为水生动物的变形背景，也是颛顼神在阴间复苏的时空限定。另外，生命过程从西方的死亡过渡到北方就是完成了陆地形态向水生形态的转化，是由生入死。但是这并不是生命的终结，生命还要在这里经过另一相反方向的转变，就是由死向生的转化。这是生死轮回的原始心理基础。中国古代许多冬节里的习俗都与这种生命的复活有关。最典型的就是腊月驱鬼驱鬼逐疫习俗。对此《吕氏春秋·季冬》有记载："命有司大傩。"高诱注："大傩，逐尽阴气为阳导也，今人腊岁前一日击鼓驱疫，谓之逐除是也。"《后汉书·礼仪志》也有："先腊一日大傩，谓之逐疫。"《周礼·夏官·方相氏》云："方相氏掌蒙熊皮，黄金四目，玄衣朱裳，执戈扬盾，帅百隶而时傩，以索室殴疫。"在神话意识中，爬行动物蛇可以变为水生动物鱼，反过来，水生动物鱼也可以变为爬行动物蛇。如果前一种变形的背景是从秋到冬，从陆到水，从阳界到阴间的话，那么后一种变形的背景则为从冬到春，从水到陆，从阴间到阳界。徐旭生先生曾把颛顼的死而复苏解释为蛇化鱼后再度化为蛇。按照这种解释，颛顼的神通变化的象征意义应是，能够以化身变形的形式通行阳界与阴间的大神，每次通过阴间大水都要变化为鱼，而当走出阴间时又再度变为阳界动物蛇。从颛顼又叫高阳氏这一线索来判断，他显然是循行阴阳两界的太阳神的又一分身。死即复苏的神话仍是以太阳夕落朝出的自然现象为基型的。从这种意义上说，其动物形象包括阳性象征的鸟和阴性象征的龟蛇就非常自然了。

按照同一规律，我们还可进一步读解有关颛顼神之系谱的神话叙述。《山海经·海内经》云："流沙之东，黑水之西，有朝云之国，司彘之国。黄帝妻雷祖生昌意，昌意降处若水，生韩流。韩流擢首、谨耳、人面、豕喙、麟身、渠股、豚止，取淖子曰阿女，生帝颛顼。"从象征意义来理解，黄帝即光帝，即东方日出之象征，故其地为"朝云之国"，昌意之"昌"字本义为光明盛大，乃南方之朱明神，即正午与盛夏之太阳的别号，故黄帝生昌意，说的是由晨至午或由春至夏，由东至南，昌意降处若水，说的是午后的太阳西落，故曰"降"，而若水在今四川省，为上古中国之西部，昌意所生之韩流，是由午至暮或夏至秋的象征表现，韩与寒通，由韩流再生出颛顼，说的是由秋入冬，从西到北，从暮至夜的时空转换。从神话中的神之系谱构成规律可以自然地联想到上古史中的某些帝王世系的构成，我们发现有些帝王世系也是按照同样的"元语言"即时空循环变易模式而构造出来的，因此，与其说是神话的历史化，不如说是历史的神话化，即按照神话的原型模式构拟出的历史。

中国上古时期，还有一个流传甚广的蜡祭活动或称腊祭。《五经要义》："三代名腊，夏曰嘉平，殷曰清祀，周曰大蜡，总谓之腊。"《礼记·月令》疏引蔡邕《章句》说，"夏曰清祀，殷曰嘉平，周曰蜡，秦曰腊。"蜡祭举行的时间在一年的最后一个月，即腊月。腊月之名既是由此而来。蜡祭的主题其实是在岁末年终之际为自然生命的衰亡而息老送终，从其以“昔’为结构因素的字形来命名的蜡或腊字中非常明显地带有象形意义。《周礼·春官·能章》有：“国祭蜡，则献豳颂，击土鼓，以息老物。”郑注云：“谓十二月建亥之月也，求万物而祭之者，万物助天成岁事，至此为其老而劳，乃祀而老息之，于是国亦养老焉。”按照郑注，蜡祭的功能在于慰劳帮助天完成自然生命循环的万物，让它们在“老”的时候得以休息。在这里，蜡祭的对象为自然万物。而《礼记·郊特牲》则有另一种解释：“天子大蜡八，伊耆氏为蜡。蜡者索也。岁十二月，合众万物，而索飨之也。蜡之祭也，主先啬而祭司啬也（郑注：先啬如神农者，司啬后稷是也）。祭百种，以报啬也。飨农及邮表缀、禽兽，仁之至也。古之君子，使之必报之。迎猫，为其食田鼠也，迎虎，谓其食田豕也，迎而祭之也，祭坊与水庸事也。曰：‘土反其宅，水归其壑，昆虫毋作，草木归其泽。’皮弁、素服而祭，素服以送终也。葛带、榛杖丧杀也。蜡之祭，仁之至，义之尽也（郑注：送终丧杀，所谓老物也）。黄衣、黄冠而祭，息田夫也。野夫黄冠，黄冠草服也。八蜡以记四方，四方不顺成，八蜡不通，以谨民财也。顺成之方，其蜡乃通，以移民也。既蜡而收，民息已，故既蜡，君子不兴功。”这一大段话包含两个意思点：其一，蜡祭的对象有八，故称“八蜡”。按照郑注，这八种受祭对象为：先啬即神农氏、司啬即后稷、农与邮表缀即田畯、猫、虎、坊、水庸（沟）、昆虫。其二，蜡祭的性质既有息老送终的一面，也有“报”即报答酬谢的一面。所要报答的是为农业生产作出贡献的神、动物及设施，所以蜡祭可以说是古代农耕社会的一种报祭礼仪。而这种报祭礼仪的目的在于为了来年各种生命的复生，并继续为人们的社会发展提供物质基础条件。

由此，中国古代在四方时空的认识上具有这种生命哲学的味道。在原始中国人的眼里，四方时空与生命的发展变化是对应统一的。而且这种对应统一的关系是具体而明确的，那就是东方对应于春天，代表生命的发生；南方对应于夏天，代表生命的生长；西方对应于秋天，代表生命的衰老；北方对于于冬天，代表生命的终结。这是以年周期而言，对于日周期来说这种对应关系也是同样的，就是东、南、西、北四方分别对应于一日的晨、午、昏、夜四个时段。其实质就是对太阳在地日时空的运行规律观察，并进行生命意识抽象认识的反映。此后，这种认识进一步深化，上升到阴阳五行理论体系，则是后面章节要具体讨论的内容。

第六章 动物与中国传统象征文化

利用自然事物变化来预示社会吉凶，在中国最早的文献记载中就已经开始。《尚书·牧誓》篇王（武王）曰："古人有言曰：'牝鸡无晨，牝鸡之晨，惟家之索。'今商王受，惟妇言是用，昏弃厥肆祀弗答，昏弃厥遗王父母弟不迪。"意思是说，母鸡不能司晨，如果母鸡司晨，就是家庭败亡的象征。在这里，鸡的行为就是一种吉凶的象征。象征作为中国文化最主要的特征，其体现是多方面的，除天地自然物体外，动物是最重要的象征物。动物作为人们社会生活中吉凶象征物，其历史非常古老。诸多古代典籍中，几乎都有动物吉凶象征现象出现。尤其像《山海经》、《宋书》、《搜神记》等，更是有相当篇幅记载这方面的传说故事。动物形象出现于历史记载中，是一种比较普遍的现象。以下从主要历史文献来考察动物预示吉凶现象，以说明这种现象的本质。

第一节 中国古代典籍记载的象征吉凶的动物

一、《竹书纪年》记载的象征动物

《竹书纪年》是晋代发现的古籍，据研究是魏国的史书。《竹书纪年》分为古本和今本两个版本，所记载的内容大体一致。从《古本竹书纪年》来看，出现动物预示吉凶的记载只有十二条。具体如下。

五帝纪：三苗将亡，天雨血，夏有冰，地坼及泉，青龙生于庙，日夜出，昼日不出。

夏纪：柏杼子征东海，及王寿，得一狐九尾。

后荒即位，元年，以玄珪宾于河，命九东狩于海，获大鸟。

周纪：昭王十六年，伐楚荆，涉汉，遇大兕。

周昭王十九年，天大曀，雉、兔皆震，丧六师于汉。

穆王南征，君子为鹤，小人为飞鸮。

夷王猎于杜林，得一犀牛。

宣王三十年，有兔舞镐。

周（宣）王三十三年，有马化为狐。

晋纪：二十五年，正月，狄人伐晋，周阳有白兔舞于市。

魏纪：惠成王十七年，有一鹤三翔于郢市。

今王四年，碧阳君之诸御产二龙。

考察《今本竹书纪年》，其记载动物的条文共有八条。这八条之中，按时代分布分别为：黄帝时期一条，帝尧一条，帝扁一条，文丁一条，帝辛两条，武丁一条，周宣王一条。这些条文的具体内容，现摘录如下。

五帝纪：黄帝轩辕氏　五十年秋七月庚申，凤鸟至，帝祭于洛水。

殷纪：帝扁　武丁　　二十九年，肜祭太庙，有雉来。

文丁　名托　　十二年，有凤鸣于岐山。

帝辛　名受　　三十二年，五星聚于房，有赤乌集于周社。

四十八年，夷羊见。

周纪：两条记载与古本同。即昭王十六年，伐楚荆，涉汉，遇大兕。周昭王十九年，天大曀，雉、兔皆震，丧六师于汉。

武丁　名昭　周成王　十八年春正月，王如洛邑定鼎，凤凰见，遂有事于河。

周宣王　三十年，有兔舞于镐京。

《竹书纪年》中的这些记载，有的明确与吉凶相联系，如古本中的五帝纪条：三苗将亡，天雨血，夏有冰，地坼及泉，青龙生于庙，日夜出，昼日不出。周昭王十九年条：天大曀，雉、兔皆震，丧六师于汉。有的则应该为吉利之意，如古本中的夏纪：柏杼子征东海，及王寿，得一狐九尾。夷王猎于杜林，得一犀牛。而有的则并未说明是否吉凶，如周纪：昭王十六年，伐楚荆，涉汉，遇大兕。宣王三十年，有兔舞镐。魏纪：惠成王十七年，有一鹤三翔于郢市；等等。说明《竹书纪年》还没有出现所谓祥瑞思想，只是有初步的吉凶观念而已。

二、《史记》记载的象征动物

司马迁所著《史记》中，同样有关于动物预示吉凶现象的记载，如《五帝本纪》和《封禅书》等篇，说明动物预示吉凶情况在正史中古已有之。

《夏本纪》中有两处记载动物预示吉凶现象，具体内容如下。

于是夔行乐，祖考至，群后相让，鸟兽翔舞，箫韶九成，凤皇来仪，百兽率舞，百官信谐。帝用此作歌曰："陟天之命，维时维几。"乃歌曰："股肱喜哉，元首起哉，百工熙哉！"皋陶拜手稽首扬言曰："念哉，率为兴事，慎乃宪，敬哉！"乃更为歌曰："元首明哉，股肱良哉，庶事康哉！"又歌曰："元首丛脞哉，股肱惰哉，万事堕哉！"帝拜曰："然，往钦哉！"于是天下皆宗禹之明度数声乐，为山川神主。

"这时，夔担任乐师，谱定乐曲，祖先亡灵降临欣赏，各诸侯国君相互礼让，鸟兽在宫殿周围飞翔、起舞，《箫韶》奏完九通，凤凰被召来了。群兽都舞起来，百官忠诚合谐。舜帝于是歌唱道：'奉行天命，施行德政，顺应天时，谨微慎行。'又唱道：'股肱大臣喜尽忠啊，天子治国要有功啊，百官事业也兴盛啊！'皋陶跪拜，先低头至手，又叩头至地，然后高声说道：'您可记住啊，要带头努力尽职，谨慎对待您的法度，认真办好各种事务！'于是也接着唱道：'天子英明有方啊，股肱大臣都贤良啊，天下万事都兴旺啊！'又唱道：'天子胸中无大略啊，股肱大臣就懈怠啊，天下万事都败坏啊！'舜帝拜答说：'对！以后我们都要努力办好各自的事务！'这时候天下都推崇禹精于尺度和音乐，尊奉他为山川的神主，意思就是能代山川之神施行号令的帝王。"（引用网络版《史记》中的翻译，下同）。

帝孔甲立，好方鬼神，事淫乱。夏后氏德衰，诸侯畔之。天降龙二，有雌雄，孔甲不能食，未得豢龙氏。陶唐既衰，其后有刘累，学扰龙于豢龙氏，以事孔甲。孔甲赐之姓曰御龙氏，受豕韦之后。龙一雌死，以食夏后。夏后使求，惧而迁去。

"帝孔甲继位后，迷信鬼神，干淫乱的事。夏后氏的威德日渐衰微，诸侯相继背叛了他。上天降下两条神龙，一雌一雄，孔甲喂养不了它们，也没有找到能够饲养的人。陶唐氏已经衰败，有个后代叫刘累，从会养龙的人那里学会了驯龙，就去侍奉孔甲。孔甲赐给他姓御龙氏，让他来接受豕韦氏后代的封地。后来那条雌龙死了，刘累偷偷做成肉酱拿来献给孔甲吃。夏后孔甲吃了以后，又派人去找刘累要肉酱，刘累害怕了，就迁到鲁县去。"

在《殷本纪》中有一处记载，内容如下。

帝武丁祭成汤，明日，有飞雉登鼎耳而呴，武丁惧。祖己曰："王勿忧，先修政事。"祖己乃训王曰："唯天监下典厥义，降年有永有不永，非天夭民，中绝其命。民有不若德，不听罪，天既附命正厥德，乃曰其奈何。呜呼！王嗣敬民，罔非天继，常祀毋礼于弃道。"武丁修政行德，天下咸欢，殷道复兴。

有一次武丁祭祀成汤，第二天，有一只野鸡飞来登在鼎耳上鸣叫，武丁为此惊惧不安。祖己说："大王不必担忧，先办好政事。"祖己进一步开导武丁说："上天监察下民是着眼于他们的道义。上天赐给人的寿运有长有短，并不是上天有意使人的寿运夭折，中途断送性命。有的人不遵循道德，不承认罪恶，等到上天降下命令纠正他的德行了，他才想起来说'怎么办'。唉，大王您继承王位，努力办好民众的事，没有什么不符合天意的，还要继续按常规祭祀，不要根据那些应该抛弃的邪道举行各种礼仪！"武丁听了祖己的劝谏，修行德政，全国上下都高兴，殷朝的国势又兴盛了。

《封禅书》中也有关于动物预示吉凶的记载，其中前两处记载内容同《五帝本纪》，只是文字更为简略。具体内容如下。

"……禹遵之。后十四世，至帝孔甲，淫德好神，神渎，二龙去之。"

"帝武丁得傅说为相，殷复兴焉，称高宗。有雉登鼎耳雊，武丁惧。祖己曰：'修德。'武丁从之，位以永宁。"

除此之外，《封禅书》中还有三处记载，其中一处是有关齐国国君齐桓公的，内容是管仲规谏其预封禅想法，内容如下。

"齐桓公既霸，会诸侯于葵丘，而欲封禅……桓公曰：'寡人北伐山戎，过孤竹；西伐大夏，涉流沙，束马悬车，上卑耳之山；南伐至召陵，登熊耳山以望江汉。兵车之会三，而乘车之会六，九合诸侯，一匡天下，诸侯莫违我。昔三代受命，亦何以异乎？'于是管仲睹桓公不可穷以辞，因设之以事，曰：'古之封禅，鄗上之黍，北里之禾，所以为盛；江淮之间，一茅三脊，所以为藉也。东海致比目之鱼，西海致比翼之鸟，然后物有不召而自至者十有五焉。今凤皇麒麟不来，嘉谷不生，而蓬蒿藜莠茂，鸱枭数至，而欲封禅，毋乃不可乎？'于是桓公乃止。"

另一处是关于秦始皇的，内容如下。

"秦始皇既并天下而帝，或曰：'黄帝得土德，黄龙地螾见。夏得木德，青龙止于郊，草木畅茂。殷得金德，银自山溢。周得火德，有赤乌之符。今秦变周，水德之时。昔秦文公出猎，获黑龙，此其水德之瑞。'于是秦更命河曰'德水'，以冬十月为年首，色上黑，度以六为名，音上大吕，事统上法。"

还有一处是关于汉武帝的，内容如下。

"（汉武帝）其明年，郊雍，获一角兽，若麃然。有司曰：'陛下肃祗郊祀，上帝报享，锡一角兽，盖麟云。'于是以荐五畤，畤加一牛以燎。锡诸侯白金，风符应合于天也。"

三、《山海经》记载的象征动物

在《山海经》各处记载中，几乎每每在论述相关动物时，都有关于其功用或吉凶作用的说明。考察《山海经》中作为吉凶象征物的动物，可以发现，与之有关的记载主要集中于《五藏山经》部分，而在其余部分则很少出现。总结起来大概情况见表 6-1。

表 6-1　《山海经》中动物预示吉凶情况一览

动物名称	吉凶作用	吉凶内容与范围	所在章节
1. 狸力	凶	见则其县多土功	南山经
2. 鴸	凶	见则其县多放士	
3. 长右（舌）	凶	见则郡县大火	
4. 猾裹	凶	见则县有大繇（役）	
5. 凤凰	吉	见则天下安宁	
6. 鱄鱼	凶	见则天下大旱	
7. 颙	凶	同上	
8. 肥遗	凶	同上	西山经
9. 鸾鸟	吉	见则天下安宁	
10. 凫徯	凶	见则有兵	
11. 朱厌	凶	见则有兵	
12. 蛮蛮	凶	见则天下大水	
13. 钦鸡（大鹗）	凶	见则天下大兵	
14. 鵕鸟	凶	见则其邑大旱	
15. 文鳐鱼	凶	见则天下大穰	
16. 天神	凶	见则其邑有兵	
17. 狡	凶	见则其国大穰	
18. 胜遇（鸟）	凶	见则其国大水	
19. 毕方（鸟）	凶	见则其邑有讹火	
20. 赢鱼	凶	见则其邑大水	
21. 鳋鱼	凶	动则其邑有大兵	
22. 如枭之人面鸟	凶	见则其邑大旱	
23. 山𤟤	凶	见则天下大风	北山经
24. 大蛇（赤首白身）	凶	见则其邑大旱	
25. 蚩鼠（鸟）	凶	见则其邑大旱	东山经

续表

动物名称	吉凶作用	吉凶内容与范围	所在章节
26. 兽（如夸父而彘毛）	凶	见则天下大水	
27. 絛蟰	凶	出入有光，见则其邑大旱	
28. 軨軨	凶	见则天下大水	
29. 朱獳	凶	见则其国有恐	
30. 犰狳	凶	见则螽蝗为败	
31. 鵹鶘（鹈鹕）	凶	见则其国多土功	
32. 獙獙	凶	见则天下大旱	
33. 被被	凶	见则其国多狡客	
34. 絜钩	凶	见则其国多疫	
35. 薄鱼	凶	见则天下大旱	
36. 当康	凶	见则天下大穰	
37. 猾鱼	凶	见则天下大旱	
38. 合窳	凶	见则天下大水	
39. 蜚（兽）	凶	见则天下大疫	
40. 鸣蛇	凶	见则其邑大旱	中山经
41. 化蛇	凶	见则其邑大水	
42. 夫诸	凶	见则其邑大水	
43. 狍狼	凶	见则国内有兵	
44. 跂踵	凶	见则其国大疫	
45. 雍和（兽）	凶	见则其国大恐	
46. 耕父	凶	见则其国为败	
47. 狭	凶	见则其国大变疫	
48. 鼣鼠	凶	见则其国有大兵	
49. 㺢	凶	见则其邑有大火	
50. 梁渠（兽）	凶	见则其国有大兵	
51. 闻獜	凶	见则天下大风	
52. 天犬	凶	其所下者有兵	大荒西经
53. 皇帝女魃	凶	所居不雨	大荒北经
54. 凤鸟	吉	见则天下祥和	海内经

据学者考证，《五藏山经》是属于更原始的材料，因此，动物作为吉凶象征物的历史也很久远。另外，总结动物所代表的吉凶情况，我们还可以发现，象征吉祥的动物为数很少，全书仅有 3 种（其中的凤鸟和凤凰又是相同的物种，故实际只有 2 种），占全部 54 种吉凶象征动物的 5%左右。这从侧面说明当时人们认为祥

瑞物是非常少的，也进一步暗示出远古时代社会与自然条件的凶险比较多的实际情况。再次，归结动物象征的吉凶类型，我们发现，包括自然与社会两方面。自然方面即指气象灾害，包括水灾、旱灾、风灾和火灾等；而社会方面主要是战争、疾患、劳役、流放等现象。统计自然与社会两方面比例时，很凑巧，自然与社会两方面各出现 27 次，均正好占一半。至于为什么动物会有的预示吉祥、有的显示凶兆？笔者认为，这应该是长期历史文化积淀的结果。

第二节　动物预示吉凶及其对中国古代社会心理的影响

上面我们看到，动物预示吉凶现象，本来是好坏参半。人们既可以通过动物来发现吉利的事情，又可以通过动物来显示可能的灾害，从而力求规避。但在现实社会中，人们总是希望出现吉祥的象征动物，尤其是社会统治者更是如此，以便表明其统治的合理美好。于是，动物的吉凶象征作用被古代统治者宣传利用，成为了统治者所谓的“符瑞”。

符瑞（或祥瑞、瑞应等）乃是自然事物预示吉祥、天命的象征文化现象。这是古代文人为了服务于统治者，特别提出来的思想观念。许多人为了不同的个人需要，利用这种观念进行实际操作以达到其功利目的。符端之意就是天降吉祥的物象，以表示“王命天授”。这种思想观念的渊源应该来源古老的巫术，远古时代出现的卜筮活动在后世泛化后，就形成了这种所谓的符瑞观念。学者普遍认为符瑞观念是在周代出现的。然而考察古籍，几乎所有古籍都记载有这种现象。这种结果说明，符瑞思想应该出现于这些古籍形成之前。如果《诗经·商颂》所谓“天命玄鸟”成文在周代之前，则似乎说明这种思想在商代就已经存在了。是否有更早期的证据，目前还没有确切实例出现。符瑞这种观念给人最大的印象是，应天而生的圣王，其出生之时即有异兆，在其长大后才有贤能，而并非是先有贤能而后天下归之。这就是所谓的圣命天为。换句话说，有贤能之人并不一定有天下，而必须有天命之人才有天下。如此，为了证明自己的统治合理，历代封建统治者都无不鼓吹自己上应符瑞，极力说明自己统治的合法性。

许多事物都可能作为天命的符瑞现象出现，研究结果显示，天文、地理、动植物、人造器物都能成为符瑞。其中动物符瑞是符瑞的主体之一，形成了所谓的动物符瑞。动物种类众多，什么样动物能成为符瑞呢？

一、动物能成为符瑞的基本特征

动物成为符瑞的前提就是所谓的“物以稀为贵”，东西珍稀了就为人所重视，也就成为了好东西。因此，珍稀的动物具备成为符瑞的基本条件。但并不是珍稀就一定成为符瑞，要成为符瑞，还需要有一个为大家都认可的约定成俗的过程，这个过程往往是人为宣传的结果。

考察中国古代的动物符瑞，基本具有如下一些特征。

（一）作为符瑞的动物在色泽上有明显的选择性

在数量可观的动物符瑞中，它们的颜色多为白色。例如，白虎、白狐、白兔、白狼、白鹿、白马、白鸟、白燕、白雀等都入了动物符瑞范畴。白色动物形成的原因，很多都是因病而致，在自然界比较少见，符合物以稀为贵的符瑞取色根本。此外，选择白色动物入符瑞，还与三代中殷商崇尚白色的传统意识影响有关。从这种白色动物所占比例比较大来看，殷商时代必然已经有符瑞观念出现。另外，红色动物也在符瑞中有所表现，如赤豹、赤罴、赤熊、赤狡、赤兔、赤鸟、赤燕、赤雀等数量也很多。周代尚赤，上述红色动物也可能与周代色泽倾向性有关。还有黑色动物也有许多作为符瑞，如玄鹤、青乌、苍乌、青燕、玄貉、黑雉等，夏代尚黑，是否与夏代崇尚有关呢？还可以进行深入研究。

（二）自然动物中具有奇怪器官而形成符瑞

自然界中，具有奇怪器官的动物时有发现。具有奇怪器官的动物或者是动物本身自然进化形成的，或者是生长发育畸变所形成。这些也很符合符瑞动物的选择标准，因此，许多此类动物就成了符瑞。如一角兽、三角兽、三足乌、六足兽、比翼鸟、比肩兽、比目鱼、九尾孤、豹犬、冠雀等，都成为了动物符瑞。这些明显符合猎奇心理性质现象，被统治者及其奉承者拿来说成是符瑞。

（三）许多传说性动物往往成为符瑞

在物以稀为贵的选择原则下，人们不但把难见的自然界真实动物作为符瑞，而且还以自然界动物为原型，特别创造了一些虚幻动物来作为符瑞。这种过程不是短时间完成的，而是一个历史长时间的过程。包括龙、麒麟、凤凰、獬豸、鼈封、河精等，也都具有成为符瑞的稀缺性，而且往往因其历史长、名气很大，更成为符瑞中的高级者。河精的形象据说是人头鱼身，是否颇似外国人的“美人鱼”形象？

二、动物符瑞的种类及其等级

“物以稀为贵”的自然动物成为符瑞，除了上面说的特征外，到了后世时代，不同动物作为符瑞也有大小等级之分。这种区分在唐代有明文规定，举例如下。

《唐六典·尚书礼部》曰：“凡祥瑞应见，皆辨其物名。若大瑞，大瑞谓景星、庆云、黄星真人、河精、麟、凤、鸾、比翼鸟、同心鸟、永乐鸟、富贵、吉利、神龟、龙、驺虞、白泽、神马、龙马、泽马、白马赤髦、白马朱骏之类，周匝、角瑞、獬豸、比肩兽、六足兽、兹白、腾黄、騊駼、白象、一角兽、鼈封、酋耳、豹犬、露犬、玄圭、明珠、玉英、山称万岁、庆山、山车、象车、鸟车、根车、金车、朱草、屈轶、蓂荚、平露、莲莆、蒿柱、金牛、玉马、玉猛兽、玉瓮、神鼎、银瓮、丹甑、醴泉、浪井、河水清、江河水五色、海水不扬波之类，皆为大瑞。上瑞，谓三角兽、白狼、赤羆、赤熊、赤狡、赤兔、九尾狐、白狐、玄狐、白鹿、白麞、白兕、玄鹤、赤乌、青乌、三足乌、赤燕、赤雀、比目鱼、甘露、庙生祥木、福草、礼草、泮尖、大贝、白玉赤文、紫玉、玉羊、玉龟、玉牟、玉英、玉璜、黄银、金藤、珊瑚钩、骇鸡犀、戴通璧、玉琉璃、鸡趣璧之类，皆为上瑞。中瑞，谓白鸠、白乌、苍乌、白泽、白雉、雉白首、翠鸟、黄鹄、小鸟生大鸟、朱雁、五色雁、白雀、赤狐、黄口、青燕、玄貉、赤豹、白兔、九真奇兽、充黄出谷、泽谷生白玉、琅开景、碧石润色、地出珠、陵出黑丹、威绥、延喜、福井、紫脱常生、宾连阔达、善茅、草木长生，如此之类，并为中瑞。下瑞，谓䄠杜、嘉禾、芝草、华苹、人参生、竹实满、椒桂合生、木连理、嘉木、戴角麀鹿、口鹿、神雀、冠雀、黑锥之类为下瑞。”

上述《唐六典》所分大、上、中、下四类符瑞，其中包括的动物符瑞为：大瑞32种，上瑞19种，中瑞19种，下瑞5种，合计有74种，约占所有符瑞总数的一半。从动物类别上看，大瑞的动物多为具有所谓灵性的少见大型动物，如所谓“四灵”的龙、麒麟、凤凰、神龟；还有虎（驺虞）、象、狮子（獬豸）、马（神马）等。至于上瑞动物除了熊、兕比较大以外，均比大瑞要小一些，多为狼、狐、鹿、兔之类。至于各类比较小的鸡、鸟之类则只能算中瑞、小瑞了。

三、《宋书·符瑞志》等古籍中符瑞动物显现情况分析

历史上记载动物类符瑞显现情况散见于各类典籍之中，若将上述所言动物预示吉凶的史籍，如《竹书纪年》、《山海经》、《史记·封禅书》、《汉书·郊祀志》等，其中记载的吉祥预示也算作符瑞，可以说符瑞的出现应该至少开始于先秦时期。因此，到了南朝时期，沈约在撰写《宋书》时，专门为此写了志书三卷。

南朝沈约的《宋书》共有八志，《符瑞志》是其中之一。沈约在该书开篇叙述其所谓的符瑞原理曰："夫体睿穷几，含灵独秀，谓之圣人，所以能君四海而役万物，使动植之类，莫不各得其所。百姓仰之，欢若亲戚，芬若椒兰，故为旗章舆服以崇之，玉玺黄屋以尊之。以神器之重，推之于兆民之上，自中智以降，则万物之为役者也。性识殊品，盖有愚暴之理存焉。见圣人利天下，谓天下可以为利；见万物之归圣人，谓之利万物。力争之徒，至以逐鹿方之，乱臣贼子，所以多于世也。夫龙飞九五，配天光宅，有受命之符，天人之应。《易》曰：'河出《图》，洛出《书》，而圣人则之。'符瑞之义大矣。"

通观《符瑞志》上、中、下三卷，可以看出，上卷是通述刘宋以前历代之主受天命兴起前的各种神异征兆，中、下两卷则罗列历朝历代所出现的各种符瑞情况。因此，《符瑞志》可以算作一部系统记载上起三皇五帝，下迄南朝刘宋历代符瑞之事的通史。《符瑞志》对各类符瑞的记载，据统计有 90 余种，其中涉及动物符瑞约 64 种。

以下具体分析《符瑞志》中相关动物符瑞的名称、记载出现情况等内容，以此来分析各类符瑞及其在现实社会的种种心理作用。

《符瑞志》中卷一开始就罗列符瑞种类，并在每种符瑞下依据传说阐述符瑞的象征作用，之后再罗列其历代出现情况。如其对麒麟、凤凰、黄龙和灵龟所谓四灵的处理。

麒麟者，仁兽也。牡曰麒，牝曰麟。不刳胎剖卵则至。麕身而牛尾，狼项而一角，黄色而马足。含仁而戴义，音中钟吕，步中规矩，不践生虫，不折生草，不食不义，不饮洿池，不入坑阱，不行罗网。明王动静有仪则见。牡鸣曰"逝圣"，牝鸣曰"归和"，春鸣曰"扶幼"，夏鸣曰"养绥"。

汉武帝元狩元年十月，行幸雍，祠五畤，获白麟。汉武帝太始二年三月，获白麟。汉章帝元和二年以来，至章和元年，凡三年，麒麟五十一见郡国。汉安帝

延光三年七月，麒麟见颍川阳翟。延光三年八月戊子，麒麟见颍川阳翟。延光四年正月壬午，麒麟见东郡濮阳。汉献帝延康元年，麒麟十见郡国……

凤凰者，仁鸟也。不刳胎剖卵则至。或翔或集。雄曰凤，雌曰凰。蛇头燕颔，龟背鳖腹，鹤颈鸡喙，鸿前鱼尾，青首骈翼，鹭立而鸳鸯思。首戴德而背负仁，项荷义而膺抱信，足履正而尾系武。小音中钟，大音中鼓。延颈奋翼，五光备举。兴八风，降时雨，食有节，饮有仪，往有文，来有嘉，游必择地，饮不妄下。其鸣，雄曰“节节”，雌曰“足足”。晨鸣曰“发明”，昼鸣曰“上朔”，夕鸣曰“归昌”，昏鸣曰“固常”，夜鸣曰“保长”。其乐也，徘徘徊徊，雍雍喈喈。唯凤皇为能究万物，通天祉，象百状，达王道，率五音，成九德，备文武，正下国。故得凤之象，一则过之，二则翔之，三则集之，四则春秋居之，五则终身居之。

汉昭帝始元三年十月，凤皇集东海，遣使祠其处。汉宣帝本始元年五月，凤皇集胶东。本始四年五月，凤皇集北海。汉宣帝地节二年四月，凤皇集鲁，群鸟从之……

黄龙者，四龙之长也。不漉池而渔，德至渊泉，则黄龙游于池。能高能下，能细能大，能幽能冥，能短能长，乍存乍亡。赤龙、《河图》者，地之符也。王者德至渊泉，则河出《龙图》。

汉惠帝二年正月癸酉，两龙见兰陵人家井中。汉文帝十五年春，黄龙见成纪。汉宣帝甘露元年四月，黄龙见新丰。汉成帝鸿嘉元年冬，黄龙见真定。汉成帝永始二年二月癸未，黄龙见东莱……晋武帝泰始元年十二月，青龙二见济阴定陶。泰始元年十二月，青龙见魏郡汤阴……泰始元年十二月，白龙二见太原祁……

灵龟者，神龟也。王者德泽湛清，渔猎山川从时则出。五色鲜明，三百岁游于蕖叶之上，三千岁常游于卷耳之上。知存亡，明于吉凶。禹卑宫室，灵龟见。玄龟书者，天符也。王者德至渊泉，则雒出龟书。

魏文帝初，神龟出于灵池。吴孙权时，灵龟出会稽章安。魏元帝咸熙二年二月甲辰，朐县获灵龟以献。晋长沙王乂坐同产兄楚王玮事，徙封常山，后还复国。在常山穿井，入地四丈，得白玉方三四尺。玉下有大石，其中有龟长二尺余，时人以为复国之祥……

通观《符瑞志》对 60 余种动物符瑞的记述，我们可以看到如下一些特点：一是符瑞动物虽然种类众多，但出现的频度明显有很大差异。依据该书记载，出现多寡次序主要是白雉（63 次）、龙（各色龙合计 55 次）、白鹿（47 次）、白麞（各色麞合计 37 次）、凤凰（31 次）、白兔（31 次）、白乌（22 次）、白燕（18 次）、麒麟（16 次）、白虎（17 次）、灵龟（14 次），其余种类出现次数则比较少，均没有超过 10 次。此外，尚有一些种类只列了名称，并无出现记载。二是符瑞动物出现多少与其动物群体大小有关，如鸟类由于个体一般比较小而群体数量大，于是鸟就成为各地官员进献符瑞的主要类别，如白雉记载出现 63 次之多。三是重点的动物符瑞还是所谓的“四灵”。如龙、凤凰、灵龟、白虎、麒麟等出现都是非常重要的符瑞象征，书中据此有明确的特征说明，而且其出现时机也很清楚（表 6-2）。

表 6-2 《符瑞志》中符瑞种类、特征及其出现情况

动物符瑞名称	符瑞特征	出现时机	记载出现次数
1. 麒麟	麕身而牛尾，狼项而一角，黄色而马足	明王动静有仪则见	16 次
2. 凤凰	蛇头燕颔，龟背鳖腹，鹤颈鸡喙，鸿前鱼尾，青首骈翼，鹭立而鸳鸯思	唯凤皇为能究万物，通天祉，象百状，达王道，率五音，成九德，备文武，正下国	31 次
3. 龙（黄龙、青龙、白龙、黑龙）	能高能下，能细能大，能幽能冥，能短能长，乍存乍亡	德至渊泉，则黄龙游于池	黄龙 29 次、青龙 16 次、白龙 7 次、黑龙 3 次
4. 灵龟	五色鲜明，三百岁游于蕖叶之上，三千岁常游于卷耳之上	王者德泽湛清，渔猎山川从时则出	14 次
5. 神鸟	虽赤色而备五采，鸡身，鸣中五音，肃肃雍雍	风俗从则至	2 次
6. 龙马	高八尺五寸，长颈有翼，傍有垂毛，鸣声九哀	王者德御四方则出	3 次
7. 白象		人君自养有节则至	2 次
8. 白狐		王者仁智则至	1 次
9. 赤（白）熊		佞人远，奸猾息，则入国	1 次
10. 九尾狐			2 次
11. 白鹿		王者明惠及下则至	47 次
12. 白虎		王者不暴虐，则白虎仁，不害物	27 次
13. 白麞黑、青麞		王者刑罚理则至	37 次
14. 赤雀		周文王时衔丹书来至	3 次
15. 苍乌		贤君修行孝慈于万姓，不好杀生则来	2 次
16. 白兔		王者敬耆老则见	31 次
17. 赤乌		周武王时衔谷至	6 次
18. 白燕		师旷时，衔丹书来至	18 次
19. 三足乌		王者慈孝天地则至	1 次
20. 白乌		王者宗庙肃敬则至	22 次
21. 白雀青雀		王者爵禄均则至	10 次
22. 白鸠		成汤时来至	8 次
23. 白鱼		武王度孟津，中流入于王舟	2 次

续表

动物符瑞名称	符瑞特征	出现时机	记载出现次数
24. 白雉			63 次
25. 神雀			8 次
26. 白鹊			3 次
27. 白鼠			2 次
28. 赤雁			1 次
29. 赤鱼			1 次
30. 白鸽			1 次
31. 白鹅			1 次
32. 金鸡			1 次
33. 赤鹦鹉			1 次
34. 赤白鹦鹉			1 次
35. 白鹦鹉			1 次
36. 白孔雀			1 次
37. 白鸲鹆			1 次
38. 野蚕茧	大如雉卵		2 次

注：赤兔、一角兽、三角兽、六足兽、比肩兽、獬豸、白狼、银麂、比翼鸟、比目鱼、天鹿、角端、周印、飞菟、泽兽、要巉、同心鸟、趹枪蹄、小鸟生大鸟、河精、黄鹄、紫达有名称无出现记载。

第三节　动物象征与中国民间的吉祥文化现象

上行下效，在官方大力提倡符瑞观念影响下，民间也受趋吉避凶思想推动，即形成的所谓民间吉祥文化现象。

中国的民间吉祥文化体现在各种民间艺术形式中，这些艺术形式主要包括传统书画、雕刻、建筑等。以传统书画、雕刻艺术为例，中国民间的吉祥文化表现形式也是以动植物形象为主，其中动物类吉祥文化象征更是丰富多彩。民间的动物吉祥纹样所涉及题材都与人们日常美好愿望有关，主要包括祈求长寿、幸福、和谐、发财、晋职等。而这些愿望的表达，往往要通过特定的动物纹样来实现。

一、祈求幸福长寿类纹样

利用动物表现人们的福寿愿望，主要是通过鹤、龟和蝙蝠等。通过寓意长寿幸福的动物，与其他植物等组合来表达这类愿望，可以有众多纹样图案。其中最常见的是“松鹤延年”。之所以选择松树与鹤组合，是因为松树是生长周期非常长的植物种类，而且松树又耐严寒，四季常青显示出一种高风亮节之气度。鹤在动物中是一种长寿的禽类，而且这里的鹤主要是指丹顶鹤。丹顶鹤作为中国最主要的文化动物，在文人心目中的地位非常高。同时，丹顶鹤也是出家修行者的象征动物，道家有成之人每每都与鹤有关。因此，民间反映祈求长寿幸福之意的纹样，松鹤延年是最通常的图案，各种书画、雕刻、瓷器等艺术品上很常见（图 6-1）（所选图谱来自李学英主编的《中国传统吉祥图案精粹》[113]）。

表示长寿幸福愿望的纹样很多，另一种著名的纹样就是“五福捧寿”。此类纹样构图是周围五只蝙蝠围绕着中心的一个桃子或者一个“寿”字，还可在空隙处填充其他花纹来增加装饰性。五只蝙蝠谐音“五福”，桃子大家都知道是长寿象征物。五福的说法自古有之，《尚书·洪范》曰：“一曰寿，二曰富，三曰康宁，四曰攸好德，五曰考终命。”（图 6-2）。

图 6-1 “松鹤延年”

图 6-2 “五福捧寿”

二、希望经济发展类纹样

按照人们现实生活质量来衡量，拥有适量的财富是高质量物质和精神生活的保证。因此，古往今来，拥有财富往往是人们最现实的追求。这种希望也往往通

[113] 李学英.《中国传统吉祥图案精粹》. 北京：人民美术出版社，2006 年.

过民间吉祥纹样反映出来。反映经济期望的吉祥纹样种类繁多，经典如“招财进宝”、“六畜兴旺”（图 6-3）、“富贵有鱼”（图 6-4）、“吉庆有鱼”（图 6-5）、“福庆有鱼”和“金玉满堂”等。

图 6-3　“六畜兴旺”

图 6-4　“富贵有鱼”

图 6-5　“吉庆有鱼”

我们可以发现，与人们财富有关的动物形象有多种，但主要形象则是鱼类。鱼为什么成为民间财富的象征动物呢？在前面章节中，我们曾论述过鱼纹是仰韶文化彩陶器上的主体纹样。这种情况说明，鱼纹在远古黄河流域先民那里代表着精神和物质方面的美好追求。据说在春秋战国时期，越国大夫范蠡在功成之后就是靠养鲤鱼而发财致富。另外，其他家养动物也往往象征财富，如猪、鸡、牛、羊等。归结其原因，同样是古时经济为主要靠种植和养殖的农业经济，动物的多少，就代表财富的多少。

三、希望婚姻和谐美满

“龙凤呈祥”图案是中国历史上最重要的民间吉祥纹样之一，其来源首先是皇宫，后来才流行到民间。龙凤呈祥中，龙比喻男人，凤比喻女人（图 6-6）。

“鸳鸯卧莲”吉祥图案也是寓意婚姻美满之意。鸳鸯是最著名的爱情鸟，莲花则是出淤泥而不染的高洁象征。两者结合，象征婚姻高尚美满幸福（图 6-7）。

图 6-6 “龙凤呈祥”

图 6-7 “鸳鸯卧莲”

四、希望子孙兴旺类纹样

“瓜瓞绵绵”是此类题材的最重要纹样，《诗经》有句“绵绵瓜瓞”。该类构图多采用瓜为主体图案，“瓞”是小瓜之意，通常用“蝴蝶”来谐音表示。整幅图案寓意子孙就像是瓜秧一样，大瓜小瓜持续绵长不断（图 6-8）。

五、希望事业晋职发展类纹样

“马上封侯”属于此类典型纹样图案。侯是中国古代封建社会的上等官爵，这

图 6-8　“瓜瓞绵绵”

里采用动物猴，以此谐音为侯。“马上”代表时下、立刻之意。如此用猴骑马图案代表此意，形式上风趣活泼，神气活现（图 6-9）。

“二甲传胪”也属于此类纹样图案。这种纹样采用螃蟹和芦苇组合，象征科考中的。在经过层层考取之后，最后高中的状元会为皇帝召见。在皇帝传名召见过程中，依次唱名传唤称为“传胪”。此图案正是用螃蟹寓意科甲，芦苇谐音“胪”（图 6-10）。

图 6-9　“马上封侯”

图 6-10　“二甲传胪”

六、希望社会和谐美好类纹样

国家社会和谐太平是人们美好生活的现实基础，因此，希望社会和谐太平就成为百姓心中的祈愿之一。此类寓意的纹样非常多，其中“莺歌燕舞”、“太平有象”、“六合同春”等均属这类题材。“六合同春”纹样由庙、鹤、梧桐等组合成图。采用的谐音“庙”与“陆”同音，“桐”与“同”同音，而“鹤”与“合”谐音。“六合”乃指天地四方，泛指天下。整幅图案就借同音与谐音来完成，寓意天下春意常在（图 6-11）。典型的“鹦歌燕舞”纹样，其内容很丰满。图案整体为八角形，中心以玉兰和牡丹为主，外围飞舞着鹦鹉。全图展示着和平欢乐的氛围，充分体现着社会和谐太平的主题（图 6-12）。

图 6-11 “六合同春”

图 6-12 “莺歌燕舞”

第七章　中国传统文化的神圣动物

崇拜是人最基本的心理特征之一，任何人都有崇拜的心理倾向。产生崇拜的最根本心理原因有两点，一是恐惧，二是希望。恐惧是因为对自身安危能否得到保证的一种不确定心态，是对自身存在的一种忧虑。希望则是对自己获取某种东西和能力的一种心理期待，是对自身能力能否超越的某种想象。原始人类由于自身智力水平低下，对自然和自己认识上存在着许多不能解释的困惑，同时也由于自身能力的限制，无法实现自己诸多的愿望，对于那些能危及自身的自然能力产生了畏惧和崇拜的心理。在这种条件下，原始崇拜也就自然地出现了。

崇拜需要有被崇拜的对象，人类早期崇拜的对象非常丰富，日月星辰、山川河流和动植物都是人类崇拜的对象。其中动物作为崇拜对象是人类最基本的崇拜对象。人们对动物产生崇拜心理，除上述心理原因外，还有一定的客观因素。首先，动物是原始人类最基本的食物来源，人们对动物食物的根本需要是当时社会基本矛盾所在。由于当时社会生产力极其低下，人们对动物食物的依赖是非常严重的，能否获取足够的动物食物是社会存在的决定性因素。其次，动物也是对人类生命可以构成直接威胁的客观力量，如大型动物对人类的捕杀，小型生物对人类疾病流行的自然作用等，都可以威胁到人类群体的生存状态。最后，动物往往具有人类没有的一些超人能力，如繁殖、奔跑、飞行、潜水等，尤其是某些动物具有灵敏的感应能力，也是原始人类羡慕的特征。另外，比较来说，动物是自然界中与人类关系最为密切的生命类群，人从本质上也是动物进化来的，对这种关系的本能认识也促使人们产生有关自身来源的解释并进而崇拜。在这种主观和客观两方面因素作用下，人们崇拜动物也就顺理成章了。

前面章节已经对中国人的原始动物崇拜类型进行了相关论述，本章是对具体崇拜动物的详细列举，探讨具体崇拜动物的内涵与寓意等内容。按照第一章中的类型划分，分节叙述主要崇拜动物如下。

第一节　神圣的陆生动物

哺乳动物即兽类是人类早期利用最多的动物，因此也是原始人类最早崇拜的动物。前文已经就有关内容进行了一些阐述，这里再就相关问题集中系统地进行说明。从这些与兽类有关的原始岩画分析，作为崇拜对象的哺乳动物已经有牛、马、鹿、虎等多种。也就是说，兽类崇拜的历史应该是非常久远的。同时我们还要看到，这时的兽类崇拜是属于比较原始的，主要内容是自然神方面的崇拜，还没有下面要讨论的“兽面纹”所反映的社会内容。要说明的是崇拜内容是与社会发展现实相一致的，旧石器时代晚期和新石器时代早期这段历史，动物崇拜主要以自然神崇拜为主。

一、虎

图 7-1　生肖虎图样

虎作为十二生肖之一，是中国重要文化动物之一，其影响历史长达数千年。虎的文化象征是勇猛，文字词语中与之相关的数量众多。如“虎虎生风”、“生龙活虎”、“英雄虎胆”等（图 7-1）。

从考古学和民族学资料看，虎崇拜最早盛行于原始社会，许多原始氏族和部落把虎视为与自己的祖先有关而虔诚顶礼膜拜，以虎作为自己氏族和部落的名称。如《史记·五帝本纪》载：“轩辕乃修德振兵……教熊貔貅貙貘，以与炎帝战于阪泉之野。”翻译成现代意思说的就是黄帝（姬姓，号轩辕氏、有熊氏）曾经率领包括“虎”的部落联盟，在阪泉（今河北涿鹿东南）打败了另一部落首领炎帝（姜姓，号烈山氏）。同样在《列子·黄帝篇》也记载有虎部落作为黄帝的先锋参加了阪泉大战。传说帝喾高辛氏集团有“白虎、仲熊、叔豹”等 8 个部落。甲骨文中有“虎方”与“虎侯”文字记载。卜辞有：“虎氏”（《善宝斋藏片》），“贞，王曰：‘侯虎，余不尒”（《殷虚书契菁华》七、一）。虎氏即虎侯，与商王朝的关系密切，商王经常到虎侯属国视察，如卜辞有：“翌辛丑，之王在虎”（《殷契卜辞》四一六）。虎方是殷商时代的一个重要方国，从甲骨文上看，虎方以虎为标志。虎方分布于河洛以南，由于商的多次征伐而被迫南迁到淮北，即商丘以南。商王朝把关押、监督虎方战俘和奴隶的地方称为“虎牢”，负责管辖虎牢的地方官员称为

“虢侯”。在西周早期，虎方已经迁到今安徽肥水一带，由于实力较强，是周昭王时期南方的主要征战对象。以后历经漫长岁月，虎方的后裔逐渐成为我国南方一些仍然保留虎崇拜习俗的少数民族祖先。据《后汉书·西羌传》载：“西羌之本，出自三苗。”传说“三苗”集团与尧舜发生过大战，战败后一部分被迫迁往三危，成为西羌的远祖。甘肃南部渭河流域是远古羌戎发祥地之一，出土的新石器时期的彩陶上绘有虎纹形象。古羌族主要分布于甘肃、青海、四川一带。根据《荀子·大略篇》、《后汉书·西羌传》、《南齐书·氐羌》及其他一些古籍记载，古羌人“俗重虎皮以之送死”，用虎皮火葬后使灵魂还原为虎。神话传说的西王母，就是远古羌戎的母虎标志，后被人们人格化。另一个崇拜虎的少数民族是古代巴族，其崇拜的虎形象是白虎。巴族历史传说，根据《后汉书·南蛮西南夷列传》：“廪君死，魂魄世为白虎。巴氏以虎饮人血，遂以人祠焉。”湖北《长阳县志》记载：“白虎陇在县西二百三十里，昔廪君死，精魂化为白虎。”唐代樊绰《蛮书》卷十记载：“巴氏祭其祖，击鼓而祭，白虎之后。”是指巴族廪君之后裔。古代巴人是一个比较庞大的部落，有许多族系。秦国在公元前316年灭亡巴国后，自西汉到宋代，巴族后裔称为“虎子”或“虎蛮”，史书中称巴族后裔为“白虎夷”、“白虎复夷”、“板楯蛮夷”等。

根据学者考证，彝族、藏族、白族、怒族、哈尼族、纳西族、傈僳族、普米族、拉祜族、阿昌族、土家族等均是远古虎部族羌戎或氐羌的后裔，这些民族至今还保留着虎崇拜的遗迹。如《旧唐书·吐蕃传》记载，羌中吐蕃，其中将士身穿“虎豹皮”，以振军威，吐蕃是藏族的唐代称谓。纳西族旧称“么些”，清光绪四川《盐源县志·舆地山川》记载，当地么些族人“姓喇喇（拉拉），虎也[114]”。么些族人自认为虎族，“夷自名喇人（虎人），以别于汉”。白族的某些支系以虎作为人的始祖，传说其为远祖与虎婚配而生的后代。白族尚白色，崇拜白虎，自称“白子”、“白罗罗”；“罗”就是白族对虎的称谓。土家族是古代巴族的后裔，普遍信奉白虎神，在其居住地方多建有白虎庙或堂，供人们祭祀。彝族称虎为“拉”、“罗”、“罗罗”，川、滇凉山彝族人自称为“罗罗”，云南哀牢山上段的彝族男人自称“罗罗颇”或“罗颇”，女人自称“罗罗摩”或“罗摩”。其家中供奉一幅由巫师绘画的祖先画像，称为“涅罗摩”，意思是母虎神灵或母虎祖先。所有这些都是崇拜虎的远古风俗的遗留，有这么多民族以虎为崇拜对象，充分说明虎在中国历史上对人类社会的文化影响之深刻。

虎作为中国文化重要动物，其形象还出现在诸多历史文物上面，这种形象就

[114] 辜培源，等修，曹永贤，等纂.《盐源县志》. 南京：江苏古籍出版社，1990年.

是现今学界所谓的“兽面纹”[115]。中国在进入新石器时代后，原始兽类崇拜出现了一些新的特征。即出现了与氏族或部落权力有关的兽类崇拜现象。以虎等兽面为图案器物的大量出现说明，这样的图案最主要的寓意就是展现兽的杀伐本质，其社会功能也就是一种刑罚观念的象形表示。出土文物表明，这种兽面图案出现的历史很久远。

表现原始王权观念的兽面形象，以良渚文化中发现的“神人兽面”纹样最明确（图 7-2）。有关这种兽面纹样的动物原型目前有多种观点，作者比较认同兽面纹样的原型动物是老虎。兽面的祖型多发现于中国东部沿海地区的史前文化中，以良渚文化玉礼器上的兽面纹最为典型。目前，出土的与兽面纹相关的文物很多，概括起来主要包括：反山良渚文化遗址出土的玉琮上被称为“神人兽面”的图案，反山、瑶山良渚文化出土的多件倒梯形玉冠形饰上的“神人兽面”，反山、瑶山良渚文化出土的三岔形玉冠形饰上的“神人兽面”，反山良渚文化出土的玉钺“神人兽面”图案，瑶山良渚文化出土的倒三角形玉牌饰上“神人兽面”图案等。此外，在山东日照龙山文化遗址出土的玉钺、玉斧上也发现有与良渚文化“神人兽面”类似的兽面纹图案（图 7-3）。这种纹饰在三代中的商代殷虚妇好墓玉簋，西周时代长安沣镐遗址的玉饰“玉鬼神面像”，战国时代湖南长沙曾侯乙墓的玉琮等都有发现。这类兽面图案也是商周时代青铜礼器上的主体纹饰（图 7-4）。这些不同地区和时代出现的与兽面有关文物之间，明显具有历史传承关系。说明兽面代表的特殊含义在广大地域和较长历史跨度内得以流传。

图 7-2　良渚文化典型神人兽面纹

[115] 马承源.《中国青铜器研究》. 上海：上海古籍出版社，2002 年.

图 7-3　山东龙山文化玉钺、玉斧上的兽面纹

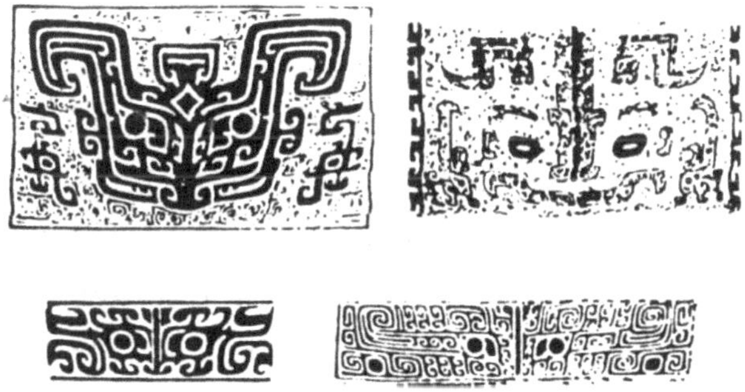

图 7-4　商代青铜器上的兽面纹

与王权观念相互关联兽面纹的出现表明，以虎为主要图案来表明王权的显示符号的现象同斧钺具有统一的功能。而且虎的图案又往往出现在斧钺器物上，如上面的玉钺、玉斧等。当然表示王权的动物图案不止虎一种，但虎图案作为显示刑杀观念的王权符号却是独特的，这种王权动物符号在后世演变成为军事权力符号，即所谓的“虎符”则是其另外的延展（图 7-5）。

图 7-5　秦代的虎符

虎也是中国古代代表时空的标志动物之一。在古代动物表示时空系统中，虎代表的地支是“寅”，五行属木，空间方位在东北方，时间则对应的是“寅”时、日、月或年，季节则对应春季之初。

二、牛

图 7-6　牛生肖图案

牛是为十二生肖之一，六畜之一，是中国重要的文化动物。牛的稳重吃苦耐劳的个性被中国人提升到了非常高的高度，其精神文化的最高象征，体现在中国最重要的经典《易经》之中。《易经》的《说卦传》：“坤为牛”，“坤为地……为子母牛”（图 7-6）。

牛文化的本质其实反映着中国的农耕文明，是中国农业文化的缩影。商代后期，尤其是周代以后，牛在农业生产中被大量使用，成为耕地的主要牲畜。虽然牛文化是中国农耕文化的代表形象，但牛的最早社会功用并不是大家认为的农耕，而是作为食物或更进一步说是作为祭祀品出现的。牛在进入商代以后，养殖规模得到迅速扩大，牛和羊一道成为了国家祭祀的主体牺牲。前面章节材料内容表明，牛是先秦时代最重要的祭祀牺牲，《礼记·郊特牲》中，牛是天子祭祀上天的唯一牺牲，故称特牲。周代专门设置有负责牛事物相关的官员，《周礼·地官·牛人》：“牛人掌养国之公牛，以待国之政令。凡祭祀，共其享牛、求牛，以授职人而刍之。凡宾客之事，共其牢礼、积膳之牛。飨食、宾射，共其膳羞之牛。军事，共其槁牛。丧事，共其奠牛。凡会同、军旅、行役，共其兵车之牛与其牵徬，以载公任器。凡祭祀，共其牛牲之互与其盆簝，以待事。”说明牛人负责的与牛相关事务众多，在社会、祭祀、政治、军事等各方面都有重要作用。

牛作为农业文化的重要象征，体现在文化层次上就是中国农业神，即神农的形象。神农炎帝是中国古代三皇之一，其形象被描述为具有牛的特征。《艺文类聚》引《帝王世纪》中记载曰：“炎帝神农氏，姜姓也，人身牛首，长于姜水，有圣德，都陈，作五弦之琴，始教天下种穀，故号神农氏。”《山海经》中也有山神形象具有牛的特点，如《西山经·西次二经》的七位山神就是“人面牛身”：“自钤山至于莱山，凡十七山，四千一百四十里……其七神皆人面而牛身，四足而一臂，操杖以行，是为飞兽之神。其祠之，毛用少牢，白菅为席。”《述异记》：蚩尤“人身牛蹄，四目六首，耳鬓如剑戟，头有角。”牛的形象还作为战旗的图像出现，也就是二十八宿之一的牛宿旗，表示勇猛之意。

牛的影响在古代是普遍的，许多民族都以牛作为其崇拜对象，并以之作为族群标志形象。古代契丹族以青牛和白马作为其祖先的象征，明代陈仁锡《潜确类书》卷十七引《舆地考》：“木叶山，在广宁中屯卫城东，上建契丹始祖庙……相传昔有神人乘白马，自盂山浮土河而东，有天女驾青牛车，由平地松林，泛黄河而下……至木叶山，二水合流，相为配偶，生八子。其后族属渐繁，分为八部，每行军及时祭，必用青牛白马。”古代彝族有众多支系，每一支系都有自己特定的标志[116]。这种标志既有植物也有动物，其中就有用牦牛、水牛和黄牛作标志的支系。哈尼族人认为万物起源于龙牛，每年夏历二月的第一个属牛日是其祭母节。这种牛与母亲相联系，反映的牛的基本文化内容与汉族文化是一致的。壮族也有与牛相关的文化传说，并形成了牛王节。牛王节期间，壮族人通过多种方式表达对牛的敬意。

中国古代对牛重视，还体现在我们的文字体系内，以牛作为文字的部首，形成了大量的汉字。《说文解字》540 个部首中，牛部是其中之一。古今字典中，以牛为部首的文字据不完全统计，《说文解字》50 多个，《玉篇》140 个，《康熙字典》250 个，到了现代的《汉语大字典》则有 330 个之多。

牛也是中国古代代表时空的标志动物之一。在古代动物表示时空系统中，牛代表的地支是“丑”，五行属土，空间方位在东北方，时间则对应的是“丑”时、日、月或年，季节则对应冬季之末。

三、羊

羊作为十二生肖之一，六畜之一，是中国重要文化动物。羊的文化寓意体现的是“阳”，就是吉祥、美好之意。如文字“善”、“美”、“祥”等。“美”的原始意思就是指大羊，羊大和而为美。羊作为吉祥文化形象，最典型的寓意图案是“三羊开泰”（图 7-7）。

图 7-7　羊生肖图案

在《易经》中，羊作为八卦之一兑的动物取象，《说卦传》：“兑为羊。”兑位置在西方，似乎说明羊的驯化来源也

[116] 宋长宏.《中国牛文化》. 北京：民族出版社，1997 年.

是西方。考古学研究证明，羊起源于中亚地区，应该是在中亚和北亚草原驯化后传播到中原地区，同样，东北地区也是后来传入的。

羊作为人的重要肉食动物，对人们生活产生了多方面的影响。羊作为肉食动物在文化上的影响，最主要是作为祭祀的牺牲。中国古代祭祀活动中，羊与牛和猪并称为三牲。三牲俱全的祭祀称太牢，羊与猪二牲祭祀为少牢。在周代，羊被大量养殖用于祭祀，国家专门设置有官员负责，《周礼·夏官·羊人》：“羊人掌羊牲。凡祭祀，饰羔。祭祀，割羊牲，登其首。凡祈珥，共其羊牲。宾客，共其法羊。凡沈、辜、侯、禳、衅、积，共其羊牲。若牧人无牲，则受布于司马，使其贾买牲而共之。”说明那时的羊人执掌羊牲及祭祀等事情。此外，《山海经》记载，祭祀山神时，许多都是用羊来作为祭祀牺牲的。如《西山经》之首的十七山之神，祭祀“皆毛牷用一羊祠之”；西次二经的人面牛身山神用“毛用少牢，白菅为席”；《东山经》东次三经的山神，“用一牡羊，米用黍”；《中山经》凡薄山之首的十三山之神，“毛用一羊，县婴用桑封，瘗而不糈”等（见第三章表 3-7）。同样，在《山海经》中，一些山神也以羊为形象出现或具有羊的特征。如《西山经》西次三经之首的山神为“羊身人面”，《东山经》东次三经之首的山神是“人身而羊角”，《中山经》的骄山神为“人面羊角虎爪”等。

羊是否为古代重要的崇拜动物对象，虽然还有争论，但羊作为古代民族标志性特征还是有证据的。大地湾遗址中还发现了起装饰品作用的陶角，应该是束发器物。如前面章节曾列举了大地湾文化遗址中发现了许多陶角，如大地湾二期发现了 6 件，三期发现了 48 件，四期发现了 46 件。这些陶角都是仿牛、羊角造型，应该属于戴在头上的束发器。这种陶角除去束发功能，同时也具有装饰性作用，也是其某种文化象征性标志。“羌人”的概念是否与此类装束有关，虽然不能完全肯定，但起码这种装饰有着很强的寓意。结合上面说的《山海经》中与羊之特征有关的山神一并来看，更能说明这种装饰可能已经具有某种宗教象征。

羊也是中国古代代表时空的标志动物之一。在古代动物表示时空系统中，羊代表的地支是“未”，五行属土，空间方位在西南方，时间则对应的是“未”时、日、月或年，季节则对应夏季之末。

四、鹿

鹿作为中国古代重要文化动物之一，在中国民俗文化中占有重要地位。鹿的文化象征最重要的是与人们的幸福和财富相关。“禄”的文化现象，是属于古代“五福”观念之一。《尚书·洪范》曰：“一曰寿，二曰富，三曰康宁，四曰攸好德，五曰考终命”，其中的富即是所谓的“禄”。后来民间信仰的“福、禄、寿”三星，即是将此三种观念与天文星宿关联而形成。

鹿和猪羊应该是早期人类社会最重要的食药用来源，而鹿则主要是狩猎的对象。众多考古发现都表明，鹿是早期人们重要的食物来源，现今，我们在中国北方众多岩画中发现多种多样鹿的形象，就是那时真实生活的记录。《周礼·天官冢宰·兽人》：“兽人掌罟田兽，辨其名物。冬献狼，夏献麋，春秋献兽物。”《周礼·天官冢宰·庖人》：“庖人掌共六畜、六兽、六禽，辨其名物……秋行犊麛，膳膏腥。”更是说明鹿作为高级食物为帝王所享用。鹿的药用，早在《神农本草经》就已有明文记载，该书将鹿肉、鹿茸、鹿肾、鹿髓等列为上品。后世的许多医书，如《名医别录》、《千金食治》、《食性本草》和《本草纲目》等皆有记载。

鹿还是远古人们重要的工具材料，原始社会人们利用鹿角、鹿骨做成各种工具使用。这方面的考古发现很多，如贝丘文化许多遗址都发现有鹿角、鹿骨制作的骨器（包括锥、针、刀、匕、锛、凿、斧、鱼钩等）。大汶口文化遗址中，发现有鹿角做的锄等。鹿的文化寓意很可能与其角有很多关系。萧兵曾为此撰文进行了比较细致的分析，指出“鹿角更象征着力量与权威。石器时代的‘权杖’或‘指挥棒’就常以鹿角制成”。并引用凌纯生的研究说明，赫哲人萨满神帽鹿角不仅可以区分级别，而且以之区分宗派[117]。

五、狗

狗作为十二生肖之一，是中国重要文化动物之一。狗的文化意义是忠诚，是人类最可靠的动物伴侣。众多学者的研究一致认为，狗是人类最早驯化的动物，其驯化历史在 1 万年以上。狗的驯化，主要是为了帮助人们放牧和行猎，其后是为了看家护院。因此，狗在人类早期社会生活中扮演着极其重要的角色，是其他动物所不能替代的（图 7-8）。

图 7-8　狗生肖图案

狗除了作为人们狩猎和放牧助手外，在中国古代社会，狗还是非常重要的祭祀牺牲。犬作为祭祀牺牲，在古代是有

[117] 萧兵. 鹿与鹿角的象征功能.《淮阴师专学报》，1994 年，第 16 卷第 1 期：第 43-50 页.

明确记载和考古发现的。东北地区的敖汉旗小河沿新石器遗址，发现有狗的牺牲骨架[118]。商代祭祀遗址中也发现有狗祭祀牺牲存在，如郑州商城内城西墙所开探沟内的“殉狗坑”[119]，偃师商城五号宫殿基址发现了10个狗坑，六号宫殿基址发现1个狗坑[120]；等等。到了周代，国家设置专门养殖狗的官员和机构，负责狗的养殖和使用。《周礼·秋官·犬人》：“犬人掌犬牲。凡祭祀，共犬牲，用牷物。伏瘗，亦如之。凡几珥沈辜，用駹可也。凡相犬牵犬者属焉，掌其政治。”说明狗在周代社会活动中具有十分重要的作用。以狗祭祀有多种目的，但其用意皆为取其犬的守卫攻击能力。如以犬祭祀山川、道路、城池等均希望以此消灾弭祸。《史记·封禅书》：秦人“磔狗四门，以御蛊灾。”《淮南子·时则训》：“旁磔四门，皆磔犬羊以禳四方之疾疫。”

狗作为人们崇拜的动物，在人们精神生活中占有一席之地。狗曾作为古代部落的标志，其记载非常明确。如《山海经》就有以犬为特征的国度存在，《大荒北经》有两条关于犬戎国的记载即：“大荒之中。有山名曰融父山，顺水入焉。有人名曰犬戎。黄帝生苗龙，苗龙生融吾，融吾生弄明，弄明生白犬，白犬有牝牡，是为犬戎，肉食。”“有国名曰赖丘。有犬戎国。有神，人面兽身，名曰犬戎。”这两条记载说明了犬戎国的来历和其崇拜神灵形象。《海内北经》也有两条记载提到犬封国：“有人曰大行伯，把戈。其东有犬封国。”“犬封国曰大戎国，状如犬。”此外，《淮南子·坠形训》记载有：“狗国有其东。”《礼记·王制》：“中国戎夷五方之民，皆有性也，不可推移。东方曰夷，被发文身，有不火食者矣。南方曰蛮，雕题交趾，有不火食者矣。西方曰戎，被发衣皮，有不粒食者矣。北方曰狄，衣羽毛穴居，有不粒食者矣。中国夷蛮戎狄，皆有安居。”种种古籍记载表明，远古中国西北部地区存在过以狗为标志的部落，其后世通俗名称为“犬戎”。近代中国西南地区的苗族、瑶族等，存在着所谓“盘瓠崇拜”，盘瓠就是一个半人半犬的神人。苗族、瑶族等将其视为开天辟地的始祖，并有与之有关的神话传说。

狗也是中国古代代表时空的标志动物之一。在古代动物表示时空系统中，狗代表的地支是“戌”，五行属土，空间方位在西北方，时间则对应的是“戌”时、日、月或年，季节则对应的秋季之末。

[118] 辽宁博物馆，等. 辽宁敖汉旗小河沿三种原始文化的发现.《文物》，1977年，第2期：第1-15页.
[119] 河南省文物考古研究所.《郑州商城》. 北京：文物出版社，2001年.
[120] 中国社会科学院考古研究所河南第二工作队. 河南偃师尸乡沟商城第五号宫殿基址发掘简报.《考古》，1988年，第2期：第128-140页.

六、马

图 7-9　马生肖图案

马作为十二生肖之一，六畜之一，是中国重要文化动物之一。马之文化特征是耐力持久，刚健智慧。马的这种能力体现在易经中就是乾卦的性质，《易经·说卦传》："乾为马。"马的另外文化寓意是有经验，所谓老马识途（图 7-9）。

马作为六畜之一，其驯化的历史却比狗、牛、羊等要晚。马的驯化主要是役使，其中除了放牧之外，主要是进行车驾。中国是最早使用车驾的国家，许多古代文献均有车驾的记载。《通典》第六十四卷中有："黄帝作车，至少皋始加牛，及陶唐氏制鸾车，乘白马，则马驾之始也。"《史记·五帝本纪》："帝尧彤车乘白马。"《易经·系辞下》："服牛乘马，引重致远"。说明马的驾车历史远在商代以上，是世界上最早的记载。历史上，马由于其重要作用，往往成为人们社会地位的象征。古代墓葬中，许多显赫的帝王、诸侯等常用车马来陪葬。除了真实的车马陪葬外，也有用铜质车马来陪葬的。最著名的就是秦始皇车马坑的发现，共出土了青铜车马，整个形制与真实车马一般大小。

马对人类最大的影响，主要是其在战争中的重要作用。中国古代从先秦时的春秋战国，直到明清时代，马都是国家最重要的战争资源。先秦时代，评价国家强盛程度的标志之一，即是用车驾的多寡。如果一个国家有千乘战车，那几乎就是可以横行天下的大国，一般的国家有百乘就已经很不错了。因此，马几乎是三千年来影响中国历史与文化的最重要家畜。以马为成语的汉语词汇非常丰富，如"马到成功"、"一马当先"、"老马识途"等，几乎挂在人们嘴边的口头语都与马有关，"马上"就是形容什么事情即刻就办理不能耽搁之意。

因为马在古代军事上的重要作用，文明时代以来，中国各个历史时期都非常重视马的养殖与管理。在中国历史上，作为养殖行业神明确进行国家祭祀的有两个，一是蚕神，另一个就是马神。马神的祭祀，历史上最早明确的记载于周代。《周礼·夏官司马·校人》："校人掌王马之政……凡马，特居四之一，春祭马祖，执驹；夏祭先牧，颁马，攻特；秋祭马社，臧仆；冬祭马步，献马讲驭夫。"《周礼·夏官司马·庾人》："庾人掌十有二闲之政教，以阜马，佚特，教駣、攻驹，及祭马祖，祭闲之先牧……"古代马祖称为天驷，乃是星宿名，这两条都说明其有祭祀马神的职责。这种祭祀马神形式一直到后世时代还保持着，如唐代就有此类规制，《通典》卷一百六十中五礼篇目军礼规定曰："……十六、祀马祖。十七、享先牧。十八、祭马社。十九、祭马步。"这四项礼均与马有关。《钦定满洲祭神祭天典礼》卷四收录有马神祭祀仪轨，包括《堂子厅式殿祭马神仪注》、《堂子厅式殿祭马神祝辞》、《正日祭马神仪注》和《正日祭马祝辞》等内容。

马也是中国古代代表时空的标志动物之一。在古代动物表示时空系统中，马代表的地支是"午"，五行属火，空间方位在南方，时间则对应的是"午"时、日、月或年，季节则对应的夏季。

第二节　神圣的水生动物

以鱼为主的一类水生动物和兽类一样也是原始人最重要的崇拜对象。本文说的水生动物崇拜乃是指广义的概念，包括现代分类学意义上的两栖动物和爬行动物在内的原始动物崇拜现象。中国人的阴阳观念反映在动物方面，以鸟和大部分陆生动物为阳性动物，而水生及大部分两栖、爬行和少部分陆生动物为阴性动物。生命活动离不开水，因此，水生动物崇拜在中国人的文化形成中占有非常重要的作用。因此，分别研究和讨论与此相关的文化现象，对于充分合理了解我们的历史文化意义重大。

一、鱼

鱼是中国重要文化动物，作为中国人的崇拜动物，其类型是多样的。总体上看新石器发现的鱼类图案，形态多样、种类丰富，后世传统鱼的文化类型则主要以鲤鱼类为主，这与鲤鱼早为中国人养殖成功有关。鱼的文化学象征主要是财富，此外就是象征功名的提升。鱼作为财富象征是源于古人通过养殖鱼而获取巨大利润，据说养鱼鼻祖范蠡就是因养鱼而巨富。而鱼与功名提升，则是源于鱼的生活习性。鱼的逆流上游是一件辛苦费力的旅程，期间要过一些难关，一旦经过努力完成，就意味着取得了成功，所谓"鲤鱼跃龙门"即此寓意。

从起源上说，鱼等水生动物很早就为原始人所崇拜。这种对水生动物的崇拜，对后世中国文化理念产生了深远的影响。鱼类是原始社会人类重要的食物来源，有许多原始氏族就是以捕鱼为主。但是当我们真正考察鱼类崇拜时，却发现一个很特别的现象，那就是鱼类崇拜并没有像其他动物那样得到有效的延续，其原因值得玩味。目前，最能代表原始鱼类崇拜的考古学证据，乃是在原始陶器上发现的“人面鱼纹”图案。这些发现在考古上都属于仰韶文化时期的文物。“人面鱼纹”主要出现于西安半坡遗址，目前已经发现的有此种纹样的彩陶有 7 件；此外在宝鸡北首岭、庙底沟、姜寨及大地湾等也发现有这种纹样的彩陶。

有关“人面鱼纹”的原始含义，目前有多种看法。不论观点如何差异，这种图案出现在当时最重要的彩陶上，具有非比寻常的象征意义是确定无异的。这种鱼纹形象，应该是与水有关的神灵形式，具有控制水的能力。大家都知道，现代社会残存有山神的观念，而且一般是以虎的形象出现的，老虎的另一个称呼就是“山神爷”；而水神的残存形象则是龙，称各种龙王。因此，半坡遗址中的这种“人面鱼纹”也应该属于当时的水神形象，只是不叫龙而已。如此的话，这种水神形象的“人面鱼纹”所具有的作用，就是人们崇拜的水神形象。把它绘在具有礼器性质的彩陶上当然是为了表达人们的种种愿望，而这些愿望基本都是与水有关的。笔者以为，作为水神，人们对其崇拜主要是表达两个与水相关的基本愿望：一是祈雨，二是祈求渔猎丰收。“国之大事，在祀与戎”，对于半坡时代的人们，农耕渔猎是他们的主要社会生产行为，而且农业生产已经超过狩猎成为最主要的社会活动[121]，而农耕生产最重要的环境影响因子就是水的多与少。在古代社会，农业生产中的水利因子人们无法控制，只能是靠天吃饭。不但是古代，即便是近现代社会的农业，人们仍然无法实现对水的完全控制。水作为对人们社会发展最重要的影响因子，仍然是人类面临的最大问题。在中国几千年文明历史中，与水打交道是社会农业生产的中心，制水成功的人在历史上都备受人们崇拜。因此，在这种客观现实背景下，崇拜水神自然是农耕文明中最主要的宗教行为。“人面鱼纹”作为代表水的自然神形象，具有控制水的多寡的超然能力。当然也可能具有某种祖先崇拜的意味，或者兼而有之。也许有疑问，如果是自然神，为什么要刻画人的形象呢？这一点其实很好理解，首先我们可以对比前面《山海经》中山神的形象，在《山海经》中已经明文记录的众多山神形象，绝大部分都是人与兽组合的形象。因此可以认为，在古代，神的形象表示基本是以组合形式出现的。如果说这些自然神具有人的形象应该是人的祖先形象，自然与人本来就是一体，中国人的“天人合一”观念道出的正是这种观念。人无非生活在山水之间，当然与山水有着密不可分的关系，人由山水所出、山水所养是最自然不过的自然观念了。

[121] 袁清. 论中国新石器时代居民获取肉食资源的方式.《考古学报》，1999 年，第 1 期：第 1-22 页.

二、龙

龙作为十二生肖之一，中国最重要的文化动物，是中华民族第一原始崇拜对象。龙是中国古代代表时空的标志动物之一。在古代动物表示时空系统中，龙代表的地支是“辰”，五行属土，空间方位在东南方，时间则对应的是“辰”时、日、月或年，季节则对应的春季之末。龙在四方时空中代表着东方，五行属于木，寓意生长之意。龙的文化学象征是复杂的，但其主体观念与王权观念有关，此外，龙还具有生命力、强健、变化、控制雨水等多种内涵。然而，龙作为中国文化最重要的崇拜物，其原型来源却笼罩着层层迷雾，至今尚未有令人满意的说法（图 7-10）。

图 7-10　龙生肖图案

龙的现今形象在自然界并不存在，乃是人们创造出来的，这种形象成为中国文化最主要的“图腾”流传了两千多年。那么关于龙来源的问题，学界研究情况如何呢？目前有关龙的来源即龙原始形象有多种解释，罗列起来包括如下一些有代表性的观点。

（1）来源于蛇。徐乃湘、崔岩峋等认为：“综合起来看，龙是以蛇为基础的，而发展变化了的蛇图腾像就是龙的形象 [122]……”

（2）来源于鳄鱼。何新认为：“在中国古代，确实曾存在过这样一种令人恐怖，并且因而也令人敬畏的巨型爬行动物，这就是现代分类学中称作‘湾鳄’的那种巨型鳄鱼[123]。”

（3）来源于河马。刘城淮认为：“充任龙的模特儿之一的马，最初不是一般的陆马，而是河马[124]。”

（4）来源于恐龙。王大有观点：“龙，被古人公认为最原始的祖型，可能还是恐龙。古人以具有四足、细颈、长尾，类蛇、牛、虎头的爬行动物为龙，这可能是古人当时见到并描绘下来的某种恐龙的形象[125]。”

（5）来源于图腾合并。闻一多先生认为：“它（龙）是一种图腾（totem），并且是只存在于图腾中而不存在于生物界中的一种虚拟的生物，因为它是由许多不

[122] 徐乃湘，崔岩峋.《说龙》. 北京：紫禁城出版社，1987 年.
[123] 何新.《中国神龙之谜的揭破》. 延边：延边大学出版社，1988 年.
[124] 刘城淮. 略谈龙的始作者和模特儿.《学术研究》，1964 年.
[125] 王大有.《龙凤文化源流》. 北京：北京工艺美术出版社，1986 年.

同的图腾糅合成的一种综合体。”闻一多先生进一步论述龙图腾的基本形态是蛇：“龙图腾，不拘它局部的像马也好，像狗也好，或像鱼、像鸟、像鹿都好，它的主干部分和基本形态却是蛇[126]。”

（6）来源于物候代表形象的组合。持此观点的是陈绶祥，他认为龙身体是扭动的虫体，人们在广大的范围内选择了鳄鼍，以及虫、蛙、鱼、鸟、畜等类作为物候历法参照物，并最终演化成观念集中在特定形象的身上，就形成了龙[127]。

（7）来源于松树。尹荣方：“中国人传说中的龙，原是树神的化身。中国人对龙的崇拜，是树神崇拜的曲折反映，龙是树神的化身，是植物之神。龙的原型是四季常青的‘松’、‘柏’（主要是松）一类乔木。”“松、龙不仅在外部形象上惊人地相似，而且‘龙’的其他属性，与松也同样惊人地相似[128]。”

（8）来源于自然现象。如云、虹、雷电等，持此种观点的有何新、胡昌健、朱天顺等。

综观上述各家观点，结合文献与考古证据，笔者比较赞同龙的原型是动物的观点，那些认为龙是植物和自然现象的观点有些牵强。龙作为以动物为原型的崇拜动物形象，可能有不止一个原型。考察所有被认为与龙的原型接近、被大家公认的考古发现中的龙形象，以现代动物分类观点来说，无论蛇、蜥蜴还是鳄鱼也好，都属于爬行动物，这一点应该没有疑问。龙应该属于爬行动物崇拜，蛇是其原型之一当站得住脚，而蜥蜴或者鳄鱼应该是龙的另一个原型动物来源。爬行动物恐龙在人类出现前就已经灭绝，说恐龙是其原型是没有充足根据的，应该予以排除。从甲骨文中就有比较成熟的“龙”字而言，龙的观念当有非常古老的历史。可以说，在没有文字之前就已经有了龙的观念和形象传说。

中国远古就有龙的崇拜可以说已经为大量的考古发现所证实。距今 7000~6000 年的仰韶文化后岗类型，许多遗址都有龙形象的发现。如在河南濮阳西水坡距今约 6460 年的遗址，发现了在墓葬主人两侧用蚌壳摆成的龙虎图案。其中龙摆在主人身体的东侧，虎在西侧。从这条蚌塑龙形态上观察，该龙长 1.78 米，高 0.67 米，头北尾南，背西爪东。龙头部似兽，昂首瞠目，吻部很长，龙嘴半张，长舌明显，颈部长而弯曲，背部有鬣，龙身细长而略为弓形，前后各有一足向前伸出，爪分五岔，龙尾巴长而微曲，端部具有掌形分岔。这条摆塑龙与后世的龙形象非

[126] 闻一多.《闻一多全集·神话与诗》. 北京：开明书店，1948 年.
[127] 陈绶祥.《中国的龙》. 桂林：漓江出版社，1988 年.
[128] 尹荣方. 龙为树神说——兼论龙之原型是松.《学术月刊》，1989 年 7 月号：第 39-45 页.

常接近，学者认为这种造型已经不是原始造型，而应该是距离原型很远的龙的形象，说明龙的观念历史应该更加久远（图 7-11）。但是，如果我们仔细研究就会发现，西水坡的蚌塑龙应该是鳄鱼的造型更符合实际。

龙的原始形象也在属于红山文化的内蒙古三星他拉村有发现，三星他拉村发现“玉龙”是在 1971 年，经鉴定是属于红山文化的玉饰，年代距今不少于 5000 年。这件“玉龙”高 26 厘米，全玉细长，弯曲成“C”形，截面呈椭圆形。龙头较长，长吻上翘，鼻端部截平，有一对鼻孔。龙眼呈突起的棱形，嘴紧闭为一条线。龙颈背部为一 21 厘米的长鬣，鬣后部向上翘起卷曲（图 7-12）。目前的研究也认为，红山文化的玉龙更应该是以猪作为原型的玉雕。

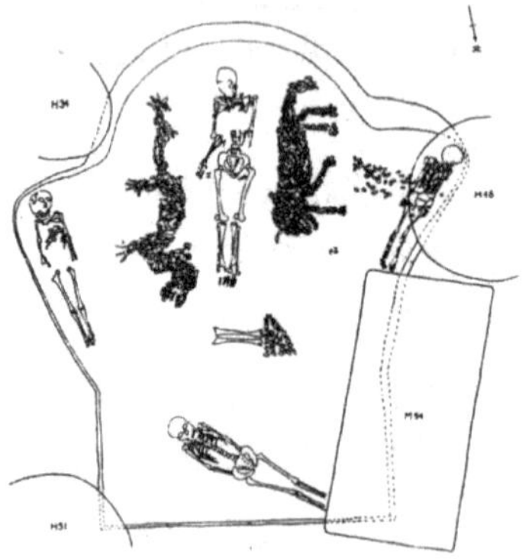

图 7-11　西水坡仰韶文化龙虎蚌塑图案

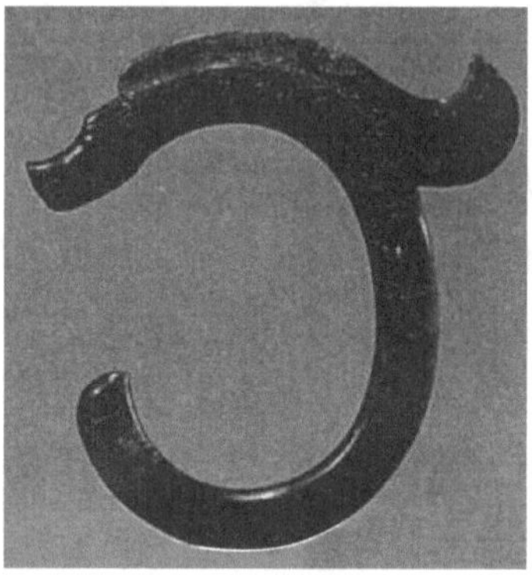

图 7-12　内蒙古三星他拉村出土的玉勾龙

龙的原始形象的另一个比较重要的发现是在汾水流域，距今 4500~3900 年的龙山文化陶寺类型的龙纹彩陶。这件发现于襄汾陶寺遗址的彩陶盘，底部绘有一条盘曲的龙纹。龙头与身体没有明确的界限，颈两侧各有一个后掠的短鳍形物，龙眼小而圆，嘴长微微张开，有成排的利齿，口中向外伸出一羽状物。龙身比较粗壮，盘曲成环行，体表具有两列对称的“U”形花纹，尾巴收缩成尖（图 7-13）。这一原始彩陶上的龙，其实应该是以蛇为原型的纹样。

上面这些考古发现是比较典型的属于龙范畴的例证，由此可以认为，龙的原始形象在中国具有非常久远的历史，但是在早期并不是唯一的来源。结合目前比较公认的龙起源形象，我们认为鳄、蛇等爬行动物属于崇龙文化范畴。此外，猪也与龙的形象有某种关系，目前还不能最后肯定，但是与龙崇拜有相似之处。

图 7-13　山西陶寺出土彩陶盘上的龙纹

应该指出的是，龙之所以由鳄（蜥蜴）和蛇作为原型动物，主要是因为考古发现中的龙其实在商代以前就是鳄和蛇的造型和图案。龙本于鳄类，何新先生已经论述得非常详尽，这里想就蛇的问题再做一点说明。目前考古发现的蛇造型龙，除上面提到的山西陶寺类型的龙纹彩陶外，在河南二里头出土的彩陶片上也发现了许多明显带有蛇形的所谓龙纹（图 7-14），说明陶寺类型的龙纹与二里头龙纹之间有着某种内在的联系。这些似乎提示我们，蛇作为原始动物崇拜对象的确存在。在上面讨论《山海经》中动物崇拜问题的章节中，曾详细说明了兽类崇拜问题，这里再就有关龙、蛇等水生动物崇拜情况做一些探讨。在《山海经》里，与水生动物崇拜有关的动物只提到了两类，即龙和蛇（也包含猪）。蛇的形象既出现在山神，也出现在有名神形象之中。在《北山经》中，北山经之首的山神是“人面蛇身”，北次二经之首山神是“蛇身人面”。《西山经》中，崦嵫山的有名神孰湖是“马身鸟翼人面蛇尾”。《海外北经》钟山之神烛阴是“人面蛇身”，相柳氏的形象是“九首人面蛇身”。《海内经》中苗民神延维是“人首蛇身”。另外在《山海经》中，龙崇拜与蛇崇拜有着密切同源关系也有所反映。龙作为《山海经》中动物神形象在各个地域都有反映，可以说在《山海经》成书之前，龙就已经成为广泛分布的动物崇拜对象。还有一点要说明的是，《山海经》中对蛇和龙的形象所做区别比较明显，完全属于两类不同的动物，不相混淆。如果仔细研究蛇有关的形象，就可以发现，所有《山海经》中与蛇崇拜有关的形象，蛇均只以身体作为造型特征，而没有蛇首形象出现。但是龙却不同，龙的形象既有身体，也有龙首。这里从侧面暗示出蛇的形象可以被龙所替代的潜在可能，因为蛇体与龙体非常相似，只是脚爪有无之别。民间中也是把蛇看成是龙的变形，称为小龙，属蛇的人也称为属小龙，可以看成是这种文化演变的遗留。由上述讨论可以认为，龙的原型动物来源是爬行动物中的鳄类（包括蜥蜴）和蛇类。在演化的早期，鳄类和蛇类是分别被崇拜的，在其后的演变中，蛇崇拜逐步统一到龙崇拜而在历史上消失。这种同化应该发生在商代以后，其同化结果是蛇以“蟠龙形象”出现（图 7-15）。

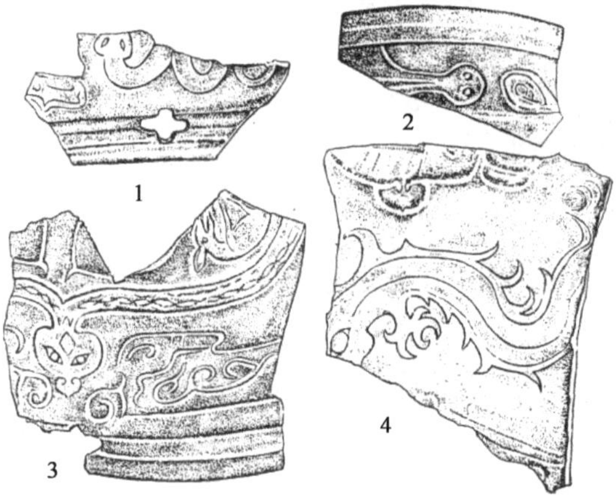

图 7-14　河南偃师二里头出土的龙纹陶片

图 7-15　河南安阳小屯出土的蟠龙纹盘上图案

除了龙的形象形成问题，笔者所关心的是龙反映的主要社会心理问题。即为什么中国文明发展，最终选择龙作为其最高崇拜动物？这个问题，应该说原因很多，但是，其中最重要的原因还是与社会生产的发展有关。上面讨论“人面鱼纹”时提出了水神崇拜，并论述了水在当时社会发展中的重要性。从某种意义上说，龙其实是以“人面鱼纹”为代表的水神形象之变形和延续。这一点，我们甚至还可以找出比较可靠的证据。龙与鱼两者之间的联系，在《山海经》中同样有所体现，《海内北经》有：“陵鱼人面，手足，鱼身。”《海外南经》：“虫为蛇，蛇号为鱼。”都是说的似蛇非蛇、似鱼非鱼的陵鱼。对此，《海外西经》更直接地说明：“龙鱼陵居在其北，状如狸（鲤），一曰鰕。即有神人乘此以行九野。”在这里龙鱼似乎是神的通行工具，当然也就具有某些神性。

龙的社会本质，其内涵一开始就以制水神兽为特点。龙的形象与鱼的形象对比而言，显然龙更能显示力量，更令人畏惧。从动物崇拜发展的角度而言，这与社会历史发展相适应。早期人类社会组织比较松散，联系不紧密，生产力十分低下，与之相应的动物崇拜，表现为崇拜动物类型分散多样，而且以依赖型动物为主。例如，早期岩画中反映的动物神形象多是牛、马、羊等狩猎动物。随着生产力的提高和社会组织的加强，与统治和组织发展相适应的动物崇拜倾向于选择凶猛动物，而依赖型动物崇拜则逐渐衰弱。龙的地位上升正是这种社会历史演变的结果。如此龙的根本内涵有两点，一是作为控制水的自然神，二是衍生出来的王权统治象征符号。

龙的水神本质与“人面鱼纹”的自然神属性是一样的，无需赘述，这里只就历史上人们对龙控制水能力的祈求情况做些陈述。水的多与少直接影响农业生产，因此人与水的关系在历史上就体现在干旱和洪涝两个方面。历史上，干旱时举行宗教仪式祈求降雨屡见于文献记载。如《左传·僖公二十一年》就记载有：“夏，大旱，公欲焚巫尪。”翻译成现代文就是：由于天旱，国王要杀人祈雨。同样在甲骨文中也可以发现与祈雨相关的卜辞，如“乙卯卜：今日[illegible]，从雨。于巳未雨。”（《戬》四七·三）学者都认为 像投入火中的人形，可见古代祈雨是要进行人祭的。《山海经·大荒东经》：“旱而为应龙之状，乃得大雨。”郭璞注：“今之土龙本此。”《淮南子·地形训》也有记载：“土龙致雨。”这种祈雨就是在干旱时，做一条土龙祈求下雨。自周朝开始，每到春天农作物生长需要雨水的时候，都要举行祈雨活动，称为雩祭。东周时祈雨已经不用残酷的杀人祭祀，而改变为暴晒方式。祈雨形式到了汉代则主要是用龙来祈降雨，此种求雨方式，董仲舒曾有详细记录。如“春旱求雨……祝斋三日，服苍衣……以甲乙日为大苍龙一，长八丈，居中央；为小龙七，各长四丈，于东方皆东向……夏求雨……以丙丁日为大赤龙一，长七丈，居中央；又为小龙六，各长三丈五尺，于南方皆南向……季夏祷山陵以助之……以戊己日为大黄龙一，长五丈，居中央；又为小龙四，各长二丈五尺，于南方皆南向……秋暴巫尪至九日，无举火事，无煎金器……以庚辛日为大白龙一，长九丈，居中央；又为小龙八，各长四丈五尺，于西方皆西向……冬舞龙六日，祷于名川以助之……以壬癸日为大黑龙一，长六丈，居中央；又为小龙五，各长三丈，于北方皆北向……四时皆以水日为龙，必取洁土为之结。盖龙成而发之[129]……”从引文可以看出，汉代的祈雨仪式是比较复杂的活动，其中已经掺进了阴阳五行的思想内容。唐代也进行祈雨活动，在形式上多出了画龙求雨法。如在《明皇杂录》中就有：“唐开元中，关辅大旱，京师阙雨尤甚。亟命大臣遍祈于山泽间而无

[129] 董仲舒著.《董子文集》. 上海：商务印书馆，1937 年.

感应。上于龙池新创一殿，因召少府监冯绍正，令四壁各画一龙……绘事未半，若风云随笔而生……俄顷阴雨四布，风雨暴作……”的故事情节。此外还有一种“蜥蜴求雨法”，乃是用龙求雨的变形，因为蜥蜴是与龙同类的爬行动物，也是龙的原型动物。到了宋朝，在仍然保留造土龙和画龙求雨方式的同时，民间通过龙王求雨也成为重要形式。自唐宋之后，祈雨在官方和民间特色鲜明，官方采取祭祀形式，而民间则利用巫术形式。从上面概括叙述可见，求雨活动几乎是贯穿中国古代历史的文化现象，反映出水对于古代社会发展的重要影响。而龙作为水神形象成为了祈雨的中心，求雨活动也因此成了龙文化的一个非常重要的历史内容。

龙的另一个中国文化符号是作为王权统治的象征，这种象征形象，从一开始就具备神圣王权性质。龙是与中国历史上第一个王朝——夏相关的崇拜物形象。传说夏朝是由大禹开始的，中国古代社会自夏开始进入新的历史时期。氏族首领职务逐渐转化为统治权力，一族之长高于其他人，以统治者自居。到了禹传位给他的儿子启，远古的禅位权力交接变为父子传承形式，国家的性质也随之进入奴隶社会。根据现有研究，夏族是属于崇拜“龙”的原始部族，这也与大禹以制水闻名相互印证。其实，龙作为王权象征主要反映在黄河流域，如最早的以鳄表现的“龙”形象出现在距今6000年的大地湾文化中，河南濮阳地理区域正位于此区域。濮阳蚌塑龙形象的摆放图案，除了原始宗教意义外，更主要体现的却是墓主人神圣权力。而且这种图案也是后世王权动物组合形象的典型鼻祖。如果把墓中摆出来图案中的虎看成是山神的形象(陆地之神的代表)，龙看成是水神的形象(水中神的代表)，那么墓主人就是同时具有与山神、水神同样的神性，也就是人们崇拜的“人神”形象，这种推断应该是有道理的。从原始巫术角度来说，如果以龙和虎象征沟通天地的使者，则中间的墓主人应是具有法力的大巫师，而巫师也正是原始社会中的具有统治权力的部落领袖。有意思的是夏王朝的早期人物大禹，其传说的形象就是龙。大禹在历史上是以制水英雄存在的，而大禹的父亲鲧也是与制水有关的人物，只是其制水能力有限。大禹及其父亲鲧的形象都是龙，鲧被杀后化为黄龙，大禹则是句龙。

龙的王权象征地位在历史发展中逐步强化，以至于最后成为凌驾于所有其他崇拜动物之上的唯一皇权象征符号。这种历史性的变化可以从大量考古文物，历史文献等多种证据中得以明证。

作为王权象征的龙，自然与政治统治有千丝万缕的联系。这种联系主要表现在天子龙种和统治者对龙纹样的垄断使用上。历史上首次把自己与龙拉上关系的是汉高祖刘邦。刘邦由于出身卑贱，为了提高自身的地位和形象威信，便编造了其出生与龙有关的种种神迹。这在史书有明文记载，《史记·高祖本纪》："高祖，沛丰邑中阳里人……其先刘媪尝息大泽之陂，梦与神遇。是时雷电晦冥，太公往视，则见蛟龙于其上。已而有身，遂产高祖……"此后，历代帝王无不使自己和龙发生某些联系，并依次作为统治愚弄百姓的形象基础。不但如此，历代帝王，无论得势与否，所选择的年号许多都带有龙字。如以"黄龙"做年号的就有汉宣帝刘询（公元前 49 年）、吴大帝孙权（公元 229 年）、唐段子璋（公元 761 年）；以"青龙"为年号的有魏明帝曹叡（公元 233 年）、后赵石鉴（公元 350 年）、后燕兰汗（公元 398 年）；以"龙兴"为年号的有东汉公孙述（公元 25 年）、唐南昭邓龙晟（公元 810 年）、宋大理段正兴（公元 1156 年）。此外还有后凉吕光以"龙飞"为年号，唐高宗李治以"龙朔"为年号，中宗李显以"神龙"为年号（后又改为"景龙"），梁末帝朱友贞以"龙德"为年号等。

帝王利用龙加强其统治，还表现在对龙纹的垄断使用上。统治者不但自认为是真龙天子，还对龙纹样采用垄断，不允许百姓使用。在使用方法上，各代帝王的饮食起居无不伴有龙的影子。如所穿的衣服称龙袍，所用器物上刻绘有龙纹，居住的房子也用龙来装饰等。在帝王自己滥用龙纹样的同时，极力禁止臣属和百姓使用龙纹。如元世祖忽必烈就规定，市商不得织造贩卖日月龙凤纹的缎匹。明太祖朱元璋也对龙纹采取了垄断方式，而且为各级官吏建立了一套颇有特点的动物等级标志系列。如以鸟类作为文官服饰标志，以兽类表示武官。可见这种动物文化内涵的社会影响到了多么大的程度。

三、蛇

蛇是十二生肖之一，在中国文化中是非常特别的一种崇拜动物，其文化形象既有正面，也有负面。在所有动物中，受到褒贬最多的莫过于蛇。正面形象的蛇是诚实、报恩、智慧、生育等，而负面形象则又象征着残暴、狡诈、忘恩、愚昧、死亡。蛇这两种形象在文学作品中，表现为既有像《白蛇传》这样脍炙人口的故事，也有像《农夫与蛇》那种令人愤怒的寓言（图 7-16）。

图 7-16　蛇生肖图案

蛇是中国非常重要的崇拜动物，在中国文化上具有重要影响。蛇的形象是许多古代崇拜对象的形象，各类古籍均有或详或略的记述。考察《山海经》全书记载，蛇的形象特征出现次数很多。《山海经》中山神形象许多都具有蛇的特征，如《北山经》北山经之首的山神是人面蛇身，北次二经之首则是蛇身人面，二者其实是一样的形象。此外，其他具有蛇形象的记载还有《西山经》："又西六十里，曰太华之山，削成而四方，其高五千仞，其广十里，鸟兽莫居。有蛇焉，名曰肥，六足四翼，见则天下大旱。"《海外西经》："轩辕之国在此穷山之际，其不寿者八百岁。在女子国北。人面蛇身，尾交首上。"《海外北经》："钟山之神名烛阴，视为昼、叹为夜、吹为冬、呼为夏，不饮不食，不息，息为风，身长千里，在无臂之东，其为物，人面蛇身，赤色，居钟山下"。"共工之臣曰相柳氏，九首，以食于九山……""相柳者，九首人面，蛇身面青。不敢北射，畏共工之台……"《海内北经》："鬼国在贰负之尸北，为物人面而一目。一曰贰负神在其东，为物人面蛇身。"《大荒北经》："共工臣名曰相繇，九首蛇身，自环，食于九土……""西北海之外，赤水之北，有章尾山。有神，人面蛇身而赤，直目正乘，其瞑乃晦，其视乃明，不食不寝不息，风雨是谒。是烛九阴，是烛龙。"

伏羲的传世神像也具有蛇的特征，关于伏羲形象在《帝王世纪》记载曰："太昊帝包牺氏，风姓也，蛇身人首。"与之对应的女娲神形象同样如此，《帝王世纪》有记载曰："帝女娲氏，亦风姓也，承包牺制度，亦蛇身人首，一曰女希，是为女皇。"前面章节曾对这种蛇身产生原因，从服饰角度进行了破解，这里再进行一些深入的分析。

中国古代社会，许多部族都有用蛇作为标志的现象存在。《礼记·王制》："中国戎夷五方之民……南方曰蛮，雕题交趾，有不火食者矣……"南方称"蛮"，"蛮'字下面"虫"字，学者都认为就是蛇。就是说，周代时中国南部之民称谓被认为与蛇形象有关。此外，其他与之有关的标志南方民族的文字，也都与蛇有关联。如三苗，《海内经》："有人曰苗民。有神焉，人首蛇身，长如辕，左右有首，衣紫衣，冠旃冠，名曰延维，人主得而飨食之，伯天下。"

三苗是古代中国重要部族，其崇拜动物形象与蛇有关。三苗与黄帝等征战，失败后南迁，今南方许多少数民族均与之有关。除上面的蛮字，还有福建的简称"闽"，也是一个与蛇有关的文字，说明福建一带过去也有众多崇拜蛇，以蛇为族群标志的部落。蛇形象这种标志，随着时代发展而逐步转化为姓氏。有学者研究表明，许多姓氏都与蛇特征有某种联系，如芈、曼、瞒、鬕、庸等[130]。

蛇也是中国古代代表时空的标志动物之一。在古代动物表示时空系统中，蛇

[130] 王小盾.《中国早期思想与符号研究》. 上海：上海人民出版社，2008 年.

代表的地支是“巳”，五行属火，空间方位在东南方，时间则对应的是“巳”时、日、月或年，季节则对应的夏季之初。

四、猪

猪是十二生肖之一，六畜之一，是中国重要文化动物之一。猪是新石器时代中国许多族群普遍饲养的家畜，而且也是北方少数民族养殖的主要家畜，满族的先民就主要以养猪为主。《晋书·东夷传》记载：“肃慎古国，并无牛羊，多畜猪。”《新唐书·北狄列传》：“（室韦）其畜无羊少马，有牛不用，有巨豕食之。（黑水靺鞨）蓄多豕，无牛羊。”猪的文学特征是既聪明又懒惰，同时也兼有可爱之处。猪的最主要文化学象征也与水相关，《西游记》中的猪八戒就是天蓬元帅化身（图 7-17）。

图 7-17　猪生肖图案

猪作为哺乳动物属于陆生动物，为什么与水生动物崇拜相关呢？其原因主要在于猪与龙之间历史文化上的特殊关系，以及猪本身具体形象特点所造成。猪作为崇拜动物在远古社会也是比较普遍的存在，《山海经》中就有许多以猪为形象的山神存在，如《北山经》：“凡北三经之首……其十四神状皆彘身而载玉……其十神状皆彘身而八足蛇尾。”《中山经》：“凡苦山之首……其十六神者，皆豕身而人面……其神状皆人面而三首，其余属皆豕身人面也。”“凡荆山之首……其神状皆彘身人首。”等。此外与猪有关的其他形象我们还可以看到，诸如《山海经》中所说的蠪蚳：“有兽焉，其状如彘而有角，其音如号……食之不眯。”《海外西经》的并封或屏蓬“并封在巫咸东，其状如彘，前后皆有首，黑”，郭郛先生认为是一种猪的干尸联体缝合而成，是猪图腾[131]。在原始陶器中，以猪作为造型和文饰的也有发现。如河姆渡文化的原始陶器上就发现有猪的刻纹（图 7-18），商代青铜器中同样也有以猪为造型的尊形器出土，如豕尊。这些都反映出，猪作为古代中国农业文明最重要的家养动物在文化上的影响。

猪与水有关可能由以下几点原因。猪崇拜的产生与农业生产中所崇拜的水神龙具有一定的内在联系，这种联系一方面是崇拜猪的部落与崇拜龙的部落有同源关系。文献学研究表明，猪与龙崇拜之间具有某种关系。《史记·五帝本纪》中说

[131] 郭郛.《中国古代动物学史》. 北京：科学出版社，1999 年.

图 7-18　河姆渡出土黑陶钵上的猪纹

颛顼是“皇帝之孙而昌意之子也”，但是在《山海经·海内经》则在昌意和颛顼之间还有韩流一代。韩流据说是“人面豕喙，麟身渠股豚止”，明显有猪的形象特征。《海内经》在颛顼世系中有：“流沙之东，黑水之西，有朝云之国，司彘之国。”以上论述都在说明猪形象与颛顼世系有关。颛顼作为北方天帝，与之相关的族属都位于北方，猪作为与其族属相关的养殖和崇拜动物自然也具有北方属性。作为以龙崇拜为主的颛顼，龙与水的关系也必然体现在猪的身上，猪归入具有水的属性是相同原始宗教信仰统一性的要求。另一方面，猪崇拜主要位于北方，而北方在原始神话语言体系中是与水对应的方位，这一点在八卦五行理论体系中说得非常明白，而且猪的颜色为黑，也是与北方色彩配属一致的。由此猪与龙相关，位于北方及体色黑等内在因素，使其具有了某种水神的特征，这些在求雨活动中也是有所表现。

猪也是中国古代代表时空的标志动物之一。在古代动物表示时空系统中，猪代表的地支是“亥”，五行属水，空间方位在西北方，时间则对应的是“亥”时、日、月或年，季节则对应的冬季之初。

五、龟

龟是中国最重要的文化动物，在古代被称为四灵之首。所谓四灵是指四种动物，《礼记·礼运》：“何谓之四灵？鳞、凤、龟、龙，谓之四灵。”龟的文化象征有两点，一是龟为长寿动物，寓意长寿久远。二是龟是灵异动物，可以先知事物，故称为最重要的卜筮工具。此外，龟还与人们生殖文化有关。因而龟是中国古代非常重要的崇拜动物，其历史源远流长（图 7-19）。

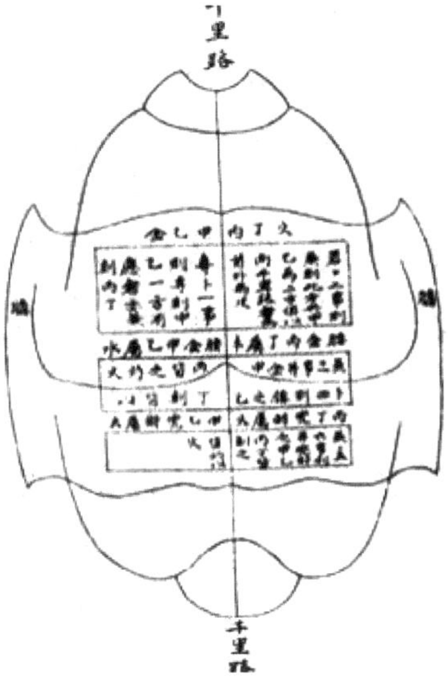

图 7-19　古代龟卜图示（引自《卜法详考》[132]）

那么龟为什么能成为古代占卜的最主要工具呢？龟是世界上最长寿的动物，传说龟能千岁。常识原则是活得久，所经历多，也就更有智慧。因此，长寿而智慧是选择龟为占卜工具的重要原因。此外，龟作为古代占卜灵物，其根本原因除了其长寿外，可能还有其他原因。四灵之一的龟，在中国传统文化观念中与阴阳五行有着明确的对应关系。关于四灵与阴阳五行时空方位对应，《礼记·月令》等有明确记载："孟春之月……其虫鳞……孟夏之月，其虫羽……孟秋之月，其虫毛……孟冬之月，其虫介。"所谓的介，就是甲之意，就是龟鳖类动物。在五行与时空关系上，春为东方属木，夏为南方属火，秋为西方属金，冬为北方属水。因而龟就对应冬季和水，同时在空间上也就对应北方。我们知道，中国传统观念中，五行对应于人的能力方面，水主智慧。如此，笔者认为龟为北方主水之神，当然就应该成为占卜的不二选择。

龟作为占卜工具，其历史应该远在商代之前，学者研究与考古发现，其历史大约有 8000 年似乎是可信的。1987 年，考古发现于安徽含山新石器遗址，出土一件玉龟[133]，该龟为上下两块玉版合盖而成，最为神奇的是在两块龟版之间，夹着一件据说是原始八卦的玉版。古代文献中有"神龟负图"传说，据说夏禹治水

[132] 胡煦撰.《卜法详考》. 载《四库数术丛书》（文渊阁本）. 上海：上海古籍出版社，1993 年.
[133] 安徽省文物考古研究所.《凌家滩—田野考古发掘报告之一》. 北京：文物出版社，2006 年.

时，洛水中冒出神龟，其背部有文图，也就是后世所谓的“洛书”。结合凌家滩玉龟版发现，如果玉版图案真是原始八卦的话，则似乎是对古代文献的某种实证。龟的形象在古代人们眼里是非常神圣的，其原因乃是龟具有天地之象。中国古代宇宙观念认为，天圆在上，地方在下。对此，李时珍的《本草纲目》有明文记载：“甲虫三百六十，而神龟为长，上隆而文以法天，下平而理以法地。”就是说，龟的背甲为圆形，而且整个身体可完全缩入背甲之下，正如天的穹庐覆盖四野之象；龟的腹甲平整，类似大地之象。总之，龟为占卜首选，应该有其历史上的必然性在内，值得今后进一步深入研究。

与其他动物一样，龟的形象在史前也是原始部落的标志。我们可以在许多古代金文中发现龟的图形，而且种类不是一种。在红山文化玉器中，龟形玉器出现的比例非常大，说明红山人对龟的某种认可程度很高。龟甲或玉龟往往是随葬重要器物，许多考古遗址都发现有这种现象。

龟的另一文化学特征与人的繁殖文化有关。龟作为原始崇拜灵物，其产生时代很久远。阴山岩画中就有“龟形人面”图案发现（图 4-34），而且该图案明显还显示出人的生殖器。这个图案非常重要，其反映着某种思想认识是不然自明的。说得再明白一点，这幅图很可能就是古代人们认为龟是繁殖神灵的形象反映。此外，龟是男性生殖器崇拜的象征物，这种思想观念历史久远，以至于人们语言意识上将生殖器头直接就称为“龟头”。生殖崇拜是人类最原始崇拜之一，早期人们主要崇拜女阴。随着社会发展，人们进入父系社会后（姑且如此认为，因为是否普遍存在母系社会，还不能完全确证），人们主要以崇拜男根为主。有学者甚至认为，八卦的阴阳爻就是伏羲近取诸身，即男女生殖器而产生的。龟的这种生殖文化特点，在后世直接发展成为了性文化的通用名词，自不必过多论述。

第三节　神圣的飞行动物

鸟类作为生物的一员，其最大的特点具有飞行能力。正是由于具有这种特殊能力，鸟成为人们最重要的崇拜动物。鸟的崇拜是非常古老的，甚至不会晚于兽类崇拜。鸟崇拜是与太阳崇拜有关的，是原始太阳崇拜的变形表现形式，换句话说鸟崇拜是太阳崇拜观念的延伸。如果说兽类和水生动物崇拜是与社会生产紧密相关的话，那么鸟类崇拜却是更多与人们的精神信仰有关。鸟能飞行上天，是与天接触的生命形式，而天在人的心目中往往与美好的向往分不开的。鸟的形象出现在古代文物与文献中，主要有四类形式，即凤鸟、乌鸦、鸡和鹰，至于其他类型鸟则不那么重要。限制于现有研究水平，本文仅结合文献文物现状，只从总体上概述飞行动物的文化学现象。

鸟崇拜的寓意其实是太阳崇拜的延伸，这一点有着深刻的历史文化背景。原始人类对日月的崇拜是非常普遍的宗教现象，尤其是太阳崇拜更是早期原始宗教的基本内容。人们崇拜太阳最根本的原因是对生命存在与太阳关系的原始体验与认识。万物生长靠太阳，不但是科学所证实的客观真理，更是人类生命体验的宗教信念。生命因太阳而产生、存在，因而亦幻想向太阳复归。正是这种原始本能的体验和信念，人们向往太阳或者天上世界就是一种自然的情感现象。对太阳的这种主宰力量的认知，导致原始人类产生太阳崇拜的宗教观念。与世界上所有文明一样，中国远古社会同样存在太阳崇拜现象。在史前岩画中，与太阳崇拜有关的画面是比较丰富的。例如，内蒙古阴山岩画中就有描绘太阳崇拜的图像，在格尔敖包沟第二地点第一组岩画，有一个人跪地拜日图案（图 7-20）；云南沧源岩画第七地点 4 区也有太阳人和羽人的形象（图 7-21）。此外，出土文物中同样有反映太阳崇拜的器物发现，如大汶口文化陶器上就有与太阳崇拜有关的象征性符号发现（图 7-22）。

图 7-20　内蒙古阴山岩画中的拜日图案

图 7-21　云南沧源岩画中太阳人和羽人图案

鸟与日有关是鸟崇拜乃太阳崇拜延伸的最好注解。沧源岩画中太阳人图案旁就有羽人，羽人形象是原始人太阳崇拜的象征性装束，其寓意是想成为鸟飞向天空，接近太阳。同样我们还可以看到许多原始神人图案中，都有羽毛装饰存在。如果排除纯粹美观因素，它与鸟崇拜即想升入天空的宗教内容不无关系。在良渚文化玉器上的“神人兽面”图案中，神人的羽冠就是鸟的羽毛，其足也呈现出类

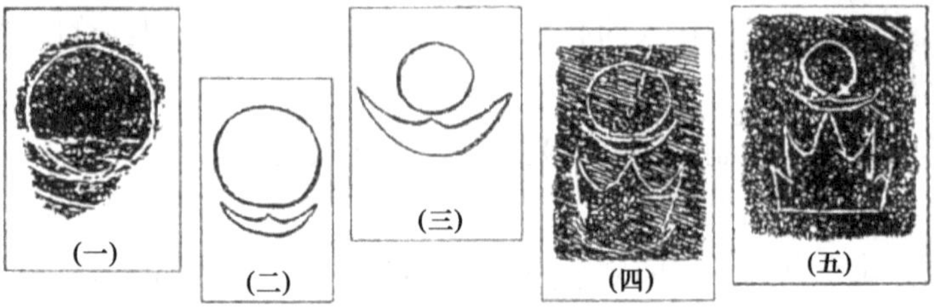

图 7-22　大汶口文化陶器上与太阳崇拜有关的象征性符号

似鸟爪的形象特征。这种形象的背后正是良渚文化中原始鸟类崇拜的反映，也间接地反映出该文明具有太阳崇拜的宗教内涵。这一点在与之有文化传承关系的河姆渡文化中，体现得更为原始和直接。在河姆渡文化出土的器物中，太阳纹样屡有反映，最有名的是所谓“双鸟朝日”图案器物的发现（图 7-23）。

图 7-23　河姆渡文化“双鸟朝日”图案

除出土的文物、岩画之外，鸟与太阳崇拜有关还可以在古籍中找到证据。《山海经》中就有与此相关的记载，如《海外东经》有：“下有汤谷，汤谷上有扶桑，十日所浴。在黑齿北。有大木，九日居下枝，一日居上枝。”汤谷即晒谷，传说是日出之处。《大荒东经》：“汤谷上有扶木。一日方至，一日方出，皆载于乌。”这里的意思更进一步，就是说太阳的进出都是由乌鸦来驮负着的。也就是说古代人认为鸟是太阳的运载工具。为什么乌鸦与太阳能扯上关系呢？其实这里所谓的乌鸦乃是太阳黑子的形象化，古人不能正确认识，故以为是一种鸟。不但《山海经》，其他古籍也有类似的记载。如《春秋元命苞》：“阳数起于一，成于二，故日中有三足乌。”《淮南子》：“日中有俊鸟，月中有蟾蜍，日月失其行，薄蚀天光。”《汉书·五行志》：“成帝元年……三月，乙未日出黄，有黑气大如钺，居日中。”这些都说明古代人对太阳黑子的观察，并将之与鸟类联系起来。由这种观念我们可以发现，鸟就是由此而作为日中存在动物，或是作为太阳运载工具而与太阳发生文学上的联系的，而这种联系最终导致以鸟类崇拜逐步替代对太阳的直接崇拜。

大量考古发现也表明，鸟崇拜在中国远古是非常普遍的。除上面提到的证据，我们还在诸多史前文明遗址中看到这方面的证据。例如，在西安半坡、庙底沟、马家窑等类型的彩陶上，均发现有鸟纹图案。尤其值得注意的是，仰韶文化中我们见到鸟负太阳纹样（图 7-24），与《山海经》中的记载颇相印证。在众多文物中，以鸟为造型的非常普遍，如陕西华县太平庄出土的庙底沟类型的陶鸮鼎、山东邹县野店出土的鸟喙形流陶鬶。到殷商时代，以鸟为造型的器物更是多种多样。在青铜礼器中，许多就是采取鸟的造型或者装饰鸟纹样。鸟纹作为青铜礼器上重要纹样，与兽面纹和夔纹同样是不可或缺的。这些都足以说明，鸟崇拜意识在商代非常重要。

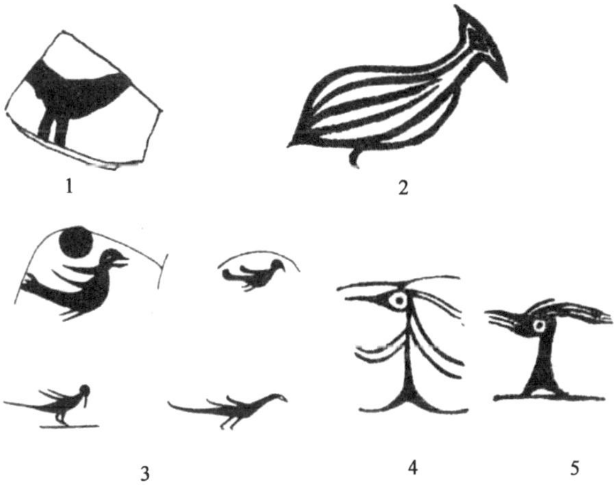

图 7-24　彩陶鸟纹

1, 2. 半坡类型；3. 庙底沟类型；4, 5. 马家窑类型

中国历史上，以崇拜鸟为主的氏族是有据可考的。前文说过，太阳崇拜是非常广泛的原始崇拜，许多氏族都把太阳作为主要崇拜对象。而作为太阳象征的鸟类，同样受到众多原始部落崇拜也是很自然的事情。即使是以兽面作为礼器上主要文饰的良渚文化玉器，其“神人兽面”同样与鸟形象有关，这种相关性除上面提到的羽冠和鸟爪特征外，在其他玉器上我们还可以直接看到鸟类的纹样。例如，玉钺上面，在“神人兽面”对应的另一侧钺角就有一只小鸟纹样（图 7-25）。另一件倒梯形冠饰上，也有独立的鸟纹对称列于神人的两侧（图 7-26）。从某种象征角度上可以认为，神人是与鸟有关的，或者再进一步是与太阳有关的。如果把这幅图案解读为神权象征的话，那么其含义就再明白不过了。神人骑兽是具有巨大威

力的统治者，而这种统治的权力乃是通过鸟所象征的太阳来赋予的，或者说神人本身就是太阳的形象。据此可以认为，“王权天授”的观念在良渚文化时期就已经非常明确了。在这一层次上说，鸟、虎和龙等均属于具有同样宗教地位的崇拜动物，而且这种地位在后来往往以组合形式来表示。

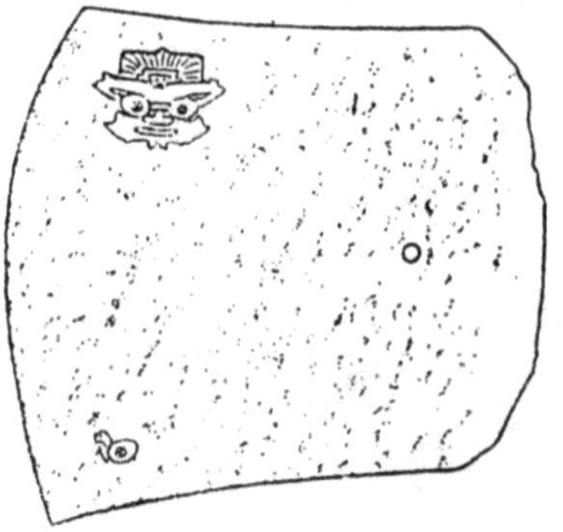

图 7-25　反山遗址玉钺及其上的“神人兽面”和神鸟图案

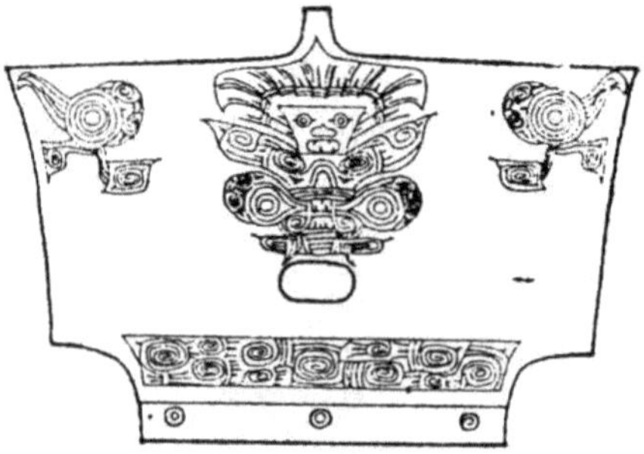

图 7-26　瑶山出土的倒梯形冠饰

许多学者都认为，中国远古历史上存在一个崇拜鸟的东夷部族，其地理区域在东南沿海一带[134]。创造灿烂文明的商族据认为就属于东夷的一支。记载有商人祖先业绩的文献在《诗经》中就有反映。《诗经·商颂》：“天命玄鸟，降而生商。”就说明商是与鸟生有关的氏族。鸟生的深层含义就是太阳生，换句话说商是太阳崇拜的民族。这一点从“玄鸟”二字看得更为清晰。所谓玄鸟，究竟是什么鸟学者多有争议，多数人认为玄鸟是燕子或鹰[135]。作者以为“玄鸟”其实是指乌鸦比较合理，更确切地说应该是三足乌。而燕子是古代物候学典籍中的玄鸟形象，二者应区别对待。“天命玄鸟”的鸟不大容易使人相信是简单的燕子，上天怎么能派普普通通的燕子来产生伟大的商族祖先？所以应该是有神性的鸟才比较符合实际，而三足乌则正具有这种特点。如此这句诗就可以翻译为：上天让三足乌神鸟驮负太阳神降落人间，生育了商的祖先。说白了商人认为自己是太阳的后裔，是来自天上的部落。《左传·昭公廿七年》记载有，“玄鸟”部出自东夷集团中以鸟为形象标志的少昊部落。《左传·昭公廿四年》引《大誓》说：“纣有亿兆夷人，亦有离德。”已经把商人与夷人的关系说得非常清楚了。在四方神兽体系中，朱雀作为鸟的象征与南方配合，而南方在八卦中又是先天卦位乾的位置，这与鸟代表太阳

[134] 王玉哲.《中华远古史》. 上海：上海人民出版社，2003 年.
[135] 郭郛.《中国古代动物学史》. 北京：科学出版社，1999 年.

象征天空是完全一致的。在后天八卦中，南方位置属于离，这个与朱雀的原型，也应该是日中三足乌的形象。

《山海经》中有一种名鴸的鸟，《南山经》记载：“……有鸟焉，其状如鸱而人手，其音如痹，其名曰鴸……”关于鴸还有一个神话传说：尧的儿子丹朱不肖，因此尧便禅位给了舜。对此三苗国君主同情丹朱，非议尧之做法，结果尧杀了三苗君主，并将丹朱流放到丹水。三苗国的百姓也随之迁居到丹水，投奔丹朱，成为后来所称的“南蛮”。丹朱便率领南蛮造反，被尧派兵所击败，丹朱投南海而死，并化为鴸。这则故事所隐含的背景似乎是崇拜鸟的部落为尧所不容，或在王权争夺中失败而南迁。鴸就是朱鸟，也称为赤鸟、星鸟、日中踆乌（三足乌）、长离、踆乌、阳乌、金乌、赤乌、星乌等，均是以乌为原型住在日中的神话鸟，即太阳黑斑。

目前，比较明确反映具有鸟崇拜的原始部族是史书上说的岛夷。《尚书·禹贡》中，冀州、扬州条提到了岛夷，该部族位于古代海滨一带，其位置恰在大汶口文化区内。学术界认为台湾故宫博物馆藏和美国弗利尔美术馆藏的三件玉璧，其上所刻的“小鸟立于祭坛上”图案属于良渚文化。对此类图案，李学勤先生进行了比较有说服力的解释，他认为，鸟在山上可读为岛字，并推测此图案同大汶口文化陶尊上的“”具有相似的含义[136]。邓淑萍认为，“祀坛”内的符号为“有翼的太阳”，站在祀坛的立鸟就是《尚书·禹贡》中所说的“阳鸟”，亦即古代神话中的“金乌”。总之，他们与古代华东地区对鸟和太阳崇拜有关[137]。

秦人也是与鸟有关的古代部落的后裔，史载秦人的祖先是因为吞食了鸟卵而生的。在《史记·秦本纪》等诸文献皆可以证明，西周故地的秦人与东夷有同源关系。

说到鸟崇拜问题就不能不说到凤。凤与龙一样也是中国重要的神性动物形象。同龙的起源一样，凤的起源也是一个悬而未决的疑案。比龙稍好一点的是，凤属于鸟是没有人怀疑的。目前，考古认为属于凤凰原型的文物图案，包括如下一些：①河姆渡遗址出土的象牙上雕刻的“双凤朝阳”图案；②仰韶文化宝鸡北首岭遗址出土陶器上的“鱼鸟纹”；③仰韶文化马家窑遗址出土陶器上的抽象鸟纹图案；④殷商青铜器物上的凤纹；⑤楚国墓出土的“龙凤人物”帛画。

在文献方面，首次记载凤凰字样的是《山海经》，在《南山经》中记载有：“丹穴之山……有鸟焉，其状如鸡，五彩而文，名曰凤皇……”甲骨文中也有较多反

[136] 李学勤. 重新估价中国古代文明.《人文杂志》(先秦史论集)，1982 年.
[137] 邓淑萍.《新石器时代玉器图录》. 台北：台湾故宫博物院，1992 年.

映凤的文字，这些文字有四种基本形式，如图 7-27 所示。与龙一样，凤的起源也是多元化的，凤的形象其实也代表了众多鸟类的特征，是鸟崇拜的一种完美形式。有的学者认为凤的原型与鸡有关，这种观点是有一定道理的。鸡作为凤的原型主要体现在几个方面。首先，凤的观念在商代就已经出现，凤是作为天帝的使者和风神的形象角色。甲骨文中的凤字与风字就是同一个字。在《周易》八卦体系中，主风的是巽卦。孔颖达《周易正义》里释巽卦为：“巽象风。”《说卦传》中则有：“震为龙，巽为鸡。”换句话说巽卦动物取象是鸡、自然取象是风。《晋书·天文志》：“箕四星……一曰天鸡，主八风。”这些都可以说明鸡的主风性质与凤的风神功能是一样的。其次，商代青铜器上的凤纹有的明显带有鸡的特征。凤与鸡的关系在语言上还有许多佐证，如“鸡窝里飞出金凤凰”、“凤凰落毛不如鸡”等，都是凤凰与鸡二者历史渊源关系的折射。据说舜的父亲夜晚睡觉，梦见一只凤凰飞来，自称是鸡，口中衔米给舜父吃，并说鸡是你的子孙。可舜的父亲仔细一看，却是凤凰。这也是鸡与凤凰一种朦胧文化关系的曲折反映。再次，根据各种文献记载，古代观测风向的工具相风就是用鸡毛制成的。即用鸡毛五两，扎结于高竿上面，名为綄，也称为五两。李白诗中就有“扁舟敬亭下，五两先飘扬”（《送崔氏昆弟之金陵》），王维也有“何处寄相思？南风吹五两”（《送宇文太守赴宣城》）。这是鸡与风的关系在社会活动中的实际运用，也是产生这种文化内涵的社会文化基础。最后，凤凰作为天帝的使者是传达天的旨令的，而鸡在人间也有主号令的含义，如“闻鸡则起”就是非常明显的例子，当然“拿鸡毛当令箭”一句俗语虽属平常，但是鸡毛放在信上表示的紧急军事命令信息也是古来通行的做法，这种文化内涵定有其古老的历史渊源。

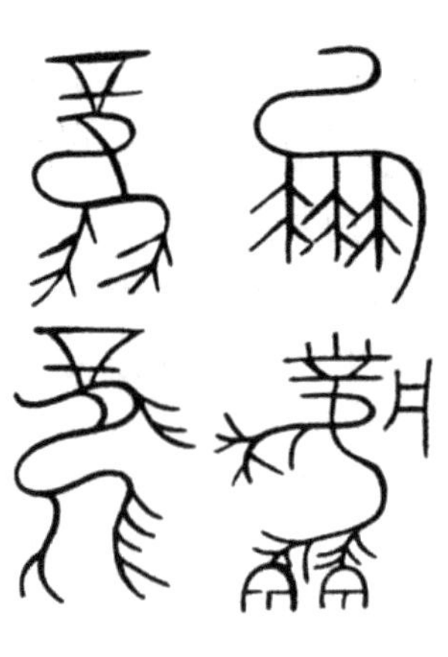

图 7-27　甲骨文凤字

图 7-28　商代铜器上显带孔雀尾特点的鸟纹

或许，当初与凤凰扯上关系的是家鸡的祖先雉类。凤凰“其状如鸡，五彩而文”，同样雉类的一些漂亮种类也是“五彩而文”的。其中的锦鸡（鷩）、山鸡（翟）属于这种常见类型。孔雀是自然界中鸟类里羽毛最美丽的，也是雉属鸟类。中国的孔雀是绿孔雀，其尾部羽毛末端各有一眼状斑。斑纹的周围镶嵌有绿色的宽边。在日光下可以反射出五彩光辉，视觉效果也是五彩而文的。在商代铜器上，这种明显带有孔雀尾部特点的鸟纹是很明显的（图 7-28）。因此凤凰的原型鸟属于雉类，主要是山鸡、锦鸡、孔雀和家鸡等，应该没有太大的疑问。因此，鸡成为十二生肖之一，既有生产上的物质原因，也有精神上的原因（图 7-29）。

图 7-29　鸡生肖图案

凤凰崇拜还有一种含义，即鸟类的终极崇拜形式，就像龙是水生动物崇拜的终极形式一样。这种崇拜其实是大型鸟类崇拜的综合表现。大鸟崇拜在古代文献上也有间接的反映，主要是在庄子的著作中有明显的体现。《庄子·逍遥游》：“北冥有鱼，其名为鲲，鲲之大不知其几千里也。化而为鸟，其名为鹏，鹏之背，不知其几千里也。怒而飞，其翼若垂天之云。是鸟也，海运则将徙于南冥，南冥者，天池也……”据考庄子乃是殷商后裔，其大鸟比喻其实是鸟崇拜文化渊源历史的反映。有学者研究认为，鹏与凤古代具有语音同源性关系，可以认为鹏就是凤。《山海经》中大鸟崇拜性的文字记载也很多，许多明显属于非现实性鸟类描述，从崇拜文化角度来看，也是属于这方面的内容。有意思的是，鸟的文化心理直到明、清王朝还有遗留，反映在国家官吏的标志制度上。如明朝文官服饰规定：文官一品仙鹤，二品锦鸡，三品孔雀，四品云燕，五品白鹇，六品鹭鸶，七品鸂鶒，八品黄鹂，九品鹌鹑；杂职练鹊；清朝文官服饰的纹样与之一脉相传：一品官丹顶鹤，二品官红腹锦鸡，三品官绿孔雀，四品官燕，五品官白鹇，六品官鹭鸶，七品官鸂鹭，八品官鹌鹑，九品官练雀。

鸟作为中国古代代表时空的标志动物，其代表形象是鸡。在古代动物表示时空系统中，鸡代表的地支是“酉”，五行属金，空间方位在西方，时间则对应的是“酉”时、日、月或年，季节则对应的秋季。归结起来，鸟类崇拜是与太阳崇拜直接相关的原始宗教内容。作为最基本的崇拜形式，鸟崇拜在广大范围内和绵绵历史延续里一直得以发展演化，并最终与龙一样成为华夏文明的形象动物之一。

第四节　神圣的昆虫

中国是以古老的农耕文明著称于世的，其农耕文明主要体现在两个方面，一个是以水稻等耕种为特点的种植文化，另一个是以蚕桑为特点的养殖业文化。而这两个方面中，昆虫都占有非常重要的地位，是农耕文明发展的重要影响因素之一。从历史的角度来看，昆虫对农耕文明的影响体现在有益和有害两方面，即栽桑养蚕是有益方面，而虫害则是有害方面，昆虫崇拜观念就包括在两方面之中。

一、蚕

蚕是中国文化中第一位昆虫，对中国社会有着深远的历史影响。尽管蚕不是十二生肖动物，也不是六畜种类，但其地位绝不在生肖与六畜之下。世界上认识中国文化，最重要的两件物件就是蚕丝和瓷器。这两种东西使中国文明通过所谓“丝绸之路”而远扬，世界为之倾倒。

中国人养蚕的历史非常古老，至少有5000年的历史是比较可靠的。同其他自然神崇拜一样，为了养好蚕，人们产生了对控制蚕的神灵崇拜观念。这种蚕神崇拜现象，存在着大量的历史证据。如大量文献证据说明，历史上确实有蚕神崇拜存在。在殷虚的甲骨上，有大量的“蚕”字（图7-30）和与之有关的丝、带丝旁的文字（图7-31）。在这些相关的甲骨文中，有一些内容就是占卜和祭祀蚕桑事物的。例如，祭祀蚕神的卜辞有：①“卜‘蚕王’吉。”（萃 1577）。②“辛酉卜。穷□□子酌。犁牛□□□十牛。蚕□□□□至□□”。（前6.6.63）。”③“贞元示五牛，蚕示三牛。十三月”（续补 999）。④“十宰。□五宰。蚕示三。八月”（后上1118）。祭祀中每次都要用牛羊三至二十头，甚至还有用活人作为牺牲来祭祀的，如卜辞：“丙寅贞。叀7目羌蚕示鼺示用。”从考古文物上发现的丝织物来看，蚕桑业在殷代已经非常发达，因此对蚕神的祭祀自然也是十分重要的宗教活动内容（图7-32）。到了周代，蚕桑业进一步发展，我们至今还能在《诗经》中读到反映当时与蚕桑活动有关的优美诗歌。同样，考古出土文物中也有大量与蚕有关的发现，如河姆渡出土的象牙盅上就有蚕纹（图 7-33），殷代的青铜器物上蚕纹则是比较常见的，如饕餮纹簋等器物上都刻有蚕纹。此外，也发现了西周时代的玉蚕。这些都明确显示，古代中国人与蚕桑有关的宗教文化，也从侧面说明蚕桑业在古代社

图 7-30　殷代甲骨文中的“蚕”字

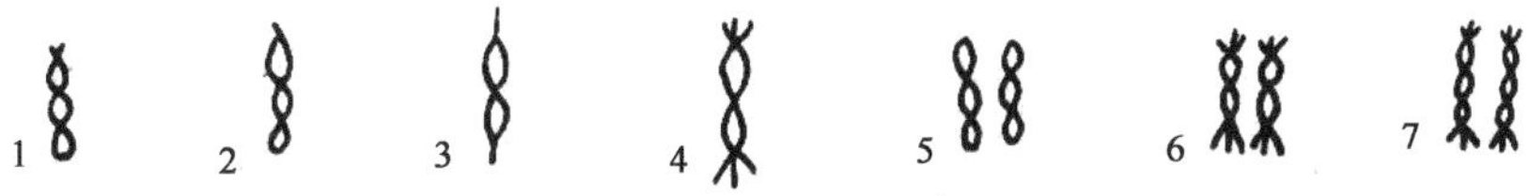

图 7-31　殷代甲骨文中的“丝”字

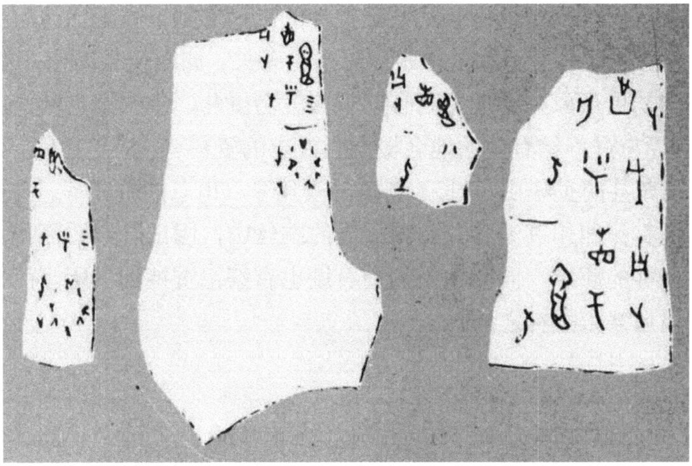

图 7-32　殷代甲骨上有关祭蚕的卜辞（公元前 1138 至公元前 1100 年）

图 7-33　河姆渡出土的象牙盅上面的蚕纹

会经济中的重要作用。其实，表示农业的“农”字，其原始含义就是代表着栽桑养蚕的会意。笔者研究认为，“农”字中的“辰”就代表“虫”字，而且是采桑养蚕之意[138]。

对蚕神崇拜是贯穿中国几千年的社会行为，周以来历代几乎都明文规定祭祀蚕神。例如，《通典》第四十六卷：“周制，中春，天官内宰诏后帅外内命妇，始蚕于北郊，以为祭服。天子、诸侯必有公桑蚕室，近川而为之。筑宫仞有三尺，棘墙而外闭之。后妃斋戒，享先蚕而躬桑，以劝蚕事。”汉代也有祭祀仪式，同上文献亦记载：“汉皇后蚕于东郊。（注曰）其仪：春桑生，而皇后亲桑于苑中。蚕室养蚕千薄以上，祀以中牢羊豕。祭蚕神曰苑窳（yǔ）夫人、寓氏公主，凡二神”等。说明周代至汉代都由皇后亲桑祭祀蚕神的，该文献一直记述至唐代情况皆如此。至今，有许多地名显示和蚕神崇拜与祭祀有关。如四川省简称“蜀”，其甲骨文就像家蚕的幼虫形象，古代蜀国有一个国王名蚕丛，经常亲自教民养蚕，后被尊为“蚕神”。与蚕、丝有关的地名根据彩万志的资料有15个之多，如河北的蚕房营，四川西充县的蚕华山（村）、苍溪的蚕丝乡，山东的蚕庄等。与蚕神祭祀有关的遗迹名址有：四川苍溪县龙山场附近的蚕丝山，因山岭似蚕而得名，并在山上立有祭祀蚕神的庙宇。同县境内的蚕石垭也有祭祀蚕神的场所。而北京的先蚕坛则是清代皇后祭祀蚕神之所。

二、蝗虫

蝗虫是另一个与中国文化密切相关的昆虫。蝗虫重要性乃是因其有害而大名鼎鼎。蝗虫危害问题，在中国几千年农业生产史中是一个重大问题，一直到新中国成立后才得到有效控制。而据周尧教授考证，甲骨文中同样有大量的“蝗”字存在，说明在商代以前中国人就对此有认识了。蝗虫危害的历史记载早至3000年前的《诗经·小雅》就有。可以说，蝗虫危害是一直伴随中国农业发展始终的大问题，与水旱构成中国社会漫长历史的三大灾害。

在中国有史可考的农业生产记录中，蝗灾的记载可谓非常多而且具体。有关蝗灾的最早记录是公元前707年，《春秋》：“桓公五年，螽。”此后，历代史书对蝗灾都有记载，如《汉书》记载公元前43年十月“蝗虫从东方来，蔽天”；公元2年四月“郡国大旱蝗，青州尤甚，民流亡”，公元72年“蝗起泰山，弥行兖豫……豫章遭蝗，谷不收，民饥死，县数千百人。”《晋书·五行志》公元318年六月“东

[138] 马玉堃，李玲.《中国古代生物文化概论》. 哈尔滨：东北林业大学出版社，2005年.

莞蝗虫，纵广三百里，害苗稼，八月冀青徐三州蝗，食生草尽。”等不胜枚举。因此，人们对蝗虫产生恐惧而崇拜也是有情可原的。对蝗虫的崇拜和祈祷在商代就有，甲骨文中就存在大量与蝗虫有关的记载。如殷虚甲骨文上就有关于蝗虫的卜辞（图 7-34）。明朝徐光启有言：“凶饥之因有三：曰水、曰旱、曰蝗。地有高卑，雨泽有偏被，水旱为灾，尚多幸免之处，惟旱极而蝗，数千里间，草木皆尽，或牛马毛、幡帜皆尽，其害尤惨过于水旱。”随着社会宗教观念的发展，人们又转而崇拜能控制蝗虫的神圣，希望神圣能帮助人们防治蝗灾。如在明朝江苏泰州蜡庙就有供奉司蝗的神像，据说与唐太宗有关系（图 7-35）。上海市也有供奉司蝗虫的猛将庙，过去每年都要进行祭祀[139]。

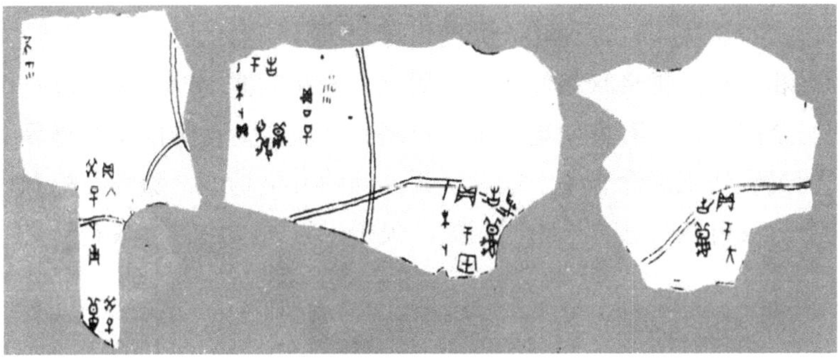

图 7-34　殷虚甲骨上关于蝗虫的卜辞

图 7-35　泰州八蜡庙司蝗之神像（明代）

[139] 彩万志. 与昆虫有关的中国地名. 《昆虫知识》，2000 年，第 37 卷第 6 期：第 352-355 页.

三、蝉

蝉是一个与人们生产关系不大的昆虫，之所以在中国文化中有一定意义，目前还没有权威的解释。但无论怎样，其形象一直伴随中国古代文化的进程。

蝉作为崇拜昆虫，与上面提到的蚕和蝗是有很大区别，属于不同的崇拜类别。蝉作为我国有关崇拜的昆虫之一，在殷虚甲骨文上写成（图 7-36）。在青铜器物上，蝉纹也是非常重要的装饰图案。例如，商瞿鼎、亚獻鼎，上面都有蝉形纹饰，这些鼎上的文饰与其他纹样都应该与当时的宗教信仰有关（图 7-37）。根据周尧教授的推测，蝉可能是作为殷代奴隶主阶级所喜爱的珍贵食品，并作为祭祀祖先的东西，所以把它做成玉琀，让死人含在口里。这些铜器上的蝉纹和甲骨文上的蝉字，基本上和实际的蝉形状相似。到了周代，刻在铜器上的蝉纹，以及在周、汉代古墓中出土的玉蝉、石蝉就更多了。反映蝉不但作为食物出现在墓葬中，还应该与人们的灵魂认识观念有关。笔者认为，蝉的文化功能，除去祭祀食物外，其与灵魂观念有关可能与其善于鸣叫相关，关于这方面，还有待深入研究。

图 7-36　殷虚甲骨上蝉的卜辞

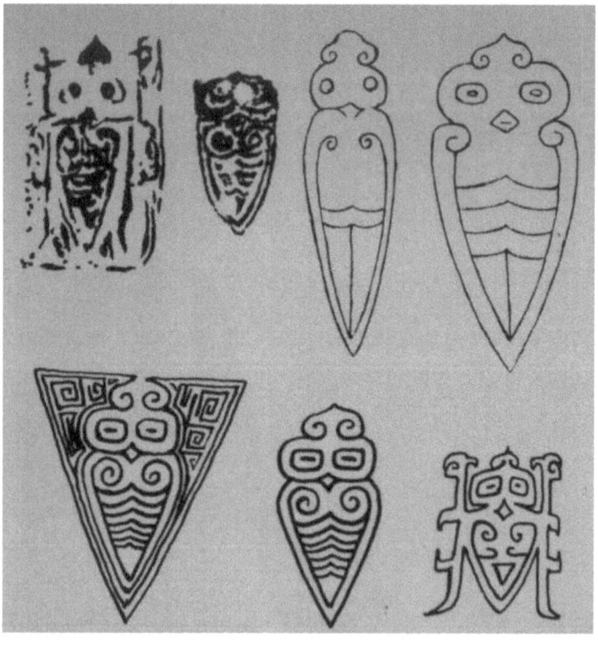

图 7-37　西周铜器上的蝉纹

参 考 书 目

周明初校注. 2000 年.《山海经》. 杭州：浙江古籍出版社.

司马迁著. 1959 年.《史记》. 北京：中华书局.

戴德传. 1937 年.《夏小正笺》. 上海：商务印书馆.

陈节注译. 2001 年.《诗经》. 广州：花城出版社.

杨任之译注. 1993 年.《尚书今译今注》. 北京：广播学院出版社.

沈约著. 1998 年.《宋书》. 长沙：岳麓书社.

左丘明撰. 1997 年.《国语》. 沈阳：辽宁教育出版社.

左丘明撰. 刘利，纪凌云译注. 2007 年. 《左传》. 北京：中华书局.

管子著. 1989 年.《管子》. 上海：上海古籍出版社.

陈澔注. 1987 年.《礼记》. 上海：上海古籍出版社.

郦道元著. 2006 年.《水经注》. 北京：华夏出版社.

司马彪撰. 1986 年.《续汉书》. 载周天游撰. 《八家后汉书辑注》. 上海：上海古籍出版社.

叶舒宪著. 2000 年.《中国神话哲学》. 上海：上海人民出版社.

朱熹著. 1986 年.《周易本义》(影印本). 天津：天津市古籍书店.

杨天宇撰. 2004 年.《周礼译注》. 上海：上海古籍出版社.

杨天宇撰. 1994 年.《仪礼译注》. 上海：上海古籍出版社.

刘向撰.《五经通义》. 载（清）马国翰辑.《玉函山房辑佚书》卷 52.

王念孙. 1983 年.《广雅疏证》. 上海：上海古籍出版社.

游国恩. 1982 年.《天问纂义：楚辞注疏长编第二编》. 北京：中华书局.

干宝撰. 1997 年.《搜神记》. 沈阳：辽宁教育出版社.

段成式撰. 2007 年.《酉阳杂俎》. 济南：齐鲁书社.

李昉编. 1961 年.《太平广记》. 北京：中华书局.

应劭撰. 1990 年.《风俗通义》. 上海：上海古籍出版社.

东方朔撰. 1998 年.《海内十洲记》. 载李一珉. 《道藏》. 北京：文物出版社.

黄奭辑.《遁甲开山图》. 汉学堂知足斋丛书二百十五种（清抄本）二百十五卷.

黄奭辑. 1934 年.《五经要义》. 载《黄氏逸书考》. 江都朱氏.

刘安，等编著. 1989 年.《淮南子》. 上海：上海古籍出版社.

焦延寿著. 1937 年.《焦氏易林》. 上海：商务印书馆.

张守节撰. 1986 年.《史记正义》(影印本). 台北：台湾商务印书馆.

皇甫谧撰. 陆吉点校. 2000 年. 《二十五别史·帝王世纪》. 济南：齐鲁书社.

王嘉撰. 1981 年.《拾遗记》. 北京：中华书局.
欧阳询撰. 1982 年.《艺文类聚》. 上海：上海古籍出版社.
吕不韦著. 1989 年.《吕氏春秋》. 上海：上海古籍出版社.
范晔著. 2000 年.《后汉书》. 杭州：浙江古籍出版社.
王逸撰. 1999 年.《机赋》. 载（清）严可均辑.《全后汉文》（上、下册）. 北京：商务印书馆.
沈白南著. 1988 年.《艺林汇考》. 北京：中华书局.
王充著. 1974 年.《论衡》. 上海：上海人民出版社.
张揖撰. 1936 年.《广雅》. 上海：商务印书馆.
宋邵雍撰. 1993 年.《黄极经世书》. 载《四库数术丛书》（文渊阁本）. 上海：上海古籍出版社，.
无名氏撰. 1993 年.《演禽通纂》. 载《四库数术丛书》（文渊阁本）. 上海：上海古籍出版社.
池本理撰. 1993 年.《禽星易见》. 载《四库数术丛书》（文渊阁本）. 上海：上海古籍出版社.
李光地，等编. 1993 年.《御定星历考原》. 载《四库数术丛书》（文渊阁本）. 上海：上海古籍出版社.
班固撰. 1996 年.《汉书》. 郑州：中州古籍出版社.
墨翟著. 1989 年.《墨子》. 上海：上海古籍出版社.
司马贞撰. 1991 年.《史记索隐》（影印本）. 北京：中华书局.
王符撰.（清）汪继培笺.《潜夫论》. 1978 年. 上海：上海古籍出版社.
宋衷注. 1991 年.《世本》. 北京：中华书局.
赵晔著. 1986 年.《吴越春秋》. 南京：江苏古籍出版社.
赵道一编撰. 1998 年.《历世真仙体道通鉴》. 载李一珉.《道藏》. 北京：文物出版社.
蒋廷锡. 1986 年.《古今图书集成》. 北京：中华书局.
贾谊著. 1976 年.《贾谊集》. 上海：上海人民出版社.
李民，杨择令等. 1989 年.《古本竹书纪年译注》. 郑州：中州古籍出版社.
《竹书纪年》（今本）. 平津馆刊藏，嘉庆丙寅年春三月.
李林甫等撰. 陈仲夫点校. 1992 年.《唐六典》. 北京：中华书局.
列御寇撰. 1956 年.《列子》. 北京：文学古籍刊行社.
樊绰，向达著. 1962 年.《蛮书校注》. 北京：中华书局.
刘昫，等撰. 1975 年.《旧唐书》. 北京：中华书局.
任昉撰. 1986 年.《述异记》（影印本）. 台北：台湾商务印书馆.
陈仁锡撰. 1632 年.《潜确居类书》. 常洲陈氏刊本，崇祯 5 年.
顾野王编撰. 1985 年.《玉篇》. 北京：中华书局.
1958 年.《康熙字典》. 北京：中华书局.
顾观光辑. 2007 年.《神农本草经》. 北京：学苑出版社.
杜佑撰. 1982 年.《通典》. 北京：中华书局.
《文渊阁四库全书》. 第 657 册. 台湾商务印书馆发行，未知年代.
郑处诲撰. 1994 年.《明皇杂录》. 北京：中华书局.

房玄龄，等撰. 1974 年.《晋书》. 北京：中华书局.
欧阳修，宋祁撰. 1975 年.《新唐书》. 北京：中华书局.
吴承恩著. 2001 年.《西游记》. 北京：昆仑出版社.
李时珍著. 1999 年.《本草纲目》. 北京：人民卫生出版社.
宋均注. 1883 年.《春秋纬元命苞》. 玉函山房辑佚书，光绪 9 年刻本.
王玉哲著. 2003 年.《中华远古史》. 上海：上海人民出版社.
孔颖达撰. 1987 年.《周易正义》. 北京：中国书店出版社.
彭定求，等点校. 1960 年.《全唐诗》. 北京：中华书局.
庄周著. 1989 年.《庄子》. 上海：上海古籍出版社.
徐光启撰. 1984 年.《徐光启集》. 上海：上海古籍出版社.

后　　记

本人从学专业本为昆虫学，昆虫在分类上也属于动物科学的一部分。虽然所学为自然科学，然而一直对中国文化比较感兴趣。或许是许多无法解释的缘由，21 世纪初开始探究“生物文化”问题，并于 10 年前出版了一本拙著。关于动植物与文化的话题，是一个浩繁的领域。自拙著《中国古代生物文化概论》出版以来，每每对于本领域相关问题，随着岁月的流逝，一直萦绕心头。然而，个人能力毕竟有限，且这方面对于我来说本来就是一个副业，因此，舍掉了植物文化方面的研究，而继续专注于动物文化方面的工作。迄今，本人在这方面研究以本书的出版，可以暂时告一段落了。本人也可以暂时放下这方面的繁杂情愫，而再研究其他问题了。

写作《中国传统动物文化》的最初动因，缘于本人对当前学界存在的涉及动物文化现象的种种似是而非观念不能认同。此外，与动物相关的传统文化现象也需要予以系统概括。因此，才自不量力，费了许多无法形容的辛苦，致力于这种不是主业的研究工作。

中国文化是一个既庞杂，又统一的文化。说其庞杂是指涉及方面很多，说其统一是指其有一贯的思维脉络。在中国文化起源和发展过程中，动物所起到的作用是其他任何自然因子都无法比拟的。动物是中国文化最重要的符号。本人在几年前拜读了一位印度学者的一本动物与宗教有关的专著，书名为 *The Sacrid Amimal of Nepoer and India*。他的研究说明，动物作为文化符号，不但在中国文化，在其他文化中同样非常重要。动物是世界性的重要文化符号。因此，开展动物与文化相关问题研究，对于理解许多传统思想起源与演变，更彻底地认识人类的过去历史，都有着无可替代的重要作用。本人也真心希望本拙著的出版，能引起更多有识之士的共鸣，大家都从这方面多开展研究工作。

今天，许多我们历史上曾经的亲密动物已经不存在了，而作为文化方面的痕迹还一直根治于我们内心。研究动物与我们的文化，无疑是我们珍惜过去，保护现在十分脆弱的动物生灵，有着莫大的助益。人本于动物，但并不十分高于动物，唯一区别就是智力高一些而已。其余无以自豪。

最后，本人在这里还要特别感谢多年来一直支持我从事这方面研究的领导和同事，没有他们的热情鼓励，我想自己很难能坚持至今。尽管从事这方面研究，耽误了我许多应该做的其他工作，也失去了许多现实利益，但我还是无怨无悔。往大一点说，个人能为文化研究出一点力，觉得很自豪。往小一点说，这是自己喜欢的研究，做自己喜欢的事情也是人生的幸事。

马玉堃

2015-1-27 于哈尔滨